乡村人居环境营建丛书

浙江大学乡村人居环境研究中心

王　竹　主编

“十三五”国家重点研发计划课题：“长三角地区基于文脉传承的绿色建筑设计方法及关键技术”(2017YFC0702504)

基于“气候—地貌”特征的长三角地域性绿色建筑营建策略

郑　媛　著

东南大学出版社
SOUTHEAST UNIVERSITY PRESS
· 南京 ·

内 容 提 要

本书立足于长三角地区，从气候与地貌的视角研究地域性绿色建筑的营建策略。本书以"认知框架—地域环境—在地智慧—营建策略—实证研究"为路径，阐释地区人居环境营建中人地系统的耦合机制，依托建筑气候分析等方法解析长三角地区的气候与地貌特征，通过对既有建筑"在地营建智慧"的凝练，建立绿色建筑营建模式的"地域基因库"，并围绕媒介、语境、路径、评判四个方面诠释其转译机制，在此基础上提出地区适宜的绿色建筑营建策略，以实证研究验证、完善策略的建构。本书成果对地域性绿色建筑创作中生成适宜性的营建策略与方法具有实际应用价值。

本书可供建筑相关专业的设计、研究人员以及学生阅读，尤其为地区建筑、绿色建筑领域的研究学者提供参考。

图书在版编目(CIP)数据

基于"气候—地貌"特征的长三角地域性绿色建筑营建策略 / 郑媛著. — 南京 ：东南大学出版社，2022.11

ISBN 978-7-5766-0325-5

Ⅰ.①基… Ⅱ.①郑… Ⅲ.①长江三角洲—生态建筑—研究 Ⅳ.①TU-023

中国版本图书馆 CIP 数据核字(2022)第 207885 号

责任编辑：宋华莉　**责任校对**：韩小亮　**封面设计**：企图书装　**责任印制**：周荣虎

基于"气候—地貌"特征的长三角地域性绿色建筑营建策略

Jiyu "Qihou-Dimao" Tezheng De Changsanjiao Diyuxing Lüse Jianzhu Yingjian Celüe

著　　者　郑　媛
出版发行　东南大学出版社
社　　址　南京市四牌楼 2 号(邮编：210096　电话：025-83793330)
网　　址　http://www.seupress.com
电子邮箱　press@seupress.com
经　　销　全国各地新华书店
印　　刷　南京玉河印刷厂
开　　本　787 mm×1092 mm　1/16
印　　张　12.75
字　　数　290 千字
版　　次　2022 年 11 月第 1 版
印　　次　2022 年 11 月第 1 次印刷
书　　号　ISBN 978-7-5766-0325-5
定　　价　56.00 元

序

这本书源自郑媛的博士学位申请论文《基于"气候—地貌"特征的长三角地域性绿色建筑营建策略研究》。2013年她从福州大学保送到浙江大学学习，我是她的硕士与博士导师。在硕士阶段，她就参与了国家"十二五"科技支撑计划课题"村镇旅游与生态化关键技术研究"，参与了多项乡村的调研与规划设计项目，并在项目结题工作中表现突出。硕士阶段的积累使她快速进入学术研究的状态。2016年她继续在我门下攻读博士学位，参与到国家"十三五"科技重点研究项目"传承中华建筑文脉的绿色建筑体系研究"的工作中，自然而然地将研究的关注点聚焦到地域绿色建筑领域。在新加坡国立大学一年的交流学习促使她不断地深入思考，国际化视野对其研究具有积极的意义。通过四年时间，她顺利完成了博士学位论文，以优异的成绩通过了论文送审，更是出色地完成了"十三五"课题的研究工作。

长久以来，我们以通用的指标评价建筑的"绿色"与否，但却未曾真正思考这些指标该不该有的问题。技术手段的发展使得一些绿色建筑演变为一种技术的堆砌，始终没有深入设计问题的内核。本书旨在对当下以全项指标和技术控制为导向的绿色建筑的误读进行纠偏，强调绿色建筑营建中的学理与法则。地区人居环境营建体系是由地理环境和人类活动两个因子耦合作用下的人地系统，气候与地貌是其中重要的"策动"要素。本书提出了"宏观适应—中观影响—微观创造"的耦合机制，以此逐级修正环境条件与营建需求的融合，并从媒介、语境、路径、评价四个方面揭示了地区营建的转译机制，充分考虑建筑师的思维方式和工作流程，提供了地区人居环境绿色营建的适宜性模式，具有重要的学术价值和现实意义。

作为郑媛的导师，我见证了她从一个对学术研究懵懂的学子成长为一名乡建与地域绿色建筑领域青年学者的过程。她思维清晰、逻辑性强的优点表现于日常处事中，也体现在研究工作中。值本书出版之际，以此序谨表祝贺，希望郑媛在其后续的学术研究与实践工作中能有更多的探索和成就。

王竹

2022年3月18日于浙江大学紫金港校区

前　言

绿色建筑是建筑行业践行可持续发展理念的重要领域，我国绿色建筑发展至今已经取得了丰硕的成果，但与此同时也呈现出诸多深层次的问题。在对绿色建筑的理解与认知上“重指标、重技术”是其中的重要问题之一：人们过于依赖、运用高技术，而忽视了人、建筑与自然之间本应具有的调适性。对气候、地貌的应对态度与策略是地域性绿色建筑营建的出发点，也是形成建筑形态特征的根本缘由。以气候与地貌为视角研究地域性绿色建筑的营建，有益于地域文化与建筑技术的对接融合，对创造地域特征鲜明的绿色建筑具有重要意义。

本书以基于“气候—地貌”特征的长三角地域性绿色建筑营建为主要内容，通过“认知框架—地域环境—在地智慧—营建策略—实证研究”五个方面形成逐层推进的研究路径。第一，解析了气候、地貌与地域性绿色建筑营建的作用机制，通过借鉴相关理论的核心概念，建立了整体的认知框架；第二，针对长三角地区的气候和地貌环境特征进行了解读，依托建筑气候分析等方法，得出了该地区适宜性的被动式设计策略，并诠释了各策略的应用效率排序与时空分布规律；第三，从建构方式、空间形态、界面构造三个方面凝练了长三角地区既有建筑的“在地营建智慧”，进而归纳出其绿色建筑营建模式的“地域基因库”，并围绕着媒介、语境、路径、评判四个方面阐述了“在地营建智慧”的转译机制；第四，针对建筑群体、基本单元、界面设计三个层面，提出了基于气候与地貌特征的长三角地域性绿色建筑营建的策略与方法；第五，以浙江德清县张陆湾村绿色农居为例加以论证，以期研究成果对当前地域性绿色建筑实践起到一定的方法指导。

本书通过定性与定量融贯的方式建立了基于“气候—地貌”特征的长三角地域性绿色建筑营建策略与方法，目的在于对当下以“全项指标”和“技术控制”为导向的绿色建筑本质的误读进行厘清，强调绿色建筑因地制宜的重要性，正确把握地域性绿色建筑适宜的营建策略。

浙江大学建筑工程学院

乡村人居环境研究中心

农村人居环境的建设是我国新时期经济、社会和环境的发展程度与水平的重要标志，对其可持续发展适宜性途径的理论与方法研究已成为学科的前沿。为贯彻落实《国家中长期科学和技术发展规划纲要（2006—2020年）》的要求，加强农村建设和城镇化发展的科技自主创新能力，为建设乡村人居环境提供技术支持。2011年成立了浙江大学建筑工程学院乡村人居环境研究中心。

“中心”整合了相关专业领域的优势创新力量，长期立足于乡村人居环境建设的社会、经济与环境现状，将自然地理、经济发展与人居系统纳入统一视野。

“中心”在重大科研项目和重大工程建设项目联合攻关中的合作与沟通，积极促进多学科交叉与协作，实现信息和知识的共享，从而使每个成员的综合能力和视野得到全面拓展；建立了实用、高效的科技人才培养和科学评价机制，并与国家和地区的重大科研计划、人才培养实现对接，努力造就一批国内外一流水平的科学家和科技领军人才，注重培养一批奋发向上、勇于探索、勤于实践的青年科技英才。建立一支在乡村人居环境建设理论与方法领域具有国内外影响力的人才队伍，力争在地区乃至全国农村人居环境建设领域的领先地位。

“中心”按照国家和地方城镇化与村镇建设的战略需求与发展目标，整体部署、统筹规划、重点攻克一批重大关键技术与共性技术，强化村镇建设与城镇化发展科技能力建设，开展重大科技工程和应用示范。

“中心”从6个方向开展系统的研究，通过产学研相结合，将最新研究成果用于乡村人居环境建设实践中。(1) 村庄建设规划途径与技术体系研究；(2) 乡村社区建设及其保障体系；(3) 乡村建筑风貌以及营造技术体系；(4) 乡村适宜性绿色建筑技术体系；(5) 乡村人居健康保障与环境治理；(6) 农村特色产业与服务业研究。

“中心”承担有国家自然科学基金重点项目——“长江三角洲地区低碳乡村人居环境营建体系研究”“中国城市化格局、过程及其机理研究”；国家自然科学基金面上项目——“长江三角洲绿色住居机理与适宜性模式研究”“基于村民主体视角的乡村建造模式研究”“长江三角洲湿地类型基本人居生态单元适宜性模式及其评价体系研究”“基于绿色基础设施评价的长三角地区中小城市增长边界研究”；“十二五”国家科技支撑计划课题——“村镇旅游资源开发与生态化关键技术研究与示范”；“十三五”国家重大科技计划项目子课题——“长三角地区基于气候与地貌特征的绿色建筑营建模式与技术策略”、“浙江省杭嘉湖地区乡村现代化进程中的空间模式及其风貌特征”、“建筑用能系统评价优化与自保温体系研究及示范”、“江南民居适宜节能技术集成设计方法及工程示范”等。

“中心”完成120多个农村调研与规划设计；出版专著15部，发表论文300余篇；已培养博士50余人、硕士230余人。为地方培训8000余人次。

目 录

1 绪论

1.1 研究背景

1.1.1 课题缘起:经济发达地区传承中华建筑文脉的绿色建筑体系研究

绿色建筑是当代建筑行业应对能源、资源、环境问题做出的明确回应,是建筑学学科发展关注的主要焦点和关键科学领域。绿色建筑的概念传入我国始于世纪之交,伴随着 2006 年我国第一部《绿色建筑评价标准》(GB/T 50378—2006)的颁布,我国绿色建筑进入了一个蓬勃发展的时期,出现了大量的技术、标识项目、示范工程、设计导则等,各个领域的专家、学者也开展了大量的理论与实践研究,至今已经取得了丰硕的成果,累积了许多成功的经验。然而,与此同时,诸多深层次的问题需要我们做进一步的反思,在对绿色建筑的理解与认知上"重指标、重技术"是其中的关键问题之一。尤其在经济发达地区,以全项指标与技术控制为导向的绿色建筑营建更为常态,建筑盲目使用高技术、忽视与地域建筑文脉联结的现象也更为普遍,这导致了建设成本的增加与建筑文脉的断层。

中华建筑文脉历时数千年,其传承不仅是弘扬中华文化、树立文化自信的要求,同时,其所蕴含的生态营建智慧能够为当代地域性绿色建筑的发展提供启发与技术手段。因此,开展传承中华建筑文脉的绿色建筑体系研究不仅是绿色建筑自身发展的要求,也符合文化立国的基本理念。

在这样的时代背景下,2017 年我国多所高校和设计研究院联合开展了"十三五"国家重点研发计划项目"经济发达地区传承中华建筑文脉的绿色建筑体系"的研究工作,着重解决地域文化与建筑技术对接融合的关键问题。本书的研究属于该项目的课题"长三角地区基于文脉传承的绿色建筑设计方法与关键技术"的子任务"长三角地区基于气候与地貌特征的绿色建筑营建模式与技术策略"的组成部分。长三角地区是我国经济发达地区的代表性区域,自古以来就一直是我国经济、社会、文化的重要地区,对该地区的研究必将对我国人居环境的可持续发展具有重要的影响及示范效应。

1.1.2 "建筑文脉"的厘清与诠释

首先,有必要对"建筑文脉"这一概念进行厘清与诠释,理解"文脉"一词的真实内涵与意义,这有助于进一步思考如何建构基于文脉传承的绿色建筑营建策略。

1）文献检索下的文脉研究解析

通过中国知网（CNKI）以“文脉”为题名进行文献检索①，对获取的文献进行整理与分类。

从研究内容来看，建筑学范畴的研究文献可归为三类：① 文脉的本体研究，包括文脉的起源、内涵、特征、构成要素等②；② 地方文脉的挖掘与剖析③；③ 实证研究，重点关注文脉导向下的设计策略与方法。

从复合名词的构成来看，与文脉组合形成的复合名词依据研究对象、研究层级的不同，涉及洲域文脉、城市文脉、社区文脉、建筑文脉等；依据研究侧重点的不同，有历史文脉、生态文脉、地域文脉、传统文脉、气候文脉等。复合名词的构成揭示了文脉研究的载体广泛，且文脉内涵所包含的内容丰富、量度多，囊括历史、人文、环境、生态等多方面。

2）建筑文脉内涵与外延的认知

“文脉”一词最初译自英文词汇“Context”，原是语言学中的术语，指文章中字、词、句等的“上下文”，即语言环境中的上下逻辑关系，也可以表示事物发生、发展的背景及条件。从20世纪60年代“文脉”一词引入建筑学领域④至今，我国建筑学界对文脉内涵与外延的认知逐步地拓展与深化。

起初，在20世纪80年代，随着《后现代建筑语言》⑤《建筑的复杂性与矛盾性》⑥等关于后现代书籍的陆续翻译出版，我国学者初步接触到了文脉的概念。《个性与文脉的探求——上海文化艺术中心设计》⑦《文脉与现代化》⑧等文章展示了在改革开放初期，我国学者对文脉导向下建筑设计的初步探索。在1990年前后，研究开始从建筑与环境相互作用的角度探讨及反思“文脉”一词的概念与意义。建筑学界产生了对“Context”一词如何正确翻译的争论，为文脉内涵的正确理解起到了积极的推动作用。以周卜颐和张钦楠两位先生为代表，周卜颐先生认为“Context”译作“环境”较为准确且通俗易懂，并旁征博引地证明了建筑中的“文脉”其实为“环境”的意思，讲求的是建筑与环境的协调⑨；张钦楠先生则更倾向用“文脉”这一译词，指出如果把“Context”与“Environment”同译为“环境”会产生许多信息的失真或

---

① 检索时段为1983年至2019年2月19日，共获得期刊论文423篇、博硕士学位论文141篇、会议论文21篇。

② 如王军、朱瑾《自然环境与人文环境中的建筑文脉》(2000)，王竹《从原生走向可持续发展：地区建筑学解析与建构》(2004)，魏秦、王竹《建筑的地域文脉新解》(2007)，吴云鹏《论文脉主义建筑观》(2007)等。

③ 如梅青《鼓浪屿近代建筑的文脉》(1988)，刘松茯《哈尔滨近代建筑的风格与文脉》(1992)，黄玮《苏州园林的历史文脉》(1994)，刘思思、余磊《客家围屋中的建筑文脉研究》(2013)，白玉宝《哈尼族建筑文脉研究》(2014)等。

④ “文脉”一词引入建筑学领域的背景是：在20世纪20年代产生的现代主义建筑主张在世界范围内推广“机器式”的建筑产品，认为与环境的过分融合、对传统的学习与借鉴是一种“软弱”“折中”“没有表现力”的体现。正是出于对这种忽视历史、忽视环境的不满，文脉的观点被提出，强调个体建筑应是时空群体中的一部分，应该注重建筑与环境的融合以及建筑在时间上的延续性。

⑤ 詹克斯. 后现代建筑语言[M]. 李大厦，译. 北京：中国建筑工业出版社，1986.

⑥ 文丘里. 建筑的复杂性与矛盾性[M]. 周卜颐，译. 北京：中国建筑工业出版社，1991.

⑦ 戴复东，王恺，曹曙，等. 个性与文脉的探求：上海文化艺术中心设计[J]. 时代建筑，1986(2)：6-9.

⑧ 郑光复. 文脉与现代化[J]. 建筑学报，1988(9)：29-30.

⑨ 周卜颐. 中国建筑界出现了“文脉”热：对Contextualism一词译为“文脉主义”提出质疑兼论最近建筑的新动向[J]. 建筑学报，1989(2)：33-38.

传输的损失，认为文脉是一种虚环境，应该与实体环境相区分[①]。在此基础上，杨建觉先生将文脉的含义总结为物质形态、观念形态两个层面，既以包含历史、文化等内容的观念形态存在，同时也体现在可见的、实体的物质形态之上[②]。在1999年世纪交汇之际，随着对文化趋同现象与特色危机的反思，《北京宪章》提出建立"全球—地区建筑学"，指出"建筑学是地区的产物，建筑形式的意义来源于地方文脉，并解释着地方文脉"[③]。随后，建筑学界对文脉内涵的思考具体转向对"地域文脉"的探索与诠释。其中，王竹将建筑文脉定义为：不仅是纵向上的历史传承、形态符号的延续，而应该是纵横交错相关影响因子的综合把握[④]，指出应从多维度理解地域文脉的内涵；段进提出文脉的广义概念与范畴：明确完整的地方文脉关系应该是多维度的，首先是自然地理与生态系统环境，其次是地方文化环境和城市建成环境[⑤]。

通过时间轴线图(图1.1)可以看出我国学者对"文脉"概念的不断探索和反思。总体而言，学者们结合学科需求，针对实践过程中出现的问题，不断明确与扩展了文脉的内涵与外延。文脉的含义也逐渐脱离了传统语言学的范畴，获得了新的建筑学含义。文脉观的发展自古代朴素的文脉观，至现代文脉观的产生，再走向多维度、广义的文脉观。

建立在广义文脉观认知的基础上，建筑文脉的内涵是决定建筑生成、生长表征形态和深层结构的背景语境和策动力。正如一条流淌的大河，文脉并非"水的表情"，而是塑造表情的"河床形态"。多维视野中人文与自然相关影响因子构成了建筑文脉的"策动要素"，包括气候、地貌、资源、生态等自然元以及经济、技术、文化、风俗等人文元。

其中，对气候、地貌等要素的应对态度与策略是地域性绿色建筑营建的出发点，以地区的气候与地貌特征作为切入点研究地域性绿色建筑的营建，有益于地域文化与建筑技术的对接融合。事实上，在新版《绿色建筑评价标准》(GB/T 50378—2019)[⑥]中已增加了文脉相关的内容，并尤其强调对气候和地貌的适应："绿色建筑评价应遵循因地制宜的原则，结合建筑所在地域的气候、环境、资源、经济和文化特点……绿色建筑应结合地形地貌进行场地设计与建筑布局，且建筑布局应与场地的气候条件和地理环境相适应。"因此，本书将基于文脉传承的地域性绿色建筑营建，主要落脚于对气候、地貌的在地性回应。

1.1.3 地域性建筑营建现存问题的思考

在地域性建筑营建的诸多现存问题中，本书主要关注与课题研究相关的建筑能耗以及设计是否注重文脉、是否能正确理解文脉等问题。

1）经济社会快速变动，建筑能耗问题依然突出

建筑能耗量大不是地域性建筑营建过程中呈现出的特有问题，而是建筑领域一直存在

---

① 张钦楠. 为"文脉热"一辩[J]. 建筑学报，1989(6)：28-29.

② 杨建觉. 对Context作出反应：一种设计哲学[J]. 建筑学报，1990(4)：35-40.

③ 吴良镛. 北京宪章[J]. 时代建筑，1999(3)：88-91.

④ 王竹. 从原生走向可持续发展：地区建筑学解析与建构[J]. 新建筑，2004(1)：46.

⑤ 段进. 广义文脉与规划设计教育[J]. 规划师，2005，21(7)：14-17.

⑥ 中华人民共和国住房和城乡建设部. 绿色建筑评价标准：GB/T 50378—2019[S]. 北京：中国建筑工业出版社，2019.

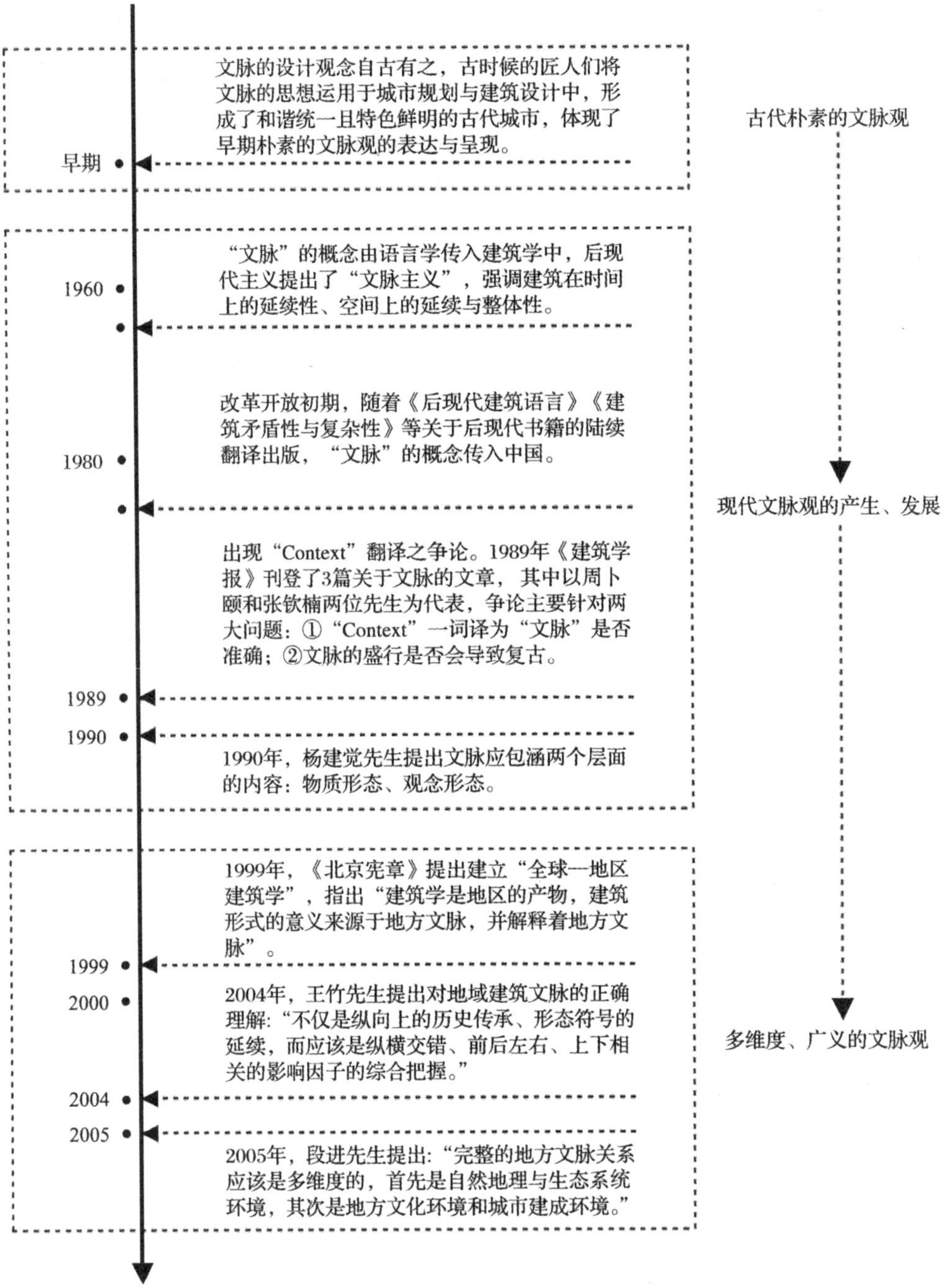

早期

文脉的设计观念自古有之，古时候的匠人们将文脉的思想运用于城市规划与建筑设计中，形成了和谐统一且特色鲜明的古代城市，体现了早期朴素的文脉观的表达与呈现。

古代朴素的文脉观

1960

"文脉"的概念由语言学传入建筑学中，后现代主义提出了"文脉主义"，强调建筑在时间上的延续性、空间上的延续与整体性。

1980

改革开放初期，随着《后现代建筑语言》《建筑矛盾性与复杂性》等关于后现代书籍的陆续翻译出版，"文脉"的概念传入中国。

现代文脉观的产生、发展

出现"Context"翻译之争论。1989年《建筑学报》刊登了3篇关于文脉的文章，其中以周卜颐和张钦楠两位先生为代表，争论主要针对两大问题：①"Context"一词译为"文脉"是否准确；②文脉的盛行是否会导致复古。

1989

1990

1990年，杨建党先生提出文脉应包涵两个层面的内容：物质形态、观念形态。

1999年，《北京宪章》提出建立"全球—地区建筑学"，指出"建筑学是地区的产物，建筑形式的意义来源于地方文脉，并解释着地方文脉"。

1999

2000

2004年，王竹先生提出对地域建筑文脉的正确理解："不仅是纵向上的历史传承、形态符号的延续，而应该是纵横交错、前后左右、上下相关的影响因子的综合把握。"

多维度、广义的文脉观

2004

2005

2005年，段进先生提出："完整的地方文脉关系应该是多维度的，首先是自然地理与生态系统环境，其次是地方文化环境和城市建成环境。"

图 1.1 我国建筑学界对"文脉"内涵与外延的认知演化

(图片来源：笔者自绘)

的主要问题之一。虽然我国绿色建筑的发展已经取得了丰硕的成果，但建筑能耗随着经济社会的快速变动依然呈现增长的趋势。根据《中国建筑节能年度发展研究报告 2020》显示，2018 年我国建筑建造和运行用能占全社会总能耗的 37%(其中建筑建造能耗约占 14%，建筑运行能耗约占 23%)。根据清华大学建筑节能研究中心的估算结果，我国民用建筑建造能耗从 2004 年的 2 亿 tce(吨标准煤当量)增长到 2018 年的 5.2 亿 tce(图 1.2)。2001 年至 2018 年,建筑运行能耗总量及其中电力消耗量均大幅增长,如图 1.3 所示,2018 年建筑运行的总商品能耗为 10 亿 tce,约占全国能耗消费总量的 22%①。值得注意的是,我国约有 60% 的建筑在城镇、乡村地区,相较于城市而言,乡村地区能源利用效率低、建筑节能设计的意识不强,因而建筑能耗问题更加突出。在建筑设计过程中,积极寻求建筑设计的方法应对气候、地貌的影响,运用适宜的被动式设计手法,是建筑节能设计最有效而直接的途径。

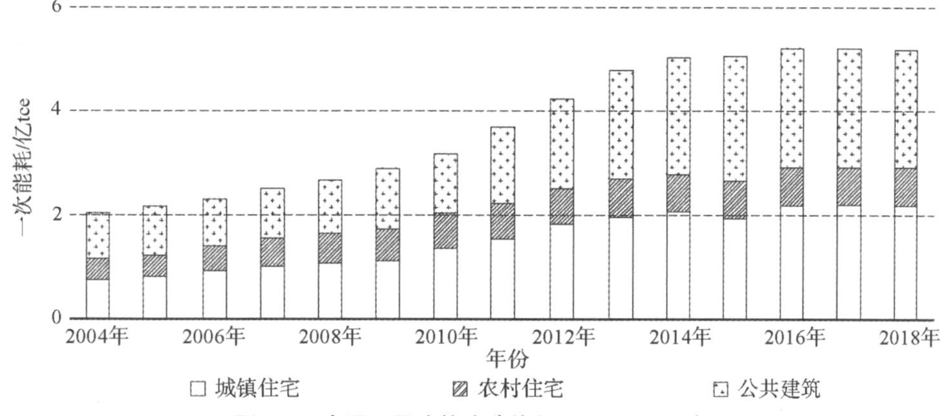

图 1.2 中国民用建筑建造能耗(2004—2018 年)

(图片来源:清华大学建筑节能研究中心. 中国建筑节能年度发展研究报告 2020[M]. 北京:中国建筑工业出版社, 2020:10.)

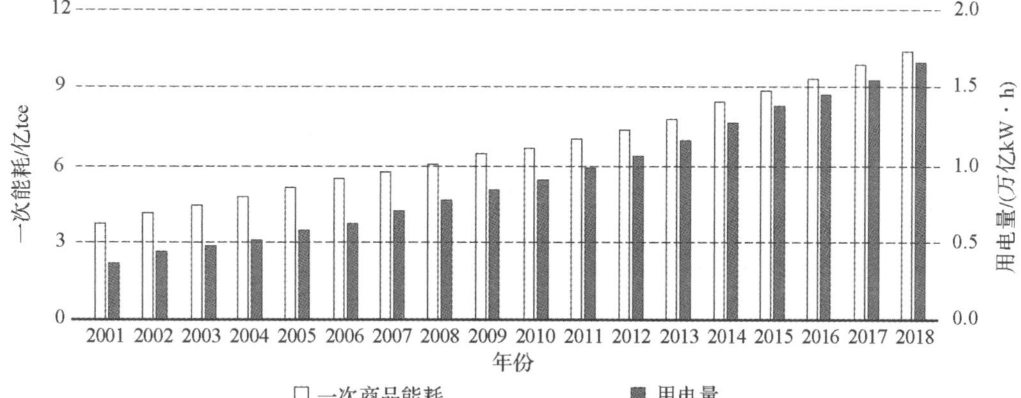

图 1.3 中国建筑运行能耗的一次能耗和总用电量(2001—2018 年)

(图片来源:清华大学建筑节能研究中心. 中国建筑节能年度发展研究报告 2020[M]. 北京:中国建筑工业出版社, 2020:14.)

2) 地域文脉缺失,建筑形态趋同现象严重

如前所述,课题源自绿色建筑发展过程中呈现出"重指标、重技术"的价值理念,这一问题在长三角等经济发达地区表现得尤为显著。因为随着经济水平的提升,人们对居住环境的质量要求也明显提高,而技术的发展使得人工设备的运用能够达成室内环境的绝对舒适。

① 清华大学建筑节能研究中心. 中国建筑节能年度发展研究报告 2020[M]. 北京:中国建筑工业出版社, 2020:7-14.

这使得建筑可以无关气候风土、地形地貌、社会文化等，地域文脉的缺失导致了在不同地区呈现出千篇一律的建筑形态。采用通用的范本替代原本扎根于地方真实的内容，必然导致形式与本源的脱离。城市如此，广大城镇与乡村地区也是如此。

3）狭义理解文脉，传统形态及技艺的复制移植

对“文脉”概念的认知，以往多强调传统与文化，而忽视了文脉原有本真、完整的概念与含义。对文脉狭义的理解，容易导致单一的传统建筑形态和技艺的复制与移植，使得地域风貌的回归忽视了对地区营建本真的关注，这是当前地域性建筑营建的另一个重要问题。德国建筑师卡尔·弗里德里希·辛克尔(Karl Friedrich Schinkel)曾说：“历史从来没有去复制过比它更早的历史，如果它曾经如此，那在历史上是毫无意义的，在某种意义上就意味着停滞不前；有资格被称作历史的唯一行为是，在某种程度上把一些额外的、新的元素融入世界，从而可以生成一个新的故事、一条新的线索。”结合“文脉”概念的内涵，不难理解文脉中所真正需要传承的不是静态的、外在于主体的、历史凝固的“物”，而应是动态的、内在于主体之中的、与时代发展同步的“策动力”①。地域性绿色建筑是有机的生命体，其空间形式、外在形态建立在地区气候与地貌特征之上，以气候、地貌着手有利于形成真实的、鲜明的地区建筑特征。

在地域性建筑的演进过程中始终离不开气候、地貌两个要素，综上，从现存问题出发，本书以气候、地貌作为研究视角，主要原因有以下两点：① 有助于降低建筑能耗；② 有益于克服我国目前建筑千篇一律或是在地域性建筑创作中单一地模仿传统形态、打造地方风貌、延续传统技艺的困境。只有真正从特定地区的气候与地貌出发来研究地域性绿色建筑营建的问题，才能创造地域特征鲜明的绿色建筑。鉴于此，更有必要对基于“气候—地貌”特征的地域性绿色建筑营建策略进行科学、系统的研究。

1.1.4 长三角地区经济、气候、地貌的特殊性

长三角地区自古以来一直就是我国经济、社会、文化的重要区域，尤其在经济方面具有重要的战略地位。据统计，2019 年上海、江苏、浙江、安徽“三省一市”GDP 总额达 237 252 亿元，比上年增长 6.9%，高于全国经济增长率 0.8 个百分点，经济总量占全国的比重为23.9%②。选择长三角地区作为研究区域，不仅是因为其在经济方面的突出地位，更因为它在气候、地貌方面的特殊性。

长三角地区在我国建筑气候区划中属于夏热冬冷地区，全年气候变化复杂，夏季闷热、冬季阴冷，春夏之交潮湿期长，且全年静风率高。从图 1.4 可以看出，长三角地区的气候数据相对集中在高温高湿区域，高温高湿的环境会抑制人体汗液的蒸发，使人感觉闷热难耐，大大降低了夏季气候的热舒适度，从而降低了空调启用的起始温度，增加了制冷的能耗。与此同时，按照我国现行的热工设计规范，长三角的大部分区域不在采暖范围之内，冬季阴冷的环境使人们纷纷自行采用采暖设备，因而能源利用率低、浪费现象严重。夏热、冬冷加上潮湿、静风，使得该地区建筑室内的热湿环境质量远低于全国其他地区，建筑降温、供暖、除湿、通风的需求在一年中交替出现，因此建筑热工能耗远超全国的平均水平。这就形成了长

---

① 王竹，王玲. 我国建筑创作的“河床”应该拓宽掘深：谈建筑的文化性[J]. 建筑学报，1989(4)：38－40.

② 周红梅. 2019 年长三角地区港口经济运行情况及形势分析[J]. 中国港口，2020(3)：25－28.

三角地区有别于全国其他地区的特征和工程技术需求，导致技术手段上的复杂程度大大增加。在地貌方面，长三角地区位于长江的下游，濒临东海与黄海，地貌复杂、多变，呈现破碎地貌的特征，由下垫面差异产生的局地气候亦十分复杂。因此，研究长三角地区基于气候与地貌特征的地域性绿色建筑营建策略与方法很有针对性和现实意义。

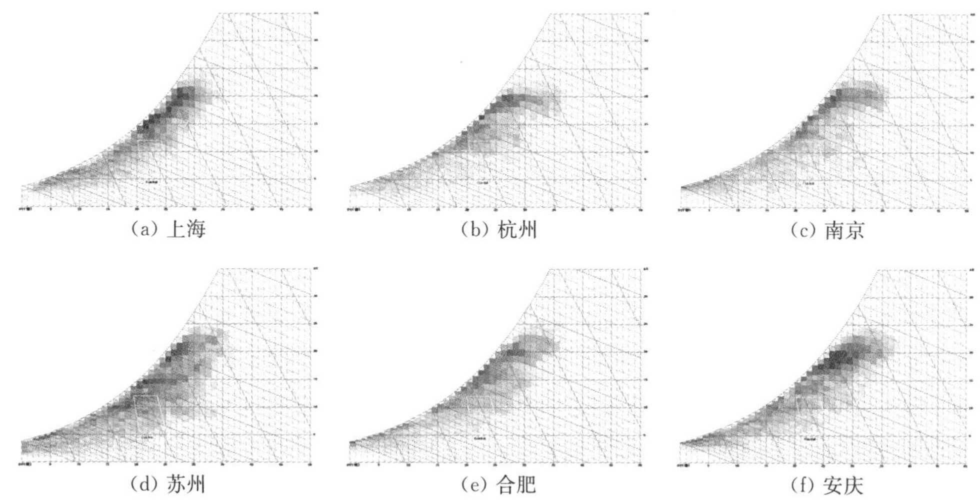

图 1.4　长三角地区 6 个代表性城市的气候数据分布和热舒适范围之间的关系

注：图中多边形代表热舒适区域，数据点深浅代表该气候状况出现的累计频率。

（图片来源：Weather Tool 软件，笔者自绘）

1.2　国内外研究现状与趋势

1.2.1　国外发展动态：系统性方法的产生与多元化实践

1）设计结合气候、地貌的思想沿革

人类最初的建筑行为本来就源于防避不利气候要素的影响、适应地形地貌的制约，所以人类从未停止过对建筑与气候、地貌关系的研究与探索。历时千年的乡土建筑就是建筑与气候、地貌不断地抗衡、调适的结果。而设计结合气候、地貌的思想可以追溯至公元前一世纪，建筑理论家维特鲁威（Vitruvius）在《建筑十书》（*The Ten Books on Architecture*）中探讨了建筑与气候的关联性，书中指出："住宅形式应适应气候的多样性；在北方，房屋应朝南向，且前面应有遮蔽物；在南方，建筑应朝北向，且应更开敞。"①

而 20 世纪初对气候、地貌与建筑关系的研究始于对地貌的适应、对太阳能的利用以及被动式制冷等方面的探讨。1913 年，为了充分利用太阳光，法国住宅部官员奥古斯丁·雷（Augustine Ray）研究了 10 个大城市住宅的日照间距问题。1932 年，英国皇家建筑协会发表了名为《建筑朝向》（*The Orientation of Buildings*）的研究成果。1933 年，美国柯克兄弟

① 维特鲁威. 建筑十书[M]. 高履泰，译. 北京：中国建筑工业出版社，1986：76.

发明了太阳房，尝试了利用太阳能解决住宅冬季采暖供热的问题①。与此同时，现代主义大师们的设计思想与众多作品中也表现出了对气候、地貌等自然要素的充分尊重。例如，赖特所倡导的“有机建筑”理念认为建筑应融于自然，“从地上生长出来，如同一个有生命的肌体组织”，流水别墅就是建筑与地貌契合的经典作品。在赖特设计的罗比之家住宅（Robie House）和西塔里埃森住宅（Taliesin West）中更是巧妙地运用了气候设计手法来抵御不利气候要素的影响。又如，勒·柯布西耶（Le Corbusier）在北非迦太基别墅的设计中，基于热带的高温气候，以“brise soleil”——遮阳构架和凹廊作为建筑设计的语汇。到了20世纪四五十年代，气候和地貌更是成为影响建筑设计的重要因素，美国的理查德·诺伊特拉（Richard Neutra）、路易斯·康（Louis Kahn）、保罗·鲁道夫（Paul Rudolph）等，巴西的奥斯卡·尼迈耶（Oscar Niemeyer）、卢西奥·科斯塔（Lucio Costa）等众多建筑师的作品中都充分体现了对这两个因素的考虑②。

进入20世纪60年代，全球生态运动的兴起促使人们从人本主义观念到人与自然和谐共生观念的转变，建筑界也开始更理性、科学地审视建筑与气候、地貌的关系。1963年，维克多·奥戈雅（Victor Olgyay）完成了著作《设计结合气候：建筑地方主义的生物气候研究》（*Design with Climate: Bioclimatic Approach to Architectural Regionalism*）③，书中概括了20世纪60年代以前建筑设计与地域关系研究的各种成果，并首次提出了系统的生物气候设计理论与方法，促成了建筑与自然之间从“对抗、控制”到“和谐、共生”的转变。其后，巴鲁克·吉沃尼（Baruch Givoni）在其著作《人·气候·建筑》（*Man, Climate and Architecture*）④中对奥戈雅的生物气候设计方法进行了补充与改进，形成了现代气候设计的工作基础。

从20世纪70年代起，建筑领域结合气候、地貌的研究持续成为学术讨论的前沿课题，相关理论研究成果大量涌现。其中，较为典型的有《建筑物·气候·能量》⑤、《太阳辐射·风·自然光：建筑设计策略》⑥、《掩土建筑：历史、建筑与城镇设计》⑦、《建筑节能设计手册：气候与建筑》⑧等，这些论著从气候或地貌的角度出发，就地域性绿色建筑的设计提出了许多富有价值的见解。

2）地域性绿色建筑实践研究

在实践方面，地域建筑师结合本土的设计方法给予绿色建筑与地域文脉融合的启示，并在具体操作上具有典范意义。代表人物有：

（1）查尔斯·柯里亚

印度建筑师查尔斯·柯里亚（Charles Correa）的设计实践主要在两个方面颇具启示：由

---

①② 宋晔皓．欧美生态建筑理论发展概述[J]．世界建筑，1998(1)：56－60.

③ Olgyay V. Design with climate: Bioclimatic approach to architectural regionalism[M]. Princeton: Princeton University Press, 1963.

④ Givoni B. Man, climate and architecture[M]. London: Applied Science, 1976.

⑤ 马克斯，莫里斯．建筑物·气候·能量[M]．陈士驎，译．北京：中国建筑工业出版社，1990.

⑥ 布朗，德凯．太阳辐射·风·自然光：建筑设计策略[M]．常志刚，刘毅军，朱宏涛，译．北京：中国建筑工业出版社，2008.

⑦ 戈兰尼．掩土建筑：历史、建筑与城镇设计[M]．夏云，译．北京：中国建筑工业出版社，1987.

⑧ 克里尚．建筑节能设计手册：气候与建筑[M]．刘加平，张继良，谭良斌，译．北京：中国建筑工业出版社，2005.

气候产生建筑的真实形式、对传统范式的转化。

查尔斯·柯里亚基于气候的设计理念首先是出于对能源的考虑，西方发达国家的建筑师越来越倾向于采用机械手段来控制建筑室内的温湿度、采光、通风，而像印度这样的第三世界国家无法在经济上支付如此多的能源，这意味着建筑自身应通过真实的形式来产生使用者所需求的气候调节。“这不仅反映在对日照角、百叶窗的需求上，还涉及建筑平面、立面、剖面，即建筑的全身心。”柯里亚指出，“在印度，建筑的概念绝不能只由结构和功能来决定，还必须尊重气候。”①他甚至提出了“形式追随气候”(Form Follows Climate)的口号，并就此产生了许多实践的成果。

柯里亚认为：“在老建筑，特别是乡土建筑中，给予我们不少教益的是它们所具有的一种基本的、共识的模式。”②他的设计实践不沉溺于历史形式的模仿，而是通过对这些传统范式的转化来实现历史经验的传承。例如，狭长形的居住单元是干热的北印度地区最常用的住宅模式，其两侧长墙没有热量进出，通风、采光均从短边进入。柯里亚结合这一模式，提出了“管式住宅”(Tube House)的设计想法，住宅面宽仅 3.6 m、进深 18.2 m，两侧承重墙不开窗，自然通风完全依靠坡屋顶及正面的百叶窗③，室内的热空气上升，从顶部的拔气口排出，同时引入底部的冷空气，这有效解决了室内空气流通的问题。同时，为了减少空气阻力，建筑内部不设置隔墙，而采用不同的地面高差来分隔空间(图 1.5)。通过对传统范式的提炼、转化形成的这种狭缝式的处理手法使建造节约了大量的用地。

图 1.5 柯里亚“管式住宅”剖面

(图片来源：弗兰普顿，饶小军. 查尔斯·柯里亚作品评述[J]. 世界建筑导报，1995，10(1)：5-13.)

(2) 哈桑·法赛

埃及建筑师哈桑·法赛(Hassan Fathy)致力于干热地区的地域性建筑活动及研究，尤其将研究重心放在改善穷人的居住条件上。法赛认为：“只有根植于当地地理、文化环境的本土建筑才是一个社会建筑的真实表达。”建筑对于气候问题的解决本质上是对当地实际生活需求和人类生理适应问题的解决。因而，他将被动式设计手法运用到贫困地区，从经济适用、舒适的角度回应了当地的气候、地貌和经济状况。1973 年，芝加哥大学出版社出版了法赛的《贫民建筑》(*Architecture for the Poor*)一书，之后他的作品与理念得到了广泛的关注。

值得借鉴的是，在技术层面，法赛注重对传统建筑设计策略与方法的再发现。他从建筑形态、建筑方位、空间设计、建筑材料、建筑外表面的材料肌理、材料颜色、开放空间设计(街

①② 柯里亚，王辉. 转变与转化[J]. 世界建筑，1990(6)：22-26.

③ 王辉. 印度建筑师查尔斯·柯里亚[J]. 世界建筑，1990(6)：68-72.

道、庭院、花园和广场等)7个方面对传统建筑进行评价①，并结合空气动力学、农学等学科的研究成果，提出发展后的现代设计策略。例如，在新高纳村(Gourna Village)的兴建项目中，他改良了传统的通风塔，将风塔上方的通风口朝向主导风向，白天风进入风塔后经过塔内壁设置的倾斜金属盘内的湿木炭降温(可降约10 ℃)，降温后的冷空气进入室内主要房间，同时建筑内部的热空气由屋顶排至室外(图1.6)。

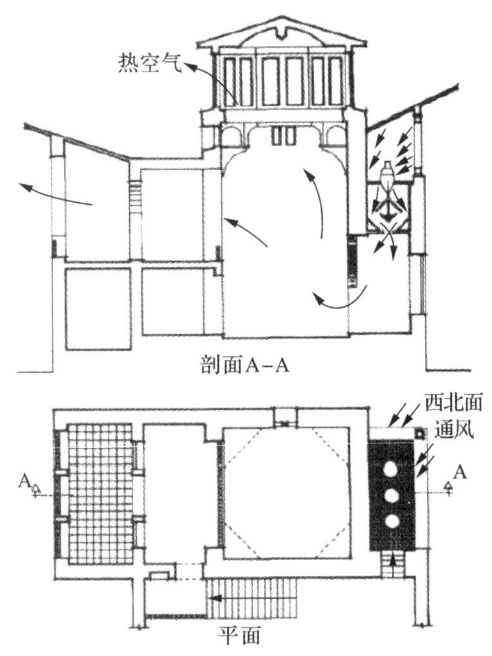

图1.6 哈桑·法赛改良后的建筑通风冷却装置

[图片来源:赵紫伶，唐飚.埃及建筑师哈桑·法赛之本土实践[J].南华大学学报(自然科学版)，2013，27(1):87-90.]

(3) 杨经文

地域性绿色建筑的设计实践以其使用的材料和手段的不同，可大致分为两类:一是围绕本土的气候、地貌条件，尽量采用乡土建筑中适宜的空间布局和材料，以最经济、简便的途径满足建筑舒适性的需求;二是提取、运用乡土建筑中适应气候、地貌的原理与方法，同时依托现代材料与高技术手段来改善室内的微气候环境。柯里亚与法赛属于前者，马来西亚建筑师杨经文(Ken Yeang)则是后者的代表性人物。杨经文在地域性绿色建筑营建方面的突出贡献在于他创新性地将生物气候设计原理运用于高层建筑的设计中。其设计实践在以下两个方面颇具启发:源于传统建筑的生态语汇、"表优于里"的设计思路。

基于湿热气候，杨经文运用生物气候学原理，在高层建筑设计中引入了温度缓冲层的概念，并通过设置空中庭院、凹入的过渡空间、屋顶遮阳格栅、墙体遮阳板、外墙喷淋系统等构建舒适的微气候环境。被大众熟知的案例有梅纳拉大厦、Armoury大厦等，其中所运用的生态语汇大多源于对骑楼、敞廊、通风屋面等传统乡土建筑语汇的理解与提升，从而形成了建

① 赵紫伶，唐飚.埃及建筑师哈桑·法赛之本土实践[J].南华大学学报(自然科学版)，2013，27(1):87-90.

立在新材料、新技术基础上的全新的建筑形态。

他认为建筑的外墙应该被视为一种环境的过滤器来设计，“它应该像一种‘过滤装置’，而不是一个‘密闭’的表皮，它应该有可以调节的‘开口’，能作为‘有可变部件的过滤器’加以操作”①。建筑界面的设计除考虑美观性之外，还应具备多种功能，如夏季遮阳、冬季御寒，获得自然通风、控制穿堂风，防止雨水侵袭、解决大雨时的排水问题等。此外，建筑界面应具备离析有利气候要素与不利气候要素的能力。例如他所设计的防雨墙(Rain-check Wall)在阻挡大雨的同时能够不阻碍建筑的自然通风，有效解决了热带湿热气候区通风与防雨的主要矛盾(图 1.7)。

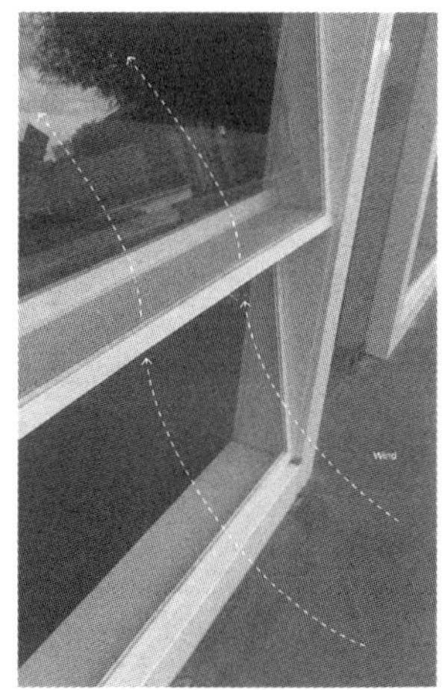

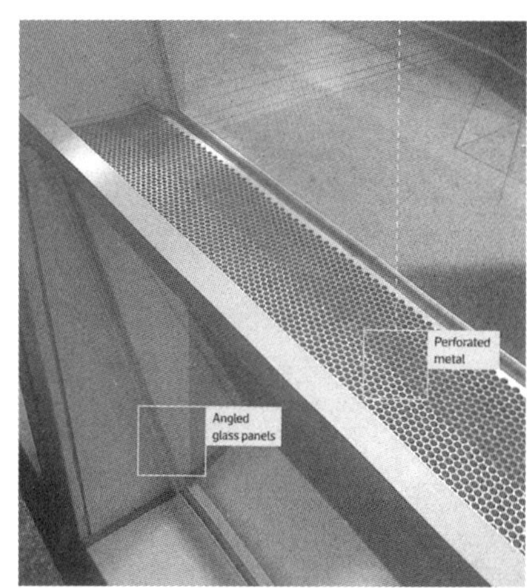

图 1.7 杨经文设计的防雨墙

(图片来源:Ken Y, Shireen J, Humaedah R, et al. Constructed ecosystems: Ideas and subsystems in the work of Ken Yeang [M]. San Francisco: Applied Research and Design Publishing, 2016: 108 - 113.)

此外，近几年新加坡设计团队 WOHA② 的地域性绿色建筑实践也很值得关注，其设计作品多次获得了新加坡绿色建筑白金奖(Green Mark Platinum)。该团队主要针对东南亚典型的热湿气候开展高密度环境下基于地域气候风土的绿色建筑探索与实践。针对热带地区炎热、多雨的气候特征，他们甚至提出了看似极其夸张的“翻转天际线”的未来城市设想(图 1.8)，巨大的屋盖可以为城市的街道和公共交往空间遮蔽风雨，同时提供阴凉的活动场所。在建筑层面，他们提出了“呼吸建筑”(Breathing Architecture)的理念，通过建筑平面、剖面的设计尽

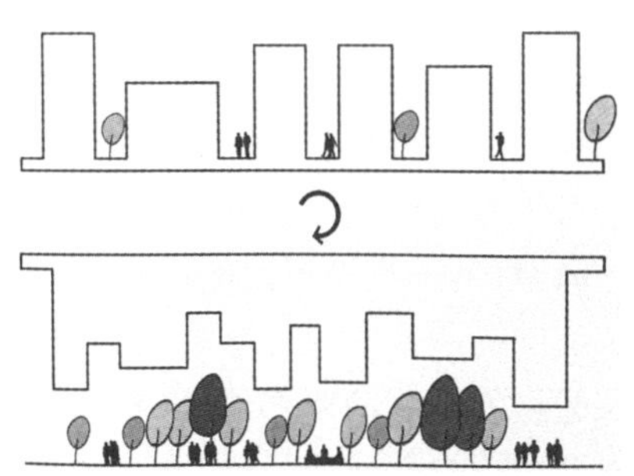

图 1.8 WOHA 设计团队“翻转天际线”的未来城市设想

(图片来源:WOHA. Garden city and mega city: Rethinking cities for the age of global warming [M]. Pesaro: Pesaro Publishing, 2016: 89.)

---

① 杨经文，单军. 绿色摩天楼的设计与规划[J]. 世界建筑，1999(2):21 - 29.

② WOHA 建筑设计团队成立于 1994 年，由建筑师黄文森(Wong Mun Summ)和理查德·哈塞尔(Richard Hassell)主持。

可能促进建筑的自然通风。其众多的想法与策略同样源于乡土建筑中的生态营建智慧。例如,受东南亚传统建筑"店屋"(Shophouse)天井通风原理的启发,在新加坡杜生庄组屋(SkyVille@Dawson)的设计中,钻石形的平面在中间设置了垂直的巨型天井(图1.9),形成热压效应,高层建筑的上下温差更促进了气流的垂直运输。同时,住宅单元四面全部开敞,以浅型平面实现住宅单元的双向通风。WOHA团队的绿色建筑实践注重回归自然和文化语境下的地域风土,在地域性绿色建筑设计方面具有一定的前瞻性。

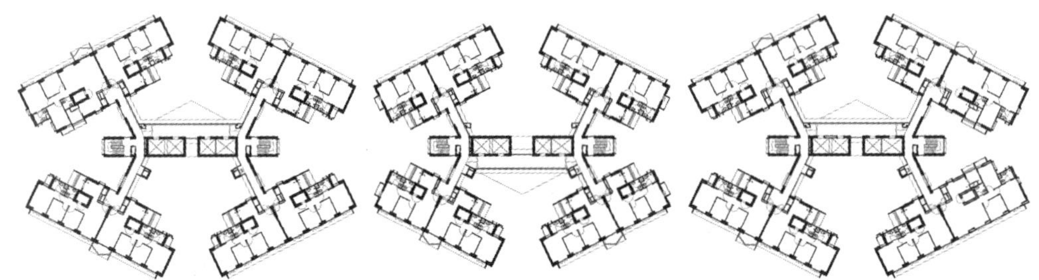

图1.9 新加坡杜生庄组屋标准层平面图

(图片来源:Busenkell M, Schmal P C. WOHA: Breathing architecture[M]. Munich: Prestel, 2011: 169.)

1.2.2 国内研究现状:可持续发展目标下的地域性求解与探索

1) 学科共同体的理论及实践研究成果

近二十多年来,在人居环境可持续发展的目标与原则的指导下,我国学者形成了针对不同地区的"学科共同体",在全国范围内形成了地域性绿色建筑研究的群体与基地。各个研究团队虽然在研究的切入点、研究的视角、求解的目标等方面各有侧重,但都针对特定地区的气候、地貌特征开展了丰富的理论与实践研究。

(1) 西安建筑科技大学的绿色建筑体系与黄土高原人居环境研究

西安建筑科技大学绿色建筑研究中心于2001年完成了国家自然科学基金"九五"重点资助项目"绿色建筑体系与黄土高原基本聚居单位模式研究"①。以村镇为突破口,探索绿色建筑体系的构成以及在适宜绿色技术支撑下的绿色基本聚居单位的结构模式和评价体系,并针对黄土高原特定的地貌与气候条件,在延安枣园开展了具体的示范性建设,为我国可持续的绿色住宅建筑体系的研究提供了优秀的范例和成功的经验。以刘加平院士为核心的课题组依托我国西部地区的人居环境,在地域绿色建筑领域开展了大量的理论探索、设计创作和应用实践研究,承担了一系列的国家自然科学基金项目,如"西部生态民居""西藏高原节能居住建筑体系研究""建筑气候设计方法及其应用基础""基于北方地域气候适应的被动式降温设计基础研究"等。其中,杨柳教授系统地研究了我国建筑气候设计分析方法,提出了适应我国气候特点的被动式设计分区和相应的指导原则与设计策略②;茅艳针对我国的气候特点,基于全国主要自然地理区域12个典型城市的实际调查研究,建立了我国不同

① 周若祁. 绿色建筑体系与黄土高原基本聚居模式[M]. 北京:中国建筑工业出版社,2007:3.

② 杨柳. 建筑气候分析与设计策略研究[D]. 西安:西安建筑科技大学,2003.

气候区的人体热舒适气候适应性模型①。

(2) 清华大学的人居环境与地区建筑学研究

以吴良镛教授为核心的清华大学人居环境研究中心,从宏观战略的角度建立了我国人居环境科学的整体学科架构、研究方法以及相关基础理论。在此基础上,建筑系众多师生开展了面向气候和地域特色的绿色建筑设计理论和实施方法的研究,并在长三角、滇西北等地区进行了广泛的实践。尤其是自 2000 年清华大学原热能系暖通空调教研组转入建筑学院以来,学科的交叉与融合极大地推进了建筑学学科在绿色建筑研究领域的进展。主要研究成果有国家自然科学基金项目"基于建筑物理性能的夏热冬冷地区绿色农宅建筑设计策略研究""基于建筑地区性的环境适应性设计模式和策略研究"等。其中,宋晔皓教授结合生态学的研究成果,提出了整体生态建筑观、生态系统结构框架和生物气候缓冲层等概念②。在之后的理论与实践研究中,其团队在可持续建筑设计、近零能耗装配式建筑整合设计领域取得了丰硕的研究成果③。王鹏对气候与建筑生态化、气候与建筑地方化等理论问题进行研究,并针对不同气候类型中建筑是如何适应当地气候、使用本土材料、采用适宜技术等方面进行了系统的总结④。

(3) 东南大学的江南地区人居环境研究

东南大学的学者与研究团队依托江南地区的地形地貌类型、自然气候禀赋,也开展了大量具有开创性意义的研究工作。承担的国家自然科学基金项目包括"江南水乡村镇低能耗住宅技术策略研究""绿色技术及其量化指标在长三角住区中的适宜性研究"等。其中,杨维菊教授团队在对江南水乡传统民居生态理念梳理的基础上,探讨了该地区现代民居建筑可行的低能耗技术策略⑤;张彤教授课题组以"适应性体形"和"交互式表皮"为核心概念,架构起"空间调节"的设计方法体系与关键技术集群⑥⑦⑧;吕爱民从我国特定的大陆性气候的建筑适应性出发,研究建筑如何动态地适应气候的变化,提出了应变的建筑观,并构建了其相应的理论框架、技术路线和设计策略⑨。

(4) 哈尔滨工业大学的寒地人居环境研究

哈尔滨工业大学的研究团队针对严寒地区的地域特征,专门研究了寒地建筑设计的适应性设计策略及寒地节能技术,承担了国家自然科学基金项目"低碳目标下的寒冷地区建筑围护体系节能设计研究""严寒地区乡村人居环境与建筑的生态策略研究"等。其中,冷红教授等针对严寒气候条件下东北地区城镇人居环境建设中存在的问题,提出了相应的适宜关

① 茅艳. 人体热舒适气候适应性研究[D]. 西安:西安建筑科技大学,2007:95.

② 宋晔皓. 结合自然整体设计:注重生态的建筑设计研究[M]. 北京:中国建筑工业出版社,2000.

③ 宋晔皓,褚英男,何逸. 碳中和导向的装配式建筑整体设计关键要素研究[J]. 世界建筑,2021(7):8-13+128.

④ 王鹏. 建筑适应气候:兼论乡土建筑及其气候策略[D]. 北京:清华大学,2001.

⑤ 杨维菊,高青. 江南水乡村镇住宅低能耗技术应用研究[J]. 南方建筑,2017(2):56-61.

⑥ 张彤. 环境调控的建筑学自治与空间调节设计策略[J]. 建筑师,2019(6):4-5.

⑦ 肖葳,张彤. 建筑体形性能机理与适应性体形设计关键技术[J]. 建筑师,2019(6):16-24.

⑧ 吴浩然,张彤,孙柏,等. 建筑围护性能机理与交互式表皮设计关键技术[J]. 建筑师,2019(6):25-34.

⑨ 吕爱民. 应变建筑观的建构[D]. 南京:东南大学,2001.

键技术策略，包括开发与应用寒地节能技术等①；梅洪元院士等分析了东北寒地建筑设计存在的制约条件与现实问题，从环境、气候、经济三个层面提出了寒地建筑设计的适应性技术策略②；金虹教授等分析了影响建筑能耗的7个主要设计因素，探索了乡村民居的节能优化设计③；孙澄教授团队近年来在数字化节能设计领域大有突破，为性能驱动思维导向下的建筑设计研究与实践奠定了技术基础④。

(5) 浙江大学的长三角地区绿色住居与低碳乡村研究

浙江大学王竹教授的课题组针对我国长三角地区的地域环境，承担了多个国家自然科学基金项目研究，如“长江三角洲城镇基本住居单位可持续发展适宜性模式研究”“长江三角洲地区湿地类型基本人居生态单元适宜性模式及其评价体系研究”“长江三角洲地区低碳乡村人居环境营建体系研究”。团队针对长三角地区特定的经济运作模式、地形地貌类型、居住生活方式下的可持续发展的人居环境开展了大量的研究工作。其中，徐淑宁从生态学、生物学的角度寻找启发，探讨了具有保护、渗透、调节和交流功能的“绿色住居界面”的设计原则和方法⑤；王建华从江南高温、潮湿、多雨、静风的气候特点出发，结合定性与定量的研究方法多维度分析了江南传统民居对气候的应变模式、措施以及量化指标⑥；魏秦从生态学、拓扑几何学等相关学科领域获得启发，将地区建筑营建体系置于整体的自然、经济、社会文化等综合要素的动态网格中，架构了完整的地区营建体系的理论框架⑦；朱炜以地理学的视角作为研究的切入点，探讨了自然地理因素对人居环境的影响，并针对浙北地区乡村的地理条件提出了乡村聚落营建的理论与方法⑧；范理扬从低碳的视角切入，梳理了乡村碳循环体系及构成要素，提出了“低碳控制单元”的营建策略⑨。

此外，同济大学、华南理工大学、重庆大学、华中科技大学、湖南大学等研究团队均有大量成果产出。众多学者在地域性绿色建筑的理论与实践研究中做出了有益的探索，在此不一一列出。

2) 相关研究的梳理与评述

与本书相关的研究主要集中在以下三个方面：

(1) 地方民居生态经验的挖掘及科学化

地方民居生态营造经验的借鉴与传承作为实现绿色建筑本土化目标的途径之一，既有民居生态经验的挖掘及科学化是重要的基础研究。从生态的角度，以地方民居为学习对象，成为绿色建筑理论的一个分支。地方民居生态经验包括传统民居对地域气候条件、地形地貌、物质资源、经济状况等的应对态度与策略。其中，民居气候适应性作为地域特征的重要

---

① 冷红，袁青. 寒区城镇人居环境建设关键技术策略[J]. 低温建筑技术，2007，29(5)：23-24.
② 梅洪元，张向宁，林国海. 东北寒地建筑设计的适应性技术策略[J]. 建筑学报，2011(9)：10-12.
③ 金虹，邵腾. 严寒地区乡村民居节能优化设计研究[J]. 建筑学报，2015(S1)：218-220.
④ 孙澄，韩昀松. 基于计算性思维的建筑绿色性能智能优化设计探索[J]. 建筑学报，2020(10)：88-94.
⑤ 徐淑宁. 绿色住居界面机理与适宜性途径研究[D]. 杭州：浙江大学，2003.
⑥ 王建华. 基于气候条件的江南传统民居应变研究[D]. 杭州：浙江大学，2008.
⑦ 魏秦. 黄土高原人居环境营建体系的理论与实践研究[D]. 杭州：浙江大学，2008.
⑧ 朱炜. 基于地理学视角的浙北乡村聚落空间研究[D]. 杭州：浙江大学，2009.
⑨ 范理扬. 基于长三角地区的低碳乡村空间设计策略与评价方法研究[D]. 杭州：浙江大学，2017.

体现，得到了广泛的关注和系统的研究：东南大学张彤教授课题组借助生物气候学的研究方法，解析太湖流域乡土建筑营建体系中的“开启”要素所特有的地域性气候应变模式、技术策略及现实价值①；华侨大学冉茂宇教授研究团队就闽南大厝中的窗和屋顶的气候适应性展开分析，研究传统民居中适宜的节能技术和措施②。

总体而言，研究关注点以营建策略分析为主，也包括民居室内环境测试评价③、单项建筑技术研究④、生态性能模拟⑤、能耗评价与节能改造⑥等，涉及热环境、光环境、声环境、热舒适、室内空气质量、自然通风、能耗、材料及使用者行为特征等具体方面。在研究手段上，早期主要以定性研究为主，20 世纪 90 年代中后期特别是 2000 年之后开始广泛使用定量测试手段，开展传统民居生态建筑经验科学化研究，包括物理环境实测、仿真模拟、实验室测试等。定量研究方法可以修正定性研究中一些错误的主观判断，验证特定地域条件下某种策略或技术的有效性及有效程度，为地方民居生态经验的应用与扩展奠定基础。

(2) 建筑技术原型及转译方法的阐释

在类型学方法的启示下，从传统民居复杂形式中提取、凝练具有典型特征的“技术原型”是生态建筑经验在现代建筑应用的重要步骤，对地域绿色建筑营建模式的建立和设计方案的形成有直接帮助。赵群分析、提炼了我国传统民居的气候调节技术原型，并在此基础上分别归纳了两大类型中六种主要模式的生态建筑模式语言⑦；杨柳等基于原型理论和建筑气候适应性研究方法，针对干热气候区建立了涵盖“设计原则—设计策略—建筑特征”等层级的传统民居干热气候适应“原型图谱”⑧；孙应魁等以新疆传统民居为研究对象，构建建筑层面的平面类型、建造材料、功能布局三方面的本土景观基因图谱⑨。

大量研究表明，转译是解决地域建筑文化承启问题的切实方法。对技术原型的解读与转译，可为实现地域绿色建筑形式语言的构建提供新的方法，是推动绿色建筑创作从普适性向在地性转变的有效途径。卢鹏等解析了节能技术向建筑形态转换的机制和三种基本途径⑩；孔宇航等从思维模式、形式生成与建造逻辑三个层面对传统营建体系进行转译与重构，阐述传统营建智慧在建筑设计中的应用⑪。这些研究对地域性绿色建筑发展有极大的促进作用，但既有研究大多数还是侧重于对具体项目转译策略的描述，而较少对转译实施背后的逻辑与机理进行系统的解析与阐释。如何进行转译以及转译的媒介、原动力、依据、路径与方法等是值得探索的重要内容。

---

① 闵天怡，张彤. 回应气候的建筑“开启”范式研究：以太湖流域乡土建筑营造体系为例[J]. 新建筑，2021(5)：4 - 10.

② 张亮山，冉茂宇，袁炯炯. 闽南大厝的窗与屋顶的气候适应性设计分析[J]. 华中建筑，2016，34(12)：139 - 143.

③ 郝石盟. 民居气候适应性研究：以渝东地区民居为例[D]. 北京：清华大学，2016.

④ 陈晓扬，郑彬，傅秀章. 民居中冷巷降温的实测分析[J]. 建筑学报，2013(2)：82 - 85.

⑤ 高博，杨依明，王有为，等. 陕北锢窑民居绿色营建智慧解析[J]. 工业建筑，2020，50(7)：15 - 27.

⑥ 范理扬. 基于长三角地区的低碳乡村空间设计策略与评价方法研究[D]. 杭州：浙江大学，2017.

⑦ 赵群. 传统民居生态建筑经验及其模式语言研究[D]. 西安：西安建筑科技大学，2005.

⑧ 杨柳，郝天，刘衍，等. 传统民居的干热气候适应原型研究[J]. 建筑节能(中英文)，2021，49(11)：105 - 115.

⑨ 孙应魁，翟斌庆. 喀什老城区传统民居聚落景观基因图谱研究[J]. 世界建筑，2021(9)：27 - 31+137.

⑩ 卢鹏，周若祁，刘燕辉. 以“原型”从事“转译”：解析建筑节能技术影响建筑形态生成的机制[J]. 建筑学报，2007(3)：72 - 74.

⑪ 孔宇航，辛善超，张楠. 转译与重构：传统营建智慧在建筑设计中的应用[J]. 建筑学报，2020(2)：23 - 29.

(3) 被动式设计策略地域适宜性研究

在绿色建筑方案阶段对被动式设计策略适用性研究的主要方法可归为三类:① 生物气候分析;② 性能模拟分析与评估;③ 实验房测试验证。在建筑设计初期阶段,目前国内外大多研究从地区的气候特征出发,探讨各被动式设计策略的地域适宜性,采用的分析方法以建筑气候分析法为主。在国外奥戈雅(Olgyay)法、吉沃尼(Givoni)法、沃特森(Watson)法、马霍尼(Mahoney)列表法、埃文斯(Evans)热舒适三角法等基础上,西安建筑科技大学杨柳教授针对我国实际的气候条件,建立了一套系统的适应我国建筑设计的气候分析方法,为我国建筑气候学研究奠定了重要基础①。以刘加平教授、杨柳教授为核心的研究团队在典型气象年(TMY)数据②、人体热舒适气候适应模型③、以被动式设计策略适宜性为导向的气候分区④、气候变化对被动式设计策略适用性的影响⑤等研究上取得了一系列的成果。清华大学夏伟博士利用 Weather Tool 气候分件工具结合 GIS 软件形成了各被动式设计策略有效性的全国分布图⑥,为被动式设计策略适用性的可视化研究奠定了基础。

建筑气候分析方法可以在方案设计阶段为建筑师提供与能耗有关的设计依据,判断不同被动式设计策略的适用性,初步研选地区适宜的设计策略。但目前应用较广的气候分析软件仅提供了几种(Weather Tool)或十几种(Climate Consultant)被动式设计策略,类型种类有限。建筑气候分析为绿色建筑设计策略的初步制定提供了大方向,但特定地区具体的营建模式及细化的技术策略有待进一步研究。

3) 问题思考与趋势分析

纵观以上理论与实践研究的成果可以发现,我国幅员辽阔,地域环境差异极大,研究特定地区的绿色建筑营建策略与适宜的技术手段具有重要意义。在绿色建筑以全项指标与技术控制为导向的现实背景下,绿色建筑相关的既有研究中,对绿色技术的实施应用、性能提升的研究较多,对地域文脉与建筑技术如何对接、融合考虑得较少,对两者之间如何转译、演进、发展的探究不足。通过文献梳理可以发现:

① 在地域性绿色建筑营建策略研究中,对地域环境的应对态度多数从宏观"适应"的角度切入,较少涉及中微观层面作用机制的探讨。

② 转译作为绿色技术与地域文脉对接、融合的切入点,既有研究侧重于具体设计实践中操作方法的描述,对于转译背后的逻辑与机理缺乏清晰的阐述。

③ 在初步研选地区适宜的设计策略的基础上,特定地区具体的营建模式及细化的技术策略有待进一步研究,为建筑设计人员提供基本的模式参考和技术支撑。目前长三角地区尚缺少系统的适用于该地区的绿色建筑营建模式,因而未能有效地指导设计实践。

---

① 杨柳. 建筑气候分析与设计策略研究[D]. 西安:西安建筑科技大学,2003.

② 李红莲,王安,胡尧,等. 典型气象年和非典型气象年在建筑节能设计中的应用研究[J]. 建筑节能(中英文),2021,49(11):80-86.

③ 茅艳. 人体热舒适气候适应性研究[D]. 西安:西安建筑科技大学,2007.

④ 谢琳娜. 被动式太阳能建筑设计气候分区研究[D]. 西安:西安建筑科技大学,2006.

⑤ Wang S Y, Liu Q M, Cao Q M, et al. Applicability of passive design strategies in China promoted under global warming in past half century[J]. Building and Environment, 2021, 195: 107777.

⑥ 夏伟. 基于被动式设计策略的气候分区研究[D]. 北京:清华大学,2009.

此外，基于对国内外地域性绿色建筑研究的综述分析，结合相关导向性政策、标准和现实需求，目前地域性绿色建筑的研究大致有三种发展动向。

(1) 从“四节一环保”到“舒适、健康以及与自然和谐共生”——营建目标的提升

2006 年我国颁布了第一部《绿色建筑评价标准》(GB/T 50378—2006)，其中对绿色建筑的定义为“在建筑的全寿命周期内，最大限度地节约资源(节能、节地、节水、节材)、保护环境和减少污染，为人们提供健康、适用和高效的使用空间，与自然和谐共生的建筑”。在 2019 年再次修订后的《绿色建筑评价标准》(GB/T 50378—2019)中，绿色建筑的定义更改为“在全寿命期内，节约资源、保护环境、减少污染，为人们提供健康、适用、高效的使用空间，最大限度地实现人与自然和谐共生的高质量建筑”。从定义的修订可以看出，绿色建筑营建目标的核心从原先强调的“四节一环保”转变为强调“舒适、健康以及与自然和谐共生”。自 20 世纪 70 年代能源危机的产生以及人类生态意识的觉醒，“节能、环保”成为绿色建筑的主要目标，而随着绿色技术的推广与应用以及人类环境健康的迫切需要，“舒适、健康”逐渐成为绿色建筑所强调的固有属性，并向更高层次的“与自然和谐共生”的目标推进。

(2) 传统经验与现代技术结合——回望，从历史照见未来

国内外地域性绿色建筑的理论与实践研究表明，传统经验与现代技术结合是地域性绿色建筑发展的主要趋势之一，传统乡土建筑中所蕴含的生态智慧能够为当代绿色建筑的发展提供启发与技术手段①。同时，与现代绿色建筑技术尤其是被动式技术的融合，能够有效减少建筑能耗并提高室内环境的舒适度。此外，随着计算机技术的发展，各类分析软件、模拟仿真软件的运用使设计者能够更精准、高效地把握地域性绿色建筑的营建与实施效果。

(3) 发展生态村镇和绿色农居——城乡统筹，营建对象的扩展

近几年来，地域性绿色建筑研究与实践的区域更多的是从城市转向了城镇与乡村地区。随着经济的发展，量大面广的城镇与乡村地区对居住环境的要求逐日提高，农村住宅的空调、采暖、通风等建筑能耗也大幅上升。与城市建筑相比，农村建筑具有更丰富的自然生态要素以及地域和文化特征，因此营建的重要性与必要性更显突出。发展生态村镇、加强绿色农居方面的研究，是促进城乡经济结构调整和建设资源节约型、环境友好型社会的有效措施，关系到乡村人居环境的可持续发展目标的实现。

1.3 研究对象与相关概念

1.3.1 研究对象

本书研究生成的营建模式、设计策略主要适用于长三角地区量大面广的城镇与乡村地区，不涉及大城市的绿色建筑设计策略。主要原因有两点：① 大城市的绿色建筑设计问题已有众多的研究与实践示范，且通常有通用的标准与范式规范其绿色建筑的设计与建造；

---

① Manzano-Agugliaro F, Montoya F G, Sabio-Ortega A, et al. Review of bioclimatic architecture strategies for achieving thermal comfort [J]. Renewable and Sustainable Energy Reviews, 2015, 49: 736 - 755.

② 大城市中的绿色建筑建设主要受城市建成环境与城市微气候的影响，而受自然气候与地形地貌因素的制约和影响较少。但本书的研究成果，对大城市的地域性绿色建筑营建能够有所启发，其基本原理、作用机制、分析方法是互通的，也能够为大城市的地域性绿色建筑营建策略的生成提供借鉴与参考。

1.3.2　相关概念界定

1) 长三角地区

由于经济和区域协调发展的需求，长三角地区的范围界定不断地进行扩展和调整，由 1982 年以上海为中心的 10 个城市①扩充为 2010 年包含的"两省一市"②，再调整为 2016 年涉及"三省一市"的 26 个城市。本书关于长三角地区的概念界定，来源于国务院 2016 年 5 月批准的《长江三角洲城市群发展规划》，主要指上海市，江苏省的南京、苏州、无锡、常州、南通、扬州、盐城、镇江、泰州以及浙江省的杭州、宁波、湖州、嘉兴、绍兴、金华、舟山、台州，安徽省的合肥、芜湖、安庆、马鞍山、铜陵、滁州、池州、宣城等 26 个城市，面积约为 211 700 km²，约占我国的 2.2%(图 1.10)。本书的第 3 章中将对长三角地区的气候环境和地貌环境作具体解读与分析。本书立足于长三角地区的气候与地貌特征，研究该地区适宜的地域性绿色建筑的营建模式与技术策略。

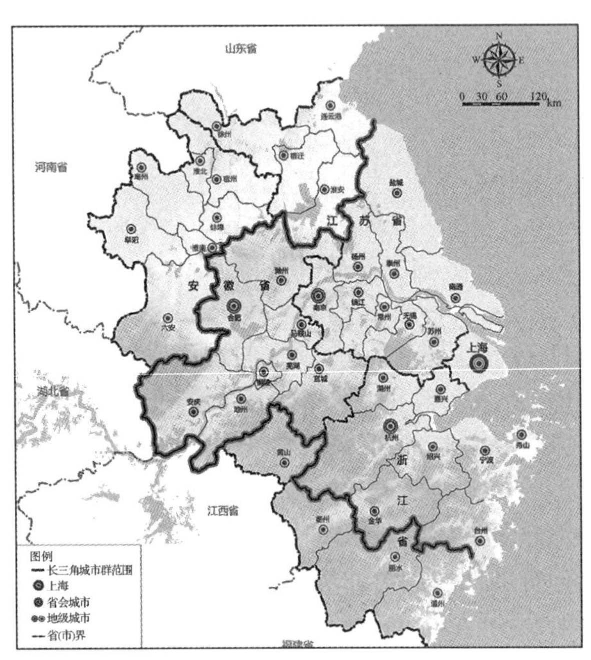

图 1.10　长三角地区的范围

[图片来源：百度百科(https://baike.baidu.com/)]

2) 几个基本概念：绿色建筑、生态建筑、可持续建筑、低碳建筑

生态建筑、可持续建筑、低碳建筑、零能耗建筑、零排放建筑、健康建筑等是与绿色建筑有着相似内涵的几个基本概念，为了不产生概念的混淆，在此对其基本含义进行简单阐述。但由于这些概念自提出以来，不同专家学者从不同的角度对其定义、内涵进行阐释，且概念本身具有一定的复杂性与综合性，因而这些概念拥有众多不同的定义表述。现做几个摘录：

---

① 1982 年 12 月，国务院决定成立以上海为中心的上海经济区，首次正式将长三角列为国家级经济区，范围包含上海、苏州、常州、无锡、南通、杭州、宁波、嘉兴、湖州、绍兴共 10 个城市。引自沈惊宏. 改革开放以来泛长江三角洲空间结构演变研究[D]. 南京：南京师范大学，2013：4.

② 2010 年，国务院批准了《长江三角洲地区区域规划》，将长三角的范围扩充界定为上海市、江苏省和浙江省。引自国家发展和改革委员会. 关于印发长江三角洲地区区域规划的通知：发改地区〔2010〕1243 号[A/OL]. (2010-06-22)[2014-05-27]. http://www.gov.cn/zwgk/2010-06/22/content-1633868.htm.

绿色建筑(Green Building)的定义为“在全寿命期内,节约资源、保护环境、减少污染,为人们提供健康、适用、高效的使用空间,最大限度地实现人与自然和谐共生的高质量建筑”①。

生态建筑(Ecological Building)的定义是“根据当地的自然生态环境,运用生态学、建筑技术科学的基本原理,采用现代化科学技术手段,合理地安排并组织建筑与其他领域相关因素之间的关系,使其与环境之间成为一个有机结合体”②。

可持续建筑(Sustainable Building)的概念为“对可持续发展有积极贡献的建筑,是既满足当代人的需要,又不对后代人满足其需要的能力构成危害的建筑”③。

低碳建筑(Low Carbon Building)的内涵有三个层面:首先,在建筑节能的基础上,最大限度地减少碳排放,同时增加碳汇(吸收、消耗空气中的二氧化碳),减少总碳排放量,从而减轻建筑对环境的影响;其次,应与自然环境融合、共生,做到人、建筑、自然的和谐与可持续发展;最后,应能够提供安全、舒适的使用空间④。

由此可见,这几个概念在本质上具有许多共同之处,其内涵都是基于建筑与自然和谐共生的理念,是建筑学学科对环境、生态议题的回应,只是概念产生的背景、涵盖的范围以及研究的侧重点有所不同。新版的《绿色建筑评价标准》(GB/T 50378—2019)对绿色建筑的内涵做了进一步的拓展。修改后的绿色建筑定义涵盖的内容更全面,也更符合本书的研究内容,所以本书采用绿色建筑的概念。

3) 地域性绿色建筑

地域性是建筑与生俱来的本质属性,建筑的地域性是指建筑与其所在地域的自然生态、文化传统、经济形态和社会结构之间特定的关联⑤。结合绿色建筑的定义,可进一步解析地域性绿色建筑的内涵,其基本特征可归纳为:① 营建的在地性。回应地域气候、地貌等自然条件的限定。② 环境的友好性。尽可能地保护环境、节约资源、减少污染,与自然和谐共生。③ 建造的经济性。运用当地的地方材料、能源与建造技术,具备明显的经济性。④ 形态的特异性。吸收包括当地建筑形式在内的建筑文化成就,在形态上体现地方的风貌特色。⑤ 空间的健康性。以健康、适用、高效为目标,注重人体的健康与舒适体验。

1.4 研究目的与意义

1.4.1 研究目的

1) 对以全项指标和技术控制为导向的绿色建筑本质的误读进行厘清

基于气候与地貌特征的地域性绿色建筑营建策略研究,首要目的在于对当下以全项指标和技术控制为导向的绿色建筑本质的误读进行厘清。“重指标、重技术”的价值理念是现阶段绿色建筑发展过程中呈现出的重要问题,人们过于依赖、运用高技术,而忽视了人、建筑

① 中华人民共和国住房和城乡建设部. 绿色建筑评价标准:GB/T 50378—2019[S]. 北京:中国建筑工业出版社,2019.

② 戚影. 生态建筑与可持续建筑发展[J]. 建筑学报,1998(6):19-21.

③ 李道增,王朝晖. 迈向可持续建筑[J]. 建筑学报,2000(12):4-8.

④ 李兵. 低碳建筑技术体系与碳排放测算方法研究[D]. 武汉:华中科技大学,2012:16.

⑤ 张彤. 整体地域建筑理论框架概述[J]. 华中建筑,1999,17(3):20-26.

与自然之间本应具有的调适性。本书在对绿色建筑的认知与解析中，希望厘清其基本概念与本质，从价值理念上强调绿色建筑首先应遵循因地制宜的原则，结合建筑所在地域的气候、地貌、资源、经济和文化特点等，正确把握地域性绿色建筑适宜的营建策略。绿色建筑的营建不能以指标达成为目的，也非普适性、通用的绿色技术的运用与堆砌。

2）推动建筑技术与地域文化的融合

建筑技术与地域文化的融合是绿色建筑发展的时代需求，也是弘扬中华文化、树立文化自信的要求。从气候、地貌的角度重新审视传统建筑在处理人与环境、资源方面的巧妙智慧，凝练传统建筑在建构方式、空间形态、界面构造等方面的绿色营造经验，结合当前科学的理论方法与技术手段，通过“原型-转译”的方式建立符合地区经济与社会发展状况的营建原则、对策与营建模式，是推动地域文化与建筑技术融合的有效方式之一。

3）促进地域性建筑形态特征的形成

全球化步伐不断加速，传统生态建构观逐渐淡化，建筑的地域特色也随之消失。而问题的症结所在是未能弄清建筑地方风貌的渊源。吴良镛先生曾说过，如果能进一步弄清建筑文化的渊源和各地区建筑文化发展内在而非臆造的规律，比较它们之间的差异，研究其空间格局，这将不仅大大深化我们对中国建筑发展的整体认识，且更有助于我们理解中国建筑的区域特色，从而使中国建筑创作真正地实现和而不同、同中有异的繁荣局面①。顺应气候、地貌等自然要素的限定，是地域性建筑营建活动的出发点，也是形成建筑形态特征的根本缘由，从气候、地貌的视角研究地域性绿色建筑，不仅有利于节约能源、资源，也有助于在建筑空间与形体上体现地方风貌特色。

4）突破在地域性建筑创作中复制传统形态的局限

一些传统形态的恢复、地方风貌的打造、传统技艺的延续等，尽管都在客观上体现了建筑地域性表达的良好愿望，但是这些看似接地气的表达方式，始终过于注重表面上具象或抽象的形式，难以突破“形式本位”的局限，容易使地域性建筑创作的道路越走越窄。而地域性建筑的外部特征本身源于对各种限定因素的回应，深层次的传承并非外在形式上的复制、模仿，而是由内而外的呈现与表达，由生态内核诱发不同地区的建筑特征。从气候、地貌的视角出发，有益于突破在地域性建筑创作中复制传统形态的局限，创造出时代感强且地域特征鲜明的绿色建筑。

1.4.2 研究意义

首先，地域性建筑的生成生长历程是多因素作用的、动态演进的过程，这其间包含了自然生态、社会人文等因素的制约。在诸多因素之中，经济、技术、价值观、生活方式等都会随着时代的发展而改变；唯有气候、地貌等自然生态因素具有相对的稳定性，是地域性建筑生成生长的主导要素。正确认识和理解气候、地貌与地域性绿色建筑营建之间的作用机制，有助于进一步理解建筑形式更替和材料变化的内在动因，并且最终解释既有建筑中绿色营造经验的成因及其演进机制。

其次，在大力发展绿色建筑的背景下，研究长三角地区基于气候与地貌特征的地域性绿

---

① 吴良镛. 吴良镛城市研究论文集：迎接新世纪的来临[M]. 北京：中国建筑工业出版社，1996.

色建筑营建策略不仅有助于降低能源消耗、减少生态破坏、提高人居环境质量、节约建筑运行成本，也有利于彰显地方特色内涵、实现传统技术传承更新、促进当代地域性绿色建筑和传统建筑文化之间的承启，并在实施层面为长三角地区地域性绿色建筑的建设提供参照依据与可操作的模板。

最后，长三角地区作为国家经济发达地区的典型区域，人口的大量聚集、能源资源的缺乏、经济高速发展的需求使其成为我国建筑能耗较高的地区之一。长三角地区是推行绿色建筑的先行地区，对该地区地域性绿色建筑的营建模式与技术策略的研究具有一定的引领性，可为更广范围内地域性绿色建筑的设计与建造提供参考，将对我国绿色建筑营建的整体环境与实现人居环境的可持续发展目标具有重要的影响及示范效应。

1.5 研究内容与方法

1.5.1 研究内容

1）解析气候、地貌与地域性绿色建筑营建的作用机制

基于对人文地理学中人地关系认知图式的理解，以及对传统风水学中环境观的汲取，通过“人地系统”的建构，解析气候、地貌与地域性绿色建筑营建的作用机制，借鉴地貌学、建筑气候学等相关学科的概念，探讨了基于气候与地貌特征营建的关键问题、相关原理与方法。

2）解析地域性绿色建筑营建智慧的“原型-转译”机制

运用语言学中“转译”的概念和方法，围绕着媒介、语境、路径、评判四个方面解析地区性既有建筑的“在地营建智慧”向当代地域性绿色建筑营建策略演进、发展的转译机制。指出了转译的媒介为原型，转译的语境包括自然气候与地形地貌、社会环境与技术工艺、典型个案因素，并结合具体实例探讨三种可能的转译路径——实体要素的变更、比例尺度的变换、结构模式的拓扑转换，以促进传统技术经验的传递与继承，使根植于地域特征的建筑本质属性在历时性建造中延续。

3）建立长三角地区基于气候与地貌特征的地域性绿色建筑营建策略与方法

依托建筑气候分析等方法，研究被动式气候调节策略在长三角地区的应用效率排序与时空分布规律，得出长三角地区适宜性的被动式设计策略。围绕长三角地区人居环境在生态与地方特色方面的需求，针对特定的经济运作模式、地形地貌类型、建筑气候特征、居住生活方式等，开展地域性绿色建筑的空间形态、适用建材、构造技术等方面的研究。把握该地区人居环境建设的薄弱环节，挖掘、凝练该地区既有建筑的在地营建智慧，从群体布局、体型设计、空间组织、材料研选、构造设计等方面系统地建立长三角地区地域性绿色建筑营建模式和技术策略，使之在空间与形体上体现地方风貌特色，为实现长三角地区绿色建筑的可持续发展目标提供理论与技术支撑。

1.5.2 研究方法

本书注重相关学科的融贯与整合研究、定性判断与定量评价的结合、概念与形态研究的结合。在研究过程中，本书主要采取了以下几种方法：

1）综合调查法

通过对文献资料有目的、有计划地收集和梳理，了解国内外关于地域性绿色建筑营建问题的研究现状与趋势，建立初步、科学的认识观，将其作为研究开展的基础。尤其，对长三角地区传统建筑和当代绿色建筑选取若干案例进行资料收集、实地调研，分析、提炼在地营建智慧。

2）定性研究法

定性研究最初来源于社会科学，试图描述解释复杂背景中的社会现象，最终得到一个关于被研究环境的全面的整体认识①。本书通过运用定性研究方法试图把握气候、地貌与地域性绿色建筑营建的相互作用机制，以形成认知层面的认识论。同时，对长三角地区的在地营建智慧进行定性解析，为寻求应用于实践的策略与方法奠定基础。在现实中，尤其在建筑学研究中，如果单纯依靠数理统计方法，会影响研究结果的全面性与灵活性，导致研究结论产生偏差。而定性研究在理论概念和研究设计中表现出更多的开放性，能够更好地把握事物发生、发展的本质属性，并对此做出较全面的解释。

3）定量研究法

在建筑气候分析、策略有效性验证等研究过程中，需要一定的量化分析与研究。通过建筑气候分析法，可以了解不同被动式气候调节策略能够增补的舒适时间比，计算对比后可得出各策略的应用效率排序；通过对长三角地区典型的筒屋式民居进行物理环境测试，研究民居中具有被动式调节作用的空间设置，及其对周围功能性空间的影响程度；通过建立模型与模拟分析、热工性能测试等，验证策略的有效性，以确定长三角地区地域性绿色建筑的营建模式与技术策略。

4）学科交叉法

地域性绿色建筑是一个包含多种影响因素的复杂系统，对其研究不能仅从建筑学传统的角度讨论空间和形态，更需要以一种全面、拓展的视野进行综合分析与研判。本书借鉴人文地理学、建筑气候学、拓扑形态学等相关学科的概念、原理和方法，多维度地剖析研究对象，并寻找解决问题的理论支撑，以为研究提供更全面的思路，为营建策略的建构提供更科学的方法。

5）实证研究法

研究以大量的优秀设计案例和实践项目作为发展、印证理论的基础。本书的第 6 章，以浙江省德清县张陆湾村的地域性绿色建筑营建为例，对研究成果进行运用，验证策略与方法的有效性、实用性与可操作性，从而在实践层面进行验证和总结。

1.6 研究的创新点

本书运用人文地理学的概念、原理和方法，通过人地系统的建构，对气候、地貌与地域性

---

① 格鲁特. 建筑学研究方法[M]. 王晓梅，译. 北京：机械工业出版社，2005：179.

绿色建筑营建之间的作用机制做出综合性的表述,有利于理解地域性绿色建筑空间与形态表象背后的深层原因,把握其发生、发展以及演变的内在规律。

本书对长三角地区既有建筑的在地营建智慧进行系统挖掘、研选,基于大量的文献调查与实地调研,首次建立了长三角地区的"地域基因数据库",并提出其在当代地域性绿色建筑营建中的转译路径。

针对长三角地区特定的建筑气候特征、地形地貌类型,本书从群体布局、体型设计、空间组织、材料研选、构造设计等方面提出并建构长三角地区基于气候与地貌特征的地域性绿色建筑营建策略与方法,用以指导地域性绿色建筑的设计与建造。

1.7 研究框架

1.7.1 章节内容

本书共七个章节,包含三部分内容。第一部分绪论,阐述研究背景与相关前提,为研究视角的确立、研究区域的选择及后续的论述奠定了基础。第二部分是全书的主体部分,由第2章至第6章构成,通过"认知框架—地域环境—在地智慧—营建策略—实证研究"五个方面形成逐层推进的研究路径。第三部分结语,对全书的研究内容进行总结,反思研究的不足并明确进一步的研究方向与目标。具体的章节内容可概括如下:

第1章,基于研究背景及国内外研究与实践经验的总结,阐述长三角地区以气候、地貌为视角的地域性绿色建筑营建策略研究的目的、意义、方法、框架、技术路线等基础性内容。

第2章,通过借鉴相关理论的核心概念,解析气候、地貌与地域性绿色建筑营建的作用机制,明确营建的关键问题,把握了相关原理与方法。在此基础上建立认知框架,为后续营建策略的建构奠定理论基础。

第3章,针对长三角地区的气候与地貌特征进行了解析,依托"建筑气候分析"等方法,得出该地区适宜性的被动式设计策略,并诠释各策略的应用效率排序与时空分布规律。

第4章,从建构方式、空间形态、界面构造三个方面凝练了长三角地区既有建筑的"在地营建智慧",在此基础上归纳建立其绿色建筑营建模式的"地域基因库",并且围绕着媒介、语境、路径、评判四个方面阐述"在地营建智慧"的转译机制。

第5章,针对建筑群体(宏观)、基本单元(中观)、界面设计(微观)三个层面提出基于"气候—地貌"特征的长三角地域性绿色建筑营建策略与方法。

第6章,以浙江德清县张陆湾村绿色农居为例加以论证,以期研究成果对当前地域性绿色建筑实践起到一定的方法指导。

第7章,通过研究脉络的梳理对全书进行总结,概括了本书主要完成的工作内容。同时,反思研究的不足,并思考今后研究有待深化的部分及研究拓展的可能性。

1.7.2 技术路线

技术路线如图1.11所示。

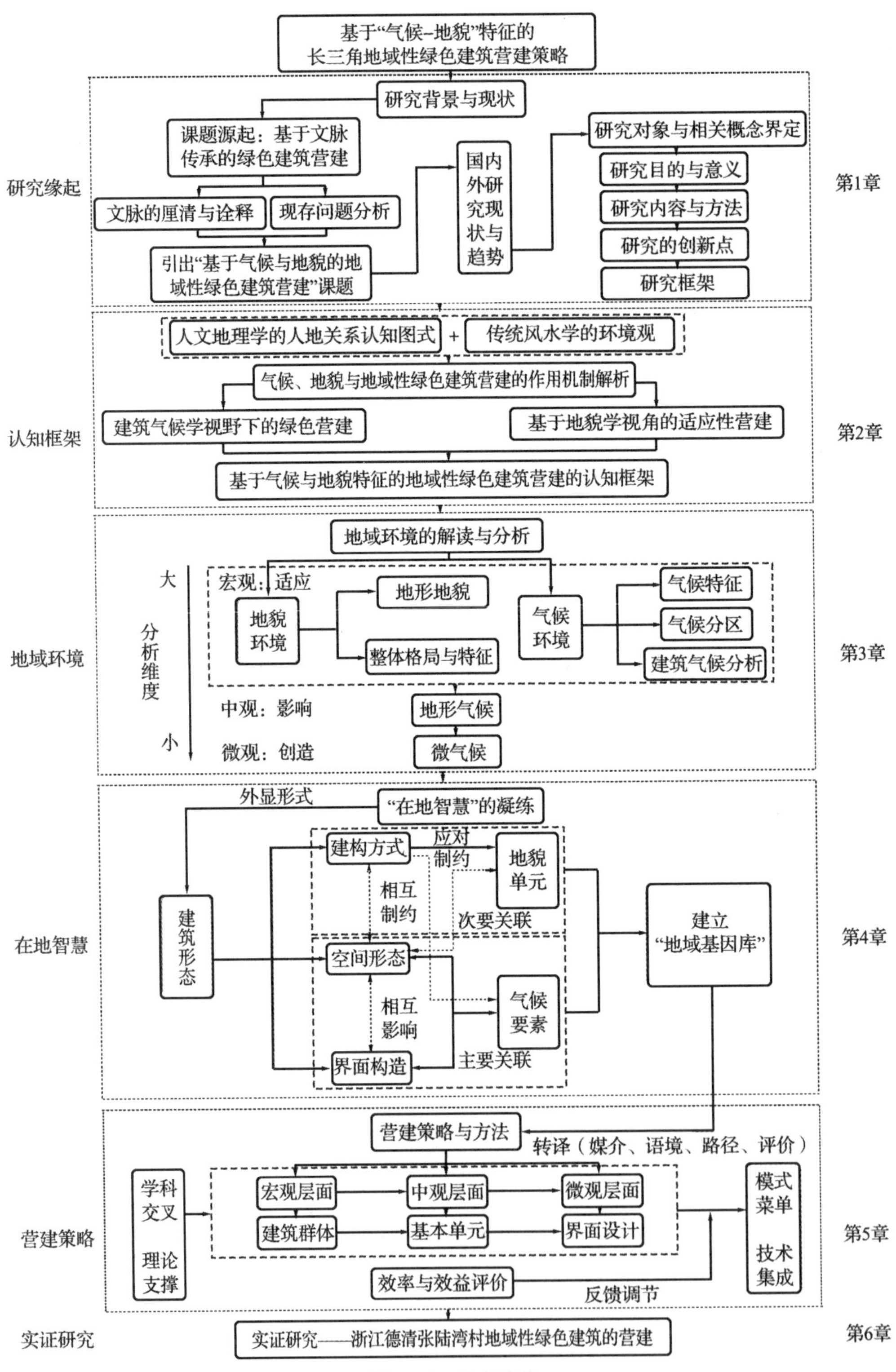

图 1.11　技术路线

（图片来源：笔者自绘）

1.8 本章小结

本章首先阐述了课题研究的缘起是基于文脉传承的绿色建筑营建的需求，进而通过建筑文脉的厘清与诠释、地域性建筑营建现存问题的思考和长三角地区经济、气候、地貌特殊性的阐述，说明了本书以气候、地貌为视角以及选择长三角地区为研究区域的具体缘由。同时，在对国内外地域性绿色建筑研究现状梳理的基础上，总结提出了地域性绿色建筑研究的三种发展动向。进而，对研究对象和相关概念进行界定，明确了本书研究的目的在于对当下以“全项指标”和“技术控制”为导向的绿色建筑本质的误读进行厘清，强调绿色建筑因地制宜的重要性，正确把握地域性绿色建筑适宜的营建策略，并进一步阐述了研究内容、研究方法、创新点与技术路线。

2 气候、地貌与地域性绿色建筑营建的认知框架

气候、地貌如何与地域性绿色建筑的营建建立关联，两者之间存在怎样的作用机制，是基于气候与地貌特征的地域性绿色建筑营建的认知基础。本章基于对人文地理学中人地关系认知图式的理解，以及对传统风水学中环境观的汲取，通过“人地系统”的建构，以整体的思维剖析气候、地貌与地域性绿色建筑营建的作用机制。进而，针对气候、地貌两个要素展开“建筑气候学视野下的绿色营建”与“基于地貌学视角的适应性营建”的具体认知，明确关键问题，把握原理与方法，从而形成完整的气候、地貌与地域性绿色建筑营建的认知框架(图 2.1)。

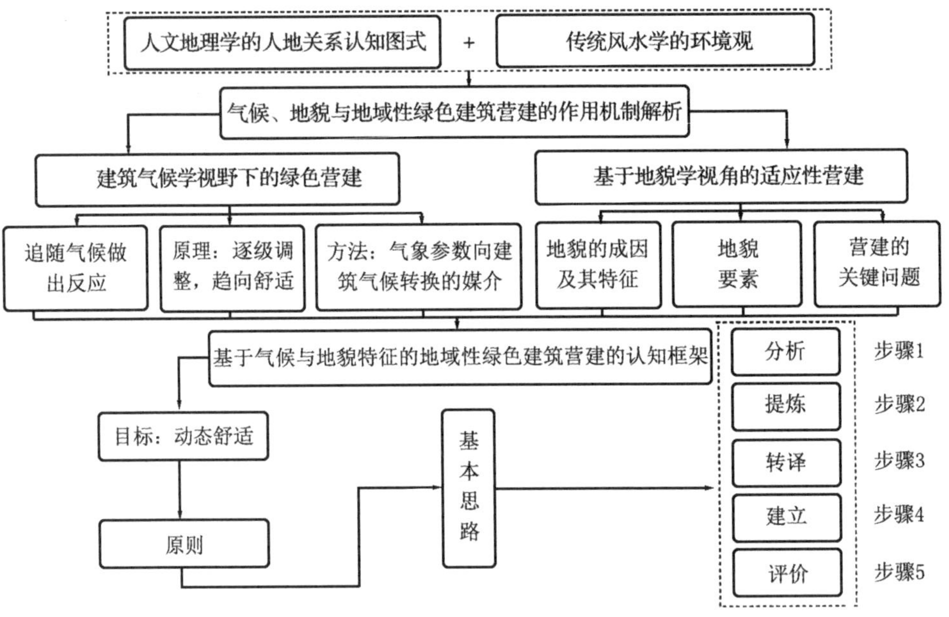

图 2.1 气候、地貌与地域性绿色建筑营建认知框架的研究逻辑

(图片来源：笔者自绘)

2.1 气候、地貌与地域性绿色建筑营建的作用机制解析

营建策略与方法的建构必然涉及对气候、地貌与地域性绿色建筑营建的作用机制解析，其中既包括对人文地理学的人地关系认知图式的理解，也包括对传统风水学中环境观的科学内涵的分析与借鉴，以更准确地把握气候、地貌与地域性绿色建筑营建之间的作用关系。

2.1.1 人文地理学的人地关系认知图式

地理学依据研究对象侧重点的不同,分为自然地理学与人文地理学两部分。自然地理学研究自然地理环境的特征、结构及其地域分异规律;人文地理学则以地球表面人类各种社会经济活动为研究对象①。其中,人地关系论是人文地理学的理论基础。值得注意的是,人文地理学所探讨的"人地关系"里的"地"不仅是指狭义的地形地貌,而是包含了气候、地貌、地质矿产、水文、土壤等各种地理环境要素。

人地关系属于人与自然的关系范畴,是自人类起源就存在的客观关系。其中,"人"指在一定的生产方式下、在一定区域空间从事生产活动或者社会活动的人,即社会性的人②;"地"指在空间上存在地域差异的地理环境,主要指与人类活动有密切关系的、由自然诸要素有规律结合的自然环境③。由地理环境和人类活动两个子系统交错构成的复杂开放的巨系统称为"人地系统"。人地关系是一种相互影响、相互作用的多链条双向关系:一方面人类为了生存等需求不断利用、改造地理环境,增强适应地理环境的能力,改变地理环境的面貌;另一方面,地理环境也影响着人类活动的地域特征和地域差异。

1) 人地关系的历时性变迁:从"决定论"到"协调论"

在漫长的历史进程中,随着人类生产力水平的提升和人类主观能动作用的认识发展,在不同的历史阶段形成了不同的人地关系思想。总体而言,人地关系的观点主要经历了"地理环境决定论—或然论—生产关系决定论—协调论"(表 2.1),学者们在探索中不断接近人地关系的"真实"。

表 2.1 人地关系的历时性变迁

项目	时间、尺度	对自然的态度	主要资源	主要能源	生产模式	主要产业活动	消费方式	发展方式	人类影响的范围	人地相互作用产生的问题	系统识别
采集狩猎社会	约一万年以前	崇拜、敬畏	天然食物	人力、薪材	从手到口	采集、渔猎	低水平食物	依赖天然食物资源	个体、群体的聚集地	食物短缺	无结构系统
农业社会	农业革命后(约一万年前—1700年)	模仿、学习(天定胜人)	农业资源	人力、畜力、水力、风力等	简单技术和工具	农业	维持生存需求	大规模开发农业资源	村、城市、国家	人口过剩、生态破坏	简单网格结构

① 王恩涌. 人文地理学[M]. 北京: 高等教育出版社, 2000: 1.

② 人具有自然属性和社会属性的双重属性,以及生产者和消费者的双重身份。

③ 代合治. 人文地理学原理[M]. 青岛: 中国海洋大学出版社, 2011: 54.

续表

项目	时间、尺度	对自然的态度	主要资源	主要能源	生产模式	主要产业活动	消费方式	发展方式	人类影响的范围	人地相互作用产生的问题	系统识别
工业社会	工业革命后(约1700年至今)	改造、征服(人定胜天)	工业资源	煤、石油	复杂技术与体系	工业	高物质消费的发展需求	掠夺型利用资源和环境	国家、跨国	人口过剩、生态破坏、资源短缺、能源危机、环境污染	复杂功能结构
信息社会	信息革命后	适应、协调(人地和谐)	智力和信息资源	清洁的可替代能源	智力、信息转化与再循环体系	第三产业	物质与精神的全面和可持续消费	追求可持续发展	全球	不可再生资源耗竭、全球气候变化	自控制调节结构

(表格来源:陈慧琳. 人文地理学[M]. 2版. 北京:科学出版社, 2007: 22.)

(1) 地理环境决定论

18世纪法国启蒙思想家孟德斯鸠(Montesquieu)提出:“人类社会的发展受到多种因素的制约,其中地理环境和气候条件是具有决定意义的。”之后德国地理学者弗里德里希·拉采尔(Friedrich Ratzel)继承了孟德斯鸠的这一思想,并进一步将其发展成为地理环境决定论。地理环境决定论强调自然环境对人类社会、经济、政治等起绝对性作用,把地理环境视为一切人类社会活动产生的原因,是一种必然论的因果观思想。

(2) 或然论

而后,随着对地理环境决定论的质疑、批判,法国地理学者维达尔·白兰士(Paul Vidal de La Blache)提出了或然论(又称可能论、人地相关论)。或然论的核心思想是:自然环境为人类活动提供了多种可能性,人类可以依据自己的需求、能力来利用这种可能性。人地关系不是必然论,而是一种或然论的关系。随后,白兰士的学生白吕纳(Jean Brunhes)在其代表作《人地学原理》中进一步发展、完善了这一思想,尤其对人的主观能动性有了更深刻的理解,认为自然因素对人类社会的作用不是“控制”而是“影响”,人对自然环境不是“被动的适应”而是“能动的适应”。

(3) 生产关系决定论

继而,随着生产力水平的进一步发展,在人地关系的作用过程中人改造环境的能力愈来愈强,使人地关系走向另一极端——生产关系决定论。这种思想过分夸大了人的主观能动性,认为人可以超越自然、决定一切。

(4) 协调论

在20世纪60年代,人口爆炸、环境污染、能源危机、气候恶化等问题的出现,显示了人类社会与地理环境的矛盾越来越尖锐,人地关系出现了严重失衡。在这样的背景下,协调论应运而生。协调论的理论内核包括：① 人类应该顺应自然规律，不能违反、破坏自然规律；② 人类可以合理地利用地理环境，具有主观能动性；③ 人类可以修复不协调的人地关系。协调论认为"协调"是人类衡量自己改造行为是否妥当的"标尺"，是可持续发展理念在人地关系领域的表达，其最终目标是实现人与地的互惠共生。与"可持续发展"中所涉及的人口(population)、资源(resource)、环境(environment)和发展(development)问题相对应，人地关系的协调是协调人口、资源、环境和发展之间的关系，即人文地理学中常提到的"PRED 协调"。

2) 人地关系变迁下的地域性建筑营建体系的演进机制：从"防避"到"适用、创造"

地域性建筑是人类社会经济活动的产物，其营建机制是人地关系的重要体现。伴随着人们对人地关系认知的转变，地域性建筑的营建体系产生了相应的演进：从本能地"防避"到自觉地"适用"，再到主动地"创造"(表 2.2)①。

表 2.2　地域性建筑营建体系的演进机制

内容		阶段		
		防避——原生的地域性建筑营建体系	适用——自律发展的地域性建筑营建体系	创造——可持续发展的地域性建筑营建体系
聚落形态	聚落选址	寻取良好的微气候	营造良好的微气候	科学选址与合理的布局、防灾减灾
	聚落分布	顺应地形的松散布局	紧凑节约的布局	节能节地、无废无污、高效和谐
	聚落规模	自然聚合的生长模式	有机秩序的生长模式	有机生长与人为调控
	聚落形态	匀质的聚落形态	异质性的聚落形态	—
住居形态	功能空间	功能空间的单一化与综合化	功能空间的专门化与序列化	动态适应的功能空间与废弃后再利用
	舒适度	以气候调适性获得低舒适度生活	兼顾气候与制度，获得较高的舒适度生活	被动式对策调节获得舒适健康的环境
	原型运用	原型的置换变形	原型的同化与变异	建立生态营建模式
营建技术	建筑材料	地方材料的直接利用	地方材料的加工与组合	循环利用地方材料
	建造技术	简便低廉的低技术	地域技术	适宜性技术

(表格来源：笔者自绘，内容根据魏秦. 地区人居环境营建体系的理论方法与实践[M]. 北京：中国建筑工业出版社，2013：65. 及相关资料整理而成)

(1) 防避——原生的地域性建筑营建体系

地域性建筑的原始雏形源自对环境的被动适应，由于人们对自然环境的认知不深、利用改造自然的能力不强，因而当时对自然环境持有崇拜、敬畏的态度。这使得被动地顺应自然环境，防避恶劣气候等不利因素的影响，成为一切营建活动的出发点。

① 魏秦. 地区人居环境营建体系的理论方法与实践[M]. 北京：中国建筑工业出版社，2013：65.

(2) 适用——自律发展的地域性建筑营建体系

随着生产力水平的日渐提高，人类具有一定的利用、改造自然的能力，地域性建筑的营建从原生本能地防避不利的自然因素，发展成为主动地利用有利的自然因素。对环境的适应，从最初的被动顺应转变为自觉、积极地营造。例如在气候要素的应对方面，建筑与气候的关系由“防”向“用”转化，建筑由求得生存、维持生命延续的原始掩体走向求得舒适和心理满足的“气候过滤器”①。

(3) 创造——可持续发展的地域性建筑营建体系

随着人们对人地关系的进一步认知，协调、可持续发展成为地域性建筑营建的准则与目标。地域性建筑的营建体系逐渐进化为具有自组织、自调节、自我维持能力的开放系统，能够积极、主动地调节外在环境的干扰与内在因素的变化：对外抵御来自全球化的冲击、缓解日益加剧的环境危机；对内应对经济结构的演变与社会生活方式的更新。可持续发展的地域性建筑营建体系在时间上具有动态适应性，在经济上以最小的投入获得最大的收益，在技术上以绿色适宜性技术为支撑，以期实现生态、经济和社会效益协调发展的人居环境②。

2.1.2 传统风水学的环境观

1) “天人合一”的环境观

“天人合一”是传统风水学中最为核心的哲学思想，也是我国古代用于指导环境规划的总体原则，对聚落选址与营建产生了深远的影响。它关注“人—建筑—自然”之间的关系，即“天人”关系，追求天人和谐共生的理想状态。风水学认为，自然有其普遍的规律，自然界的客观存在及其运作机制称为“天道”。而人是自然的有机组合部分，人伦道德与行为准则即“人道”应与“天道”相一致。如《黄帝宅经》中所述：“作天地之祖，为孕育之尊，顺之则亨，逆之则否。”人既不能违背天道行事，更不能倚仗人力同自然对抗，必须认识、把握和顺应天道，并以自然系统为楷模学习其运作方式。其宗旨是勘察自然，利用、改造自然，选择与创造满足人生理、心理及行为需求的最佳环境，使达到“天人合一”的至善境界。

从本质上来看，“天人合一”的环境观蕴含着同当代生态建筑学基本取向、原则等相互吻合的丰富内容(表 2.3)。抛开风水学中迷信的成分，风水学实际是融合了地理学、气象学、景观学、生态学、心理学等学科的系统的自然科学③。风水的要义是考察天文地理，主要是地质、水文、气候、植被等生态环境及自然景观的构成，然后择其吉而经营人居环境，使其与自然生态环境及景观有机协调④。例如，“负阴抱阳、背山面水”是传统聚落选址的理想格局，其蕴含的生态原理是背山有利于阻挡冬日的寒流，面水益于迎接夏季的凉风，向阳可获取良好的日照，近水利于生活与水路交通，总而言之具备良好的小气候环境。

---

① 吕爱民. 应变建筑：大陆性气候的生态策略[M]. 上海：同济大学出版社，2003：57.

② 魏秦. 地区人居环境营建体系的理论方法与实践[M]. 北京：中国建筑工业出版社，2013：63 - 64.

③ 张强. 中国乡土生态建筑环境观的当代价值[J]. 山西建筑，2007，33(30)：77 - 78.

④ 王其亨. 风水：中国古代建筑的环境观[J]. 美术大观，2015(11)：97 - 100.

表 2.3 风水学与生态建筑学的对比辨析

	风水学	生态建筑学
目标	天人合一	人、建筑、自然和社会的协调发展
研究对象	“人—建筑—自然”的关系、自然生态系统与人工生态系统	由人、建筑、自然环境和社会环境组成的人工生态系统
基本取向	以自然生态系统为本,构建建筑的人工生态系统,创造适宜长期居住的良好环境	运用生态学的原理与方法,寻求生态设计的有效途径与方法
环境分析	对地理环境中的各环境要素及其组合关系进行审辨与分析,做出评价、选择,并以宇宙图式作类比	对诸如气象、地质、地形、土壤、动物、植被等基本因素进行分析,尤其关注生物同各因素之间的关系
实施手段	传统风水术与营建手段	当代先进的科学技术

(表格来源:笔者自绘)

2)“理气”“蕴能”的营建智慧

在中国哲学中,“气”被视为构成自然万物的基本要素。重浊的气属“阴”,轻清的气属“阳”,阴阳结合则生成宇宙万物。传统风水学中对于“气”的运用,主要表现在聚落建筑选址与居住环境营建两个层面。首先,人们在选择聚居的地理位置时,往往认为蕴藏山水之气的地方最为理想。其次,在住宅的营建中,追求宅居环境应处于合宜的气当中,以取得人与自然的和谐关系。聚落或是住宅的形体与空间形态,究其本源是“理气”“蕴能”的形式固化与秩序表达。

具体而言,在聚落选址方面,理想的风水格局如《青乌先生葬经》里的概括:“内气萌生,外气成形,内外相乘,风水自成。”既要有山川聚结形成内敛、围合的外部空间,又要有维持生命存在及决定其变化的“生气”充盈其间,两者相辅相成,则聚落处于生态良好的环境之中①(图 2.2)。由此可见,聚落选址的重点在于选取山与水之“气”的汇集处,且该环境中各要素的组合应有利于将“生气”固定于地理环境之中。因此,风水学中将环境各要素的理想关系总结为:山峦宜由远及近形成环绕的空间,有利于“藏风”“聚气”;在选定的范围内,要有水流且水流宜缓不宜急,形成“气”良好的运动状态;环绕区域的开口宜窄,有利于固气和防护。所以,风水师在选址时,需对龙、砂、穴、水等“地理四科”进行仔细的审辨,其手法在风水学中称为“寻龙”“观砂”“察穴”“相土尝水”等。

在居住环境营建方面,传统风水学认为宅的经营应效仿自然生态系统,从而构建宅的人工生态系统。同样,为了达到藏风聚气的目的,我国传统居住形态均呈现出外部围合、内部空间聚敛的同构格局。此外,风水活动的关键在于“相气”“理气”,其宗旨是寻求“生气”、回避“邪气”。在风水理论看来,环境的好坏取决于其聚气与否以及气之吉凶:所谓气吉,形必秀润、特达、端庄;气凶,形必粗顽、欹斜、破碎②。因此,住宅内外空间的围合与开启,应通过对“生气”的迎、纳、聚、藏以及对阴浊之“邪气”的阻、导、疏、排等理气的手法来调节、适应自然环境的影响,使人工生态系统与自然生态系统有机协调地运作。而“理气”的本质是“蕴能”,将所需的积极的能量固定于建筑之中。

---

① 王其亨. 风水理论研究[M]. 2 版. 天津: 天津大学出版社, 2005: 307. 参见章节《景观建筑学、生态建筑学与风水理论辨析》。

② 唐孝祥. 中国传统建筑环境观美学探微[J]. 贵州大学学报(艺术版), 2004, 18(1): 35 - 37.

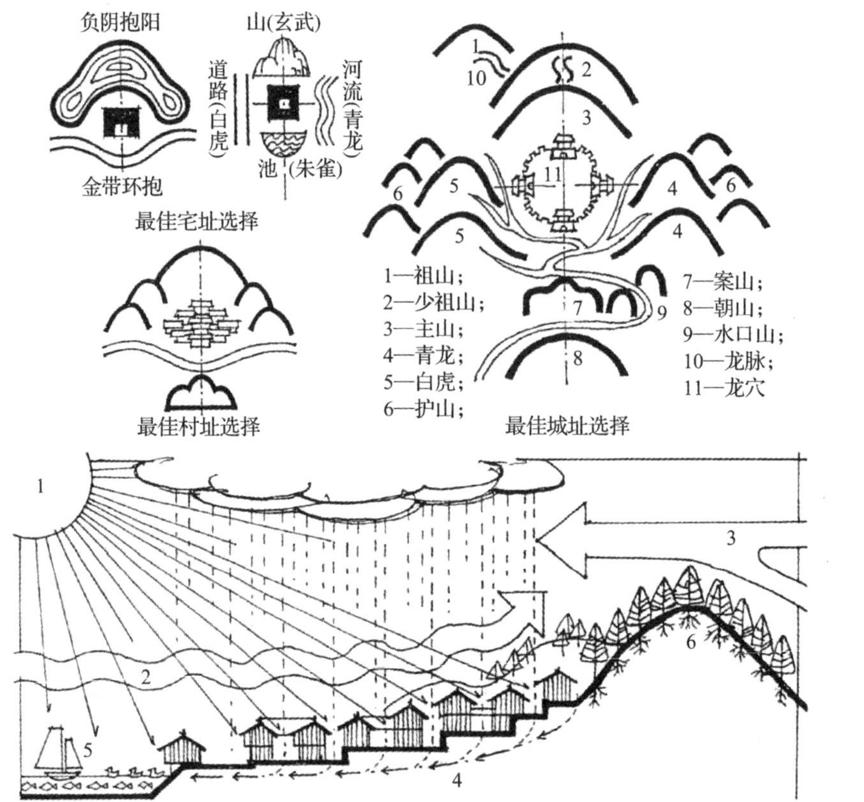

图 2.2　风水学中宅、村、城的选址模式和生态关系

(图片来源:王其亨. 风水理论研究[M]. 2 版. 天津：天津大学出版社，2005：38－39.)

在当代地域性绿色建筑的营建中,"理气""蕴能"的智慧也有所运用,其原理与传统风水学是互通的。以建筑的自然通风策略为例,在夏季建筑的朝向方位迎合主导风向,将凉爽、湿润的风纳入建筑内部;而冬季阻挡来自北方的冷风,防止其渗透进入建筑内部、带走建筑内蕴存的热量。

虽然风水学及其运作方法掺杂了许多玄学与迷信的色彩,且其合理性未能达到当代相关科学技术的水平,但尽管如此,传统风水学中所体现的环境观以及诸多科学的内涵,仍然能够对今天的地域性绿色建筑营建有所借鉴与启示：

① 在营建态度上,传统风水学的环境观讲求"天人合一",与 2.1.1 节中所述的协调论的人地观有不谋而合、同义而语之处,也是能够指导当代地域性绿色建筑营建态度的基础思想。

② 在思维方式上,风水学的思维方式注重从整体的角度分析、认识、把握环境中各构成要素之间的相互关系,这种思维方式与当代系统论的思维相一致,有利于全面、综合地看待问题。

③ 在营建对策上,"理气""蕴能"的营建智慧能够在当代地域性绿色建筑的营建中有所运用,体现为对有利要素的"迎、纳、聚、藏"以及对不利要素的"阻、导、疏、排"。

④ 在资源、能源利用上，“风水”其实可以理解为对影响地球生物圈最为重要的大气圈的“风”和水圈的“水”的整体运作机制的集中概括①，其实质探讨的是物质流与能量流的运用、交流和转化。同理，在当代地域性绿色建筑营建过程中，收集、转化太阳能等无污染能源，促进可再生能源的利用，可实现能量流的平衡；合理开发自然资源，有节制地改造地形地貌以保护生态环境，可实现物质循环的完整性。

2.1.3 “人地系统”的要素、结构与作用关系

在上述认知的基础上，本节尝试运用地理学、生态学、系统论等相关概念、原理来剖析气候、地貌与地域性绿色建筑营建之间的作用机制。剖析的过程主要涉及气候、地貌与地域性绿色建筑营建所构成的“人地系统”的结构、组成、功能以及子系统内部各要素之间、子系统与子系统之间、系统与环境之间的相互作用关系。

在地理学中，“人地系统”是由地理环境和人类活动两个子系统交错构成的复杂开放的巨系统，其内部具有一定的结构关系与功能机制。在这个巨系统中，两个子系统之间的物质循环与能量转化相结合形成人地系统发展变化的机制②。从“人地系统”的角度解析气候、地貌与地域性绿色建筑营建之间的作用机制，即地区人居环境营建体系是由地理环境和人类活动两个因子耦合作用下的“人地系统”。在本节中，地理环境方面主要涉及气候、地貌两个自然要素，在人类活动方面，具体指地域性绿色建筑的营建活动（图 2.3）。以系统论的观点来看，该系统与其他系统一样，具有特定的特征并遵循一定的演化规律：

① 系统内各因素相互作用。在地理环境子系统内，气候与地貌是相互关联、相互作用的两个要素。一方面，地貌的形成与气候息息相关，如寒冷气候地貌位于高纬度地区，年平均温度在 0 ℃以下，大部分地区终年冰雪覆盖，发育冰川地貌，在无冰雪覆盖地区则是冻土区，由于冻土表层的冬夏周期性的冻融作用，形成各种冻土地貌③。另一方面，地貌也对局地气候产生影响，例如在山地河谷地区，由地貌作用产生的山谷风的风向决定了该地区全年的主导风向。而在人类活动子系统内，建筑的群体布局、空间组织、技术策略等要素共同形成了整体、统一的建筑外在形态。

② 系统中对立统一的双方始终处于不断的相互作用中。在本节构建的“人地系统”中，地理环境与人类活动双方之间存在的相互作用主要表现在两方面：一是气候、地貌所构成的地理环境子系统为人类地域性建筑的营建活动提供了必要的资源供给与环境支持，影响了建筑营建的地域特征与地域差异，同时限制了建设活动的方式与规模。二是地域性建筑的营建活动对地理环境系统中的气候、地貌要素也产生了直接影响，一方面建筑适应、利用、改造地理环境，在某种程度上改变了地理环境的面貌，且在建设中人类系统对地理环境系统投入了新技术，不断开拓了自然资源的新领域，提高了生态系统的承载力；另一方面超负荷扩张、不加节制的建设对地理环境造成环境污染、资源枯竭等负面影响。其中，建筑的群体布局、空间组织、技术策略、材料研选、构造设计等地域性建筑营建的切入点构成了气候、地貌与地域性绿色建筑营建之间相互作用的靶点。

---

① 王其亨. 风水理论研究[M]. 2 版. 天津：天津大学出版社，2005：309.

② 吴传钧. 论地理学的研究核心：人地关系地域系统[J]. 经济地理，1991，11(3)：1－6.

③ 杨景春，李有利. 地貌学原理[M]. 北京：北京大学出版社，2001：2.

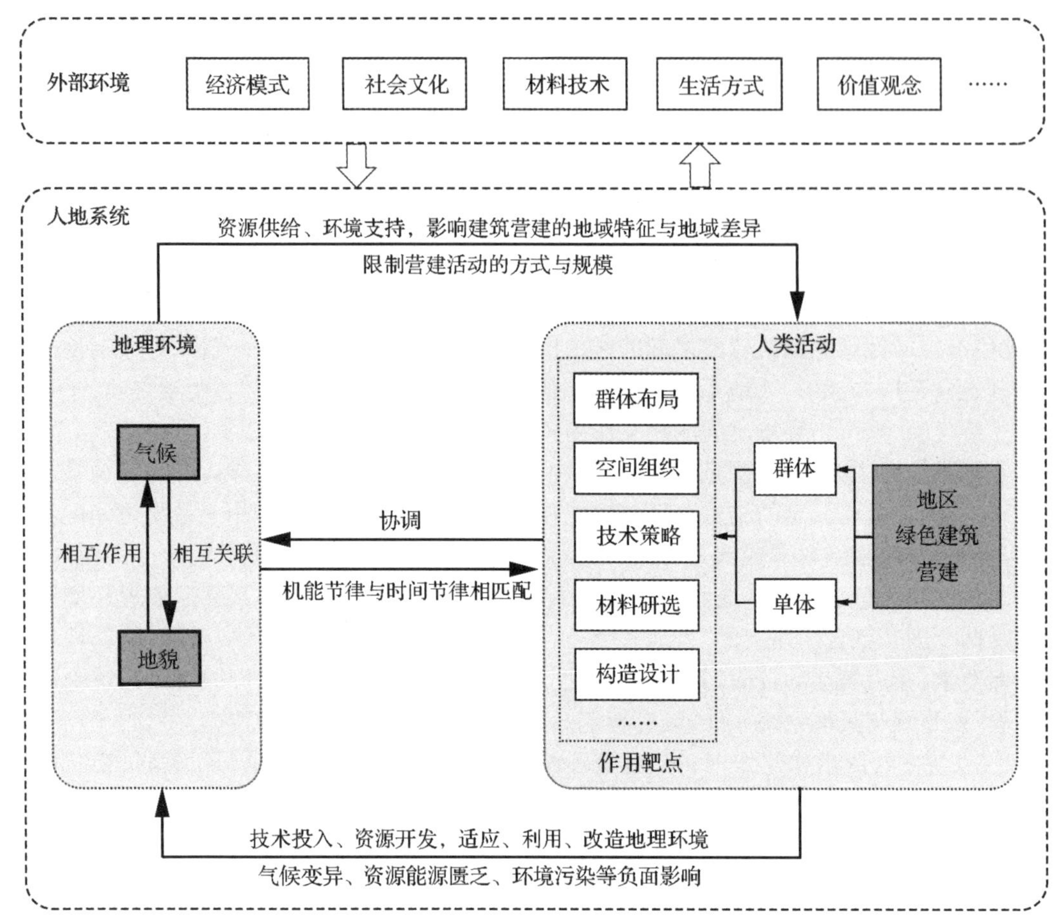

图 2.3　“人地系统”的耦合机制

（图片来源：笔者自绘）

③ 系统的任何一个成分不可以无限制地发展，其生存繁荣不能以过分损害另一方为代价，否则自身就会失去生存的条件。在一定的地域范围内，地理环境具有有限的数量与稳定性，自然生态系统的自我调节作用也是有限的，如超过了环境自身的补偿、自净、调节能力，平衡就会被打破，系统随之瓦解与崩溃，其结果将抑制地域性建筑的营建行为且有时是有破坏性的。地理环境与人类活动两者之间应是一种相互协调的互惠共生的关系，只有当建筑营建活动能促进人地系统的和谐、完整和可持续时，营建的行为方式才是正确的。

④ 系统与外部环境的交互作用是人地系统演变与进化的主要动因。经济模式、社会文化、材料技术、生活方式、价值观念等组成了地区人居环境营建“人地系统”的外部环境。经济模式、社会文化、生活方式等的更新与发展，使系统的外环境与内组分均产生了变化，打破了传统地域性建筑营建系统的稳定状态。因此在新的外环境作用下，地域性建筑营建体系将从原有的平衡态向另一个平衡态跃迁，演化到新的稳定结构。

如 2.1.1 节所述，地理学家提出了人地关系必须协调的思想，协调是可持续发展理念指导下的现代人地观的核心思想，是风水学中“天人合一”环境观在当代的转世发展，也是人地系统达到新平衡态的关键。在地区人居环境营建的“人地系统”中，协调的本质是地理环境与人类活动子系统的机能节律与时间节律相一致①。例如，建筑的建设行为对所在的地理环境产生负面影响，当环境污染增长的速度与总量超过环境自我净化的速度时，即两者的节律不匹配时，将导致气候变异、资源能源匮乏、环境污染等负面结果。所以，在地域性建筑的营建过程中，要把建筑营建系统的机能节律与所处地理环境的时间节律科学合理组织，最大限度地利用资源环境因子，达成与气候、地貌相协调的地域性绿色建筑营建的目标。

综上，本节通过"人地系统"的构成要素、组织结构、作用关系三方面的分析，明确了气候、地貌与地域性绿色建筑营建的作用机制。而地域性绿色建筑的营建是要优化人地系统诸要素间的结构，始终保持人地系统有序、稳定和可持续地发展，通过不断的反馈机制进行调节，以促进系统整体的协调。

2.2 建筑气候学视野下的绿色营建

建筑气候学为建筑气候分析、基于气候的绿色建筑营建提供了重要的理论基础。认知建筑气候学视野下的绿色营建能够解答如何解析地域气候，如何将一般性的气象参数转化为建筑气候、气候与地域性绿色建筑营建的关联性等问题。

2.2.1 建筑气候学的概述：追随地方气候的变化做出相应的反应

能源危机、环境污染促使人们开始反思建立在工业文明基础上的行为模式，在此背景下建筑气候学应运而生。在建筑设计过程中，积极寻求建筑设计的方法应对室外气候的影响，运用适宜的被动式气候调控措施，是建筑节能设计最有效而直接的途径②。

建筑气候学是气候学、环境心理学、建筑学学科交叉的产物，研究对象着眼于人、气候、建筑三者之间的相互关系。建筑气候学的研究旨在指导建筑师主动利用建筑设计的手段和建筑的构成要素，自然地调节室内热环境，使得建筑能够随地方气候的变化做出相应的反应，体现了绿色、可持续发展的核心思想③。建筑气候学作为一门独立学科的确立是在 20 世纪 60 年代，美国学者维克多·奥戈雅在其具有前瞻性的著作《设计结合气候：建筑地方主义的生物气候研究》④中，首次提出了系统的生物气候设计方法，标志了建筑气候学的确立⑤。

2.2.2 建筑气候调节原理：逐级调整使室内环境趋于舒适

一般情况下，建筑的室外气候环境与人体的热舒适范围总是存在一定程度的偏差，通过

---

① 系统的演化有其周期性的规律，可被称为"节律"。在生态学中，资源环境随时间演进变化的周期过程称为"时间节律"；生物种群也存在着明显的生长发育、渐进变化过程，每一个过程对环境因子量值的要求也不是完全相同的，这个过程就称为生物的机能节律。引自贺勇. 适宜性人居环境研究："基本人居生态单元"的概念与方法[D]. 杭州：浙江大学，2004：44.

②③ 杨柳. 建筑气候学[M]. 北京：中国建筑工业出版社，2010：4.

④ Olgyay V. Design with climate：Bioclimatic approach to architectural regionalism[M]. Princeton：Princeton University Press，1963.

⑤ 杨柳. 建筑气候学[M]. 北京：中国建筑工业出版社，2010：5－6.

一定的调节手段缩小二者之间差异的方法称为"气候调节",可用数学关系式表示如下:

$$室外气候条件-人体热舒适范围=气候调节 \tag{2.1}$$

其中,气候调节的手段包括被动式与主动式两种类型,其相互之间的关系可表达为:

$$需要的气候调节-建筑的被动式调节=设备的主动式调节 \tag{2.2}$$

由此可见,在舒适需求不变的条件下,被动式调节的能力愈强,所需人工机械设备的调节量愈少,建筑能耗愈小。在建筑设计过程中,通过建筑本身的被动式调节手段获得热舒适是建筑师首要考虑的问题,也是创造低能耗高舒适建筑的直接途径。理想的气候设计如图 2.4 所示,是通过外部条件的逐次调整,使内部条件始终处于或尽可能接近人体所要求的舒适区①。图 2.4 中曲线 A 代表了外部环境状况,在多数情况下它处于舒适区之外,但通过地形、建筑形式、围护结构、建筑材料等调节方式可以逐级修正二者之间的偏差,最终使室内热环境处于或趋于舒适。建筑气候的调节,常通过围护结构与外界环境进行热交换来达成(图 2.5),从建筑不同季节得热、失热的基本需求出发,结合三种基本的传热方式以及蒸发冷凝过程,可以得出建筑气候调节的基本原理②(表 2.4)。

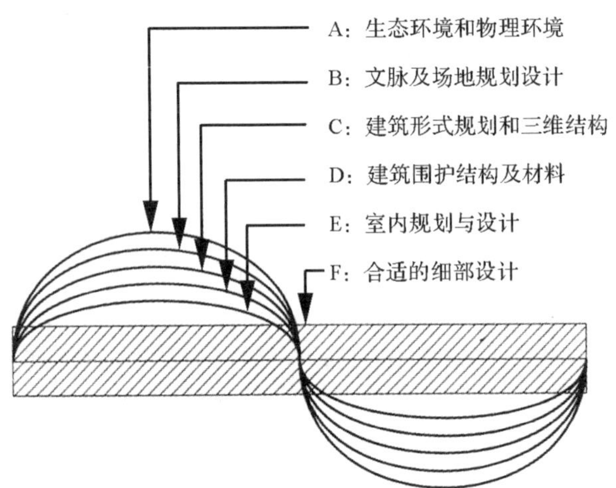

图 2.4 理想的气候设计:外部条件的逐次调整使内部条件趋于舒适

(图片来源:克里尚. 建筑节能设计手册:气候与建筑[M]. 刘加平,张继良,谭良斌,译. 北京:中国建筑工业出版社,2005:24.)

2.2.3 建筑气候分析方法:气象参数向建筑气候转换的媒介

建筑气候分析是基于气候设计最基本的关键问题,只有正确分析室外气候条件和人体热舒适范围之间的关系,才能得到合理、适宜的被动式调控措施。建筑气候分析方法是建筑气候学理论的重要组成部分,也是后续解决本研究中具体气候分析问题的主要理论工具。

① 克里尚. 建筑节能设计手册:气候与建筑[M]. 刘加平,张继良,谭良斌,译. 北京:中国建筑工业出版社,2005:24.

② 杨柳. 建筑气候学[M]. 北京:中国建筑工业出版社,2010:10.

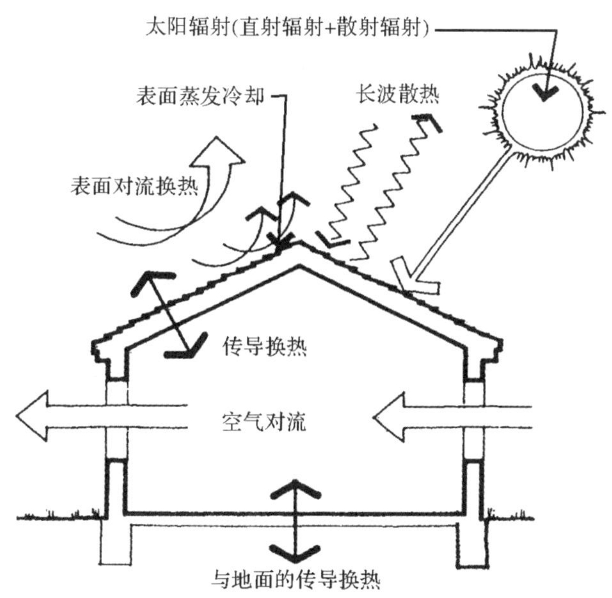

图 2.5 建筑与室外环境的热交换过程示意

(图片来源:杨柳. 建筑气候学[M]. 北京:中国建筑工业出版社,2010:31.)

表 2.4 建筑气候调节原理

<table>
<tr><th>季节</th><th>热量控制途径</th><th>传导方式</th><th>对流方式</th><th>辐射方式</th><th>蒸发散热</th></tr>
<tr><td rowspan="3">冬季</td><td>增加得热</td><td>—</td><td>—</td><td>利用太阳能</td><td>—</td></tr>
<tr><td rowspan="2">减少失热</td><td rowspan="2">减少围护结构传导方式散热</td><td>减少风的影响</td><td rowspan="2">—</td><td rowspan="2">—</td></tr>
<tr><td>减少冷风渗透</td></tr>
<tr><td rowspan="2">夏季</td><td>减少得热</td><td>减少传导热</td><td>减少热风渗透</td><td>减少太阳得热</td><td>—</td></tr>
<tr><td>增加失热</td><td>—</td><td>增强通风</td><td>增强辐射散热</td><td>增强蒸发散热</td></tr>
</table>

(表格来源:杨柳. 建筑气候学[M]. 北京:中国建筑工业出版社,2010:10.)

将人体舒适要求、室外气候条件、建筑设计策略同时表示在一个图表上,则构成了建筑-气候设计分析图(Building Bio-climatic Chart),也称"生物气候图"。这种分析方法可以让建筑师在方案设计初期对建筑所在地的气候环境有一个初步的认知,并告知建筑师可以使用何种气候调节策略以及该策略使用后的节能效率,从而判断得出该地区适宜的气候调节手段。建筑气候分析方法能够使"气象参数"向"建筑气候"转化,辅助建筑设计语言的生成。

在过去几十年中,国内外多位学者一直致力于这方面的研究,其中比较成熟且应用最为广泛的方法有:

1) 奥戈雅法

最早的建筑气候分析方法由维克多·奥戈雅于 1963 年提出。在《设计结合气候:建筑地方主义的生物气候研究》一书中,他给出了建筑气候分析的系统方法,并将其用图表的方

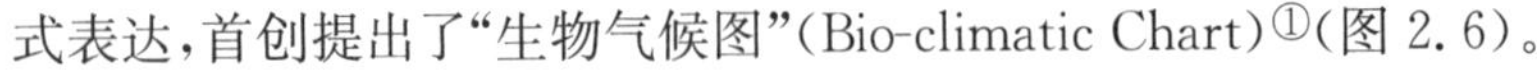
式表达，首创提出了“生物气候图”(Bio-climatic Chart)①(图 2.6)。

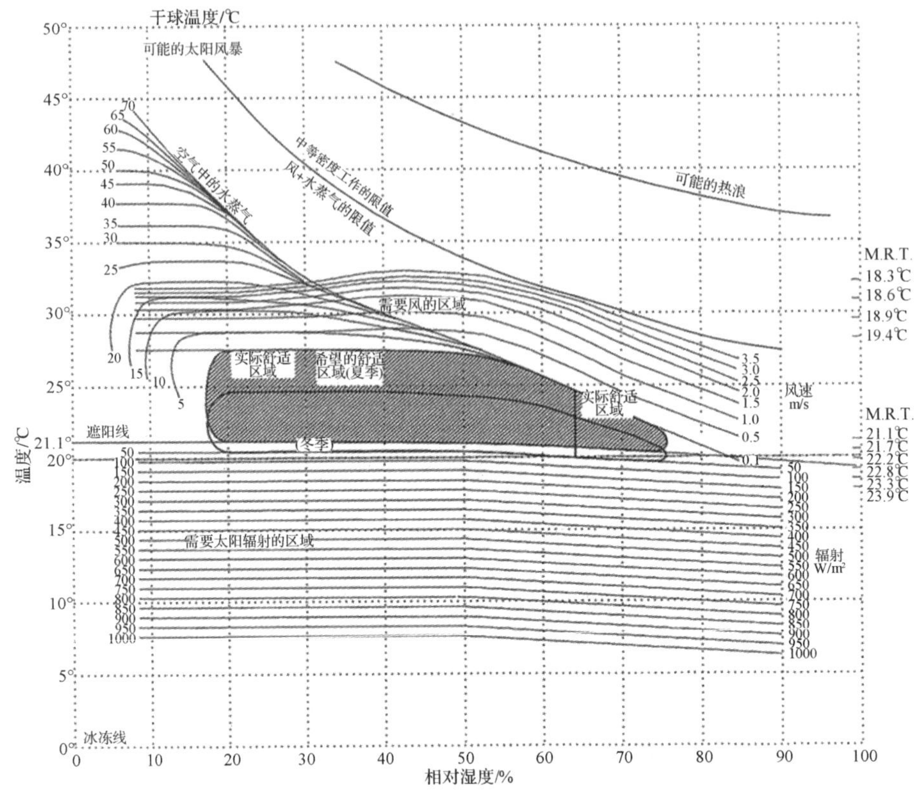

图 2.6　奥戈雅生物气候图

(图片来源：闵天怡. 生物气候建筑叙事[J]. 西部人居环境学刊，2017，32(6)：51－57.)

图的横坐标为相对湿度，纵坐标为干球温度。在图的中部分别标示出夏季与冬季的人体舒适区范围，夏季的舒适区分为期望的舒适区与实际的舒适区，冬季的舒适区温度略低于夏季，考虑了人对季节的适应性②。其中舒适区的上界线是需要通风的界限，通过组织一定流速的通风可使舒适区向上扩展③，风速不同，舒适区向上扩展的范围也有所不同。舒适区的下界线是需要太阳辐射采暖的界限，同理，不同的太阳辐射量使得舒适区向下扩展的区域不同。此外，舒适区的温度下限 21.1 ℃也是需要遮阳的温度界限，当空气温度高于 21.1 ℃时，则需要采取遮阳措施。在图中，通过比较气候条件与舒适区的相对关系，可以初步确定需要采用的气候调节策略④。

---

①② Olgyay V. Design with climate: Bioclimatic approach to architectural regionalism[M]. Princeton: Princeton University Press, 1963: 22.

③ 一年中，室外气候环境处于人体舒适区范围内的比重很小，但通过一定的气候调控手段，可以对舒适区进行相应的补偿，使其产生一定的扩展，即舒适区具有一定程度的可扩展性。

④ 奥戈雅法的运用可分为四个步骤：① 收集当地的气候资料；② 统计整理气象参数；③ 将气象数据绘制在生物气候图上；④ 提出设计对策。引自吉沃尼. 人·气候·建筑[M]. 陈士驎，译. 北京：中国建筑工业出版社，1982：273。具体的运用操作，可参照奥戈雅在《设计结合气候：建筑地方主义的生物气候研究》一书中对美国纽约、菲尼克斯等城市的气候分析，以及后来在《建筑节能设计手册：气候与建筑》一书中，作者阿尔温德·克里尚等对印度新德里、西姆拉、列城等城市的气候分析与判断。

奥戈雅法的主要局限性在于它以室外气候条件而非室内的预期气候条件为人体热舒适需求分析和建筑设计策略制定的基准，忽略了室内外温度环境的差异，因而主要适用于室内外气候状况差别不大的建筑形式，如湿热气候区以自然通风为主的轻质材料建筑，对干热地区以及自身内热源大的商业建筑不适用①。此外，值得注意的是，任何类型的建筑(即便是轻质材料建筑)，晚间的室内温度都比室外温度高，因而运用奥戈雅法来判断建筑何时需要采暖时，会导致对供暖需求的过高估计②。总体而言，奥戈雅提出的理论与方法是系统、理性的建筑气候分析的最早探索，其开创性的思想对众多学者与建筑师产生了深远的影响，具有重要的意义与价值。

2) 吉沃尼法

1976 年，在《人・气候・建筑》③一书中，巴鲁克・吉沃尼发展了早期奥戈雅的生物气候设计法，为了便于直观地判断与应用，吉沃尼将不同的气候调节方式的适用范围表示在同一张焓湿图上，创建了“建筑生物-气候图”(Building Bioclimatic Design Chart)(图 2.7)④。

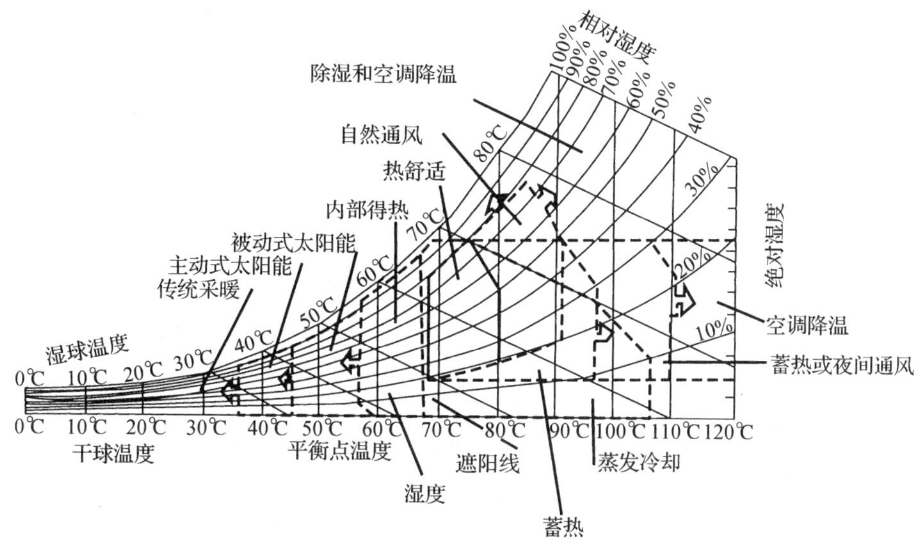

图 2.7 吉沃尼生物气候图⑤

(图片来源：杨柳. 建筑气候学[M]. 北京：中国建筑工业出版社，2010：37.)

从图形上看，其坐标体系不同于奥戈雅图，吉沃尼创建的生物气候图是以传统的温湿图表(Psychometric Chart)为绘制基础，在图中标示出了人体舒适区与不同气候调节策略能够提供的舒适区范围。例如，通风区域表示了采用通风方法能够达到的舒适范围。当环境条件超出图中所示的被动式策略可达到的热舒适范围时，则需要采用空调设备等人工调节

①④ 杨柳. 建筑气候学[M]. 北京：中国建筑工业出版社，2010：36.

② 吉沃尼. 建筑设计和城市设计中的气候因素[M]. 汪芳，阚俊杰，张书海，等译. 北京：中国建筑工业出版社，2011：22.

③ Givoni B. Man，climate and architecture[M]. London：Applied Science，1976.

⑤ 此生物气候图是在 1976 年吉沃尼创建的生物气候图的基础上，由吉沃尼和米尔恩(Milne)在 1979 年完善得出的，称为“G-M Bioclimatic Chart”。

手段。

此外，吉沃尼法在室内环境预测方面相较于奥戈雅法有了较大的改进，根据建筑物的室内温度（依据经验或计算推导）而非室外温度所建立①。但需要注意的是，吉沃尼法仍然不适用于自身内热源大的建筑类型。总体而言，吉沃尼创建的建筑生物气候图关于气候要素和可供选择的调节策略，表达清晰且读取方便，是现今工作方法的基础原型②。

3）沃特森法

1983年，多纳德·沃特森（Donald Watson）在吉沃尼的工作基础上进一步发展了生物气候图，其主要特点是在考虑气候调节策略时，将主动式策略与被动式策略绘制在同一张分析图上（图2.8），以便于建筑师的比较与决策。此外，沃特森法还对吉沃尼气候调节方法的模糊边界做了更明确与详细的说明，并针对采暖需求提出了更多的设计建议③。沃特森生物气候分析图由17个区域组成，每一个区域代表一种气候调节方法，比吉沃尼法更全面、更详细。

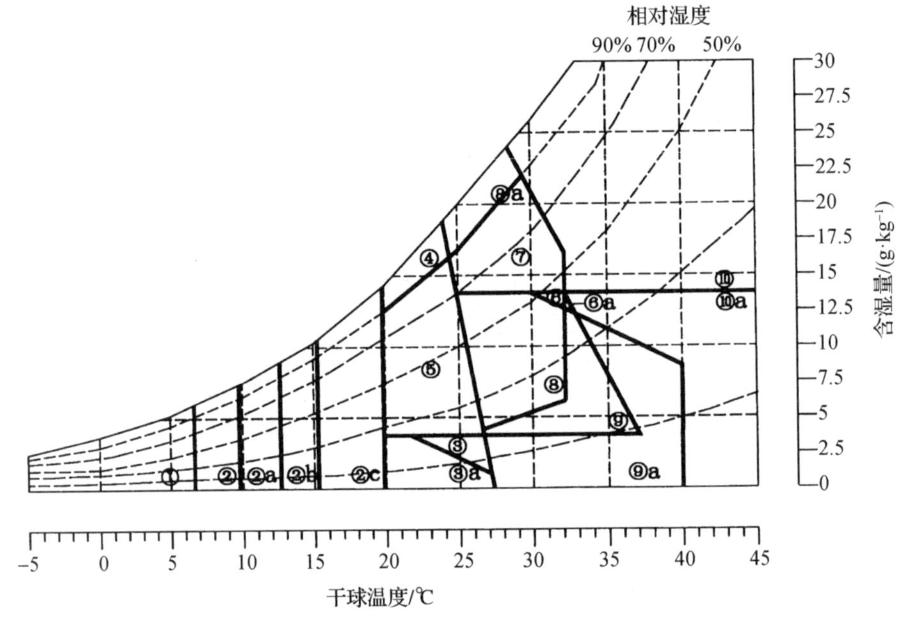

图2.8 沃特森生物气候图

（图片来源：杨柳. 建筑气候学[M]. 北京：中国建筑工业出版社，2010：38.）

4）马霍尼列表法

马霍尼（Mahoney）法通过一系列的表格分析，从而得出针对该地区气候的建筑应对策略，因此被称为“列表法”。其分析过程包括4个步骤④：① 气候参数分析；② 热舒适分析；

① 吉沃尼. 建筑设计和城市设计中的气候因素[M]. 汪芳，阚俊杰，张书海，等译. 北京：中国建筑工业出版社，2011：28.

② 闵天怡. 生物气候建筑叙事[J]. 西部人居环境学刊，2017，32(6)：51－57.

③ 赵继龙，张玉坤，唐一峰. 生物气候建筑设计方法探析[J]. 山东建筑大学学报，2010，25(1)：74－78.

④ 杨柳. 建筑气候学[M]. 北京：中国建筑工业出版社，2010：38.

③ 气候指标分析；④ 提出设计策略[①]。

在确定热舒适范围时，马霍尼列表法采用了有效温度，并考虑了不同气候区人们对气候的适应性，按照年平均温度值和相对湿度的范围界定出了 24 种舒适区。同时，还考虑了人们在白天和夜间穿衣习惯等的差异性，在每一种舒适区内分别限定了白天和夜间的热舒适范围。由此可见，它在舒适条件界定方面比其他方法更为严谨。

马霍尼列表法分析步骤清晰，通过逐步分析，可直接得出基于地域气候的建筑设计策略，对建筑设计具有很强的指导性。但也存在一些局限：① 主要针对热气候区[②]，对寒冷地区的气候分析过于粗略，提出的相应的设计策略也很少；② 高估了人们对炎热气候的耐受力；③ 未说明气候分析指标与建筑设计策略之间关系的建立依据，无法判断其设计建议的合理性；④ 未考虑太阳辐射对建筑热作用的影响[③]。

5）埃文斯热舒适三角法

上述方法均侧重于稳定的气候环境，而被动式建筑以及自然通风房间与空调房间的最大区别在于其具有较大的温度波动，温度波动也是影响人体热舒适的主要因素之一。因此，马丁·约翰·埃文斯(Martin John Evans)提出针对被动式建筑设计的温度波动与人体热舒适关系的分析法——热舒适三角法。(图 2.9)图的横坐标为平均温度，纵坐标为温度波动值。针对室外典型日的温度变化，利用热舒适三角图可以得出为获得室内舒适环境需要采用的被动式建筑设计策略[④]。

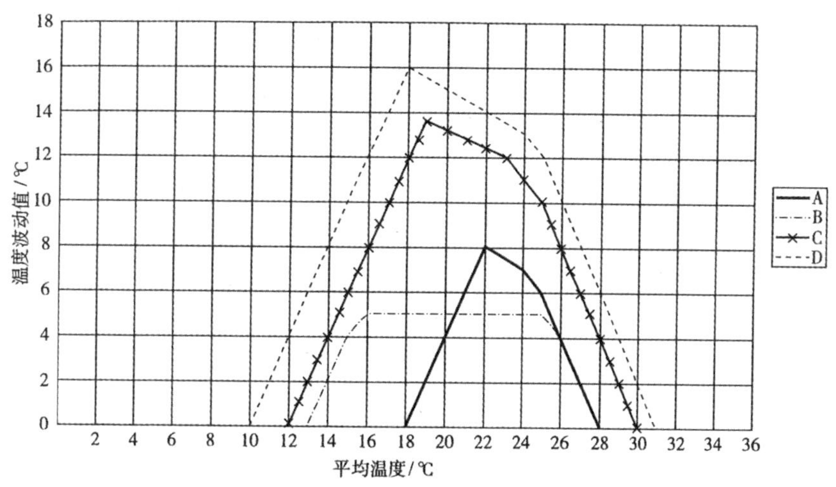

图 2.9 埃文斯热舒适三角分析图

(图片来源：杨柳. 建筑气候学[M]. 北京：中国建筑工业出版社，2010：42.)

① 马霍尼法具体的运用操作，可参照杨柳在其著作《建筑气候学》中对西安地区的气候分析，以及《建筑节能设计手册：气候与建筑》中，在对印度新德里、西姆拉、列城等城市进行气候分析时采用了奥戈雅法与马霍尼列表法相结合的分析方式。

② 马霍尼列表法是由伦敦建筑协会奥托·柯尼斯伯格(Otto Koenigsberger)等人在研究热带地区建筑时提出的一种建筑气候设计方法，其研究背景及起源决定了此方法主要针对热气候区。

③ 杨柳. 建筑气候学[M]. 北京：中国建筑工业出版社，2010：41.

④ 室外温度变化和被动式建筑设计的关系可详见杨柳. 建筑气候学[M]. 北京：中国建筑工业出版社，2010：42.

埃文斯热舒适三角分析图方法简单，所用的气象数据最少（仅需要典型日的月平均最高和最低温度），适用于设计初期的简单定性分析。但其主要缺点在于气候调节策略不能在图中直观地显示、读取，使用中具有一定的不便利性。

此外，1980 年爱德华・艾伦斯（Edward Arens）由奥戈雅法和吉沃尼法衍生出了新生物气候图法。进而，在此基础上，《太阳辐射・风・自然光：建筑设计策略》①将吉沃尼图中的气候调节方式的区域相应地绘制在温度-相对湿度直角坐标系上，形成了一张更全面、更易读的生物气候图②（图 2.10）。这个版本的图与艾伦斯版形式不同，但概念相同，虚线内的区域指的是适用于那种气候的策略③。该生物气候图除舒适区外，划定了 7 个区域（自然通风、高效蓄热体、直接蒸发降温、间接蒸发降温、高效蓄热体＋夜间通风、全部被动式太阳能采暖、部分被动式太阳能采暖），在实践中也有较好的运用④，但同样只适用于居住建筑和其他室内热量较少的建筑类型。

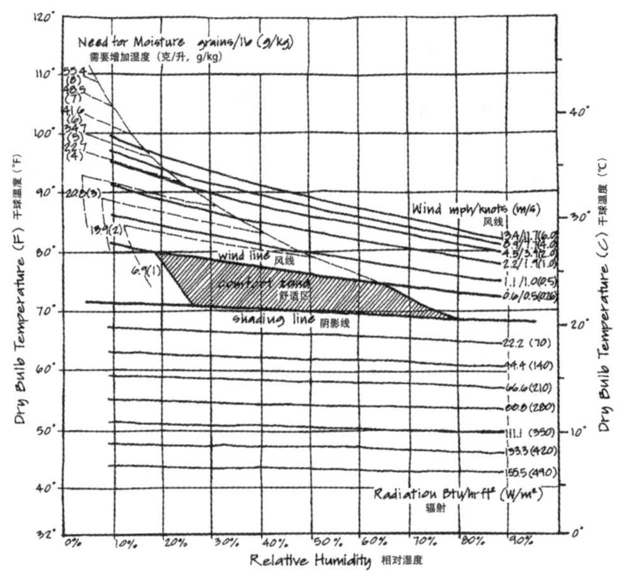

1980 年版（艾伦斯）

图 2.10　新生物气候图

（图片来源：布朗，德凯. 太阳辐射・风・自然光：建筑设计策略[M]. 常志刚，刘毅军，朱宏涛，译. 北京：中国建筑工业出版社，2008：37－54.）

随后，在国外建筑气候分析方法的基础上，杨柳针对我国实际的气候条件，提出了适合我国国情的建筑气候分析方法。《建筑气候学》一书给出了适合我国不同气候区的人体热舒

①③　布朗，德凯. 太阳辐射・风・自然光：建筑设计策略[M]. 常志刚，刘毅军，朱宏涛，译. 北京：中国建筑工业出版社，2008：37－54；本书为原著中文译本，原著出版于 2001 年。

②　龙淳，冉茂宇. 生物气候图与气候适应性设计方法[J]. 工程建设与设计，2006(10)：7－12.

④　关于新生物气候图法的使用方法，可详见布朗. 德凯. 太阳辐射・风・自然光：建筑设计策略[M]. 常志刚，刘毅军，朱宏涛，译. 北京：中国建筑工业出版社，2008：35－36. 龙淳，冉茂宇. 生物气候图与气候适应性设计方法[J]. 工程建设与设计，2006(10)：7－12.

适温度和室外空气温度的线性关系式，分析了我国建筑气候调节策略的有效边界，建立了适应我国气候条件的建筑气候分析图(图 2.11)，为我国建筑师在方案设计阶段提供与气候设计相关的策略与技术措施。

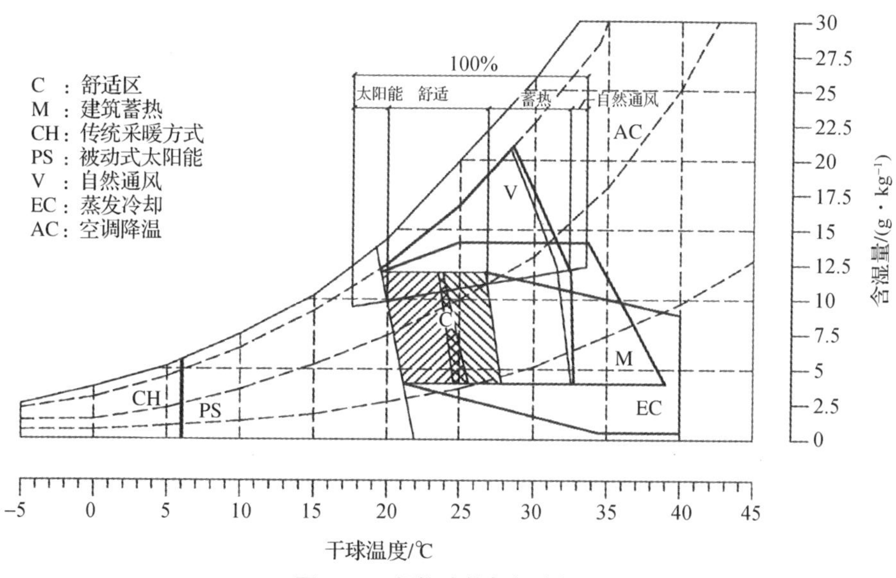

图 2.11 杨柳建筑气候分析图

(图片来源：杨柳. 建筑气候学[M]. 北京：中国建筑工业出版社，2010：77.)

继而，随着计算机技术的发展，出现了诸如 Weather Tool、Climate Consultant 等计算机分析软件，使气候分析逐渐趋于数字化与高技化。至此，国内外建筑气候分析方法的历时性发展可归纳为图 2.12。在具体运用中，可以依据各方法的适用性(表 2.5)及分析对象的实际情况，选择其中一种方法或几种方法结合进行气候分析。

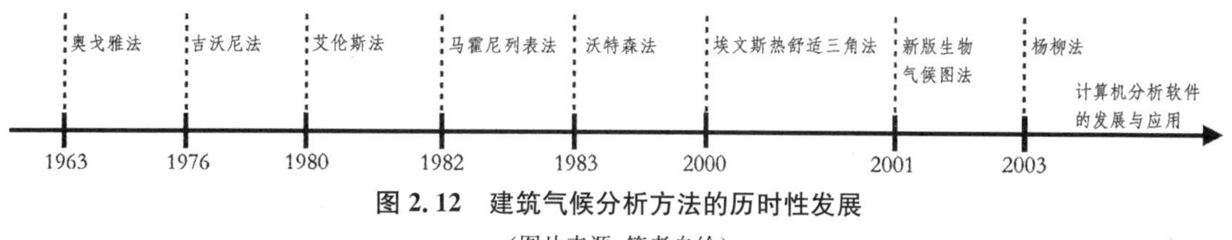

图 2.12 建筑气候分析方法的历时性发展

(图片来源：笔者自绘)

综上所述，建筑气候分析涉及 3 个基本问题：气候数据的收集、人体舒适区范围的界定、气候调节策略有效边界的界定。由于不同地区气候条件和人们对气候适应性的不同，导致不同地区建筑气候调节的有效边界和人体热舒适范围存在差异，因而不同地区生物气候图的运用不可直接照搬、套用。此外，需要说明的是，不同的建筑气候分析方法，由于气候数据来源、人体舒适区域范围和气候调节策略有效边界的界定均存在一定的差异性，因此分析的结果会有一定程度的偏差。但在方案设计初期的建筑气候分析本身就是定性判断，即使存在微小的差异也不会导致定性结果的错误。

表 2.5 建筑气候分析方法对比

<table>
<tr><th rowspan="2">方法</th><th colspan="6">热舒适数据分析</th><th rowspan="2">舒适条件界定</th><th rowspan="2">设计策略</th><th rowspan="2">缺点与局限性</th></tr>
<tr><th>空气温度</th><th>相对湿度</th><th>平均辐射温度</th><th>气流速度</th><th>衣服热阻</th><th>代谢率</th></tr>
<tr><td>奥戈雅法</td><td>○</td><td>○</td><td>□</td><td>□</td><td>△</td><td>△</td><td rowspan="3">夏季舒适区、冬季舒适区（静态）</td><td>① 采暖：太阳辐射
② 降温：通风、蒸发冷却、遮阳</td><td>主要适用于室内外气候状况差别不大的建筑形式，且对供暖需求过高估计</td></tr>
<tr><td>吉沃尼法</td><td>○</td><td>○</td><td>□</td><td>□</td><td>△</td><td>△</td><td>① 采暖：主/被动式太阳能、高性能保温材料
② 降温：通风、常规除湿、高热质夜间通风、蒸发冷却
③ 通用：加湿</td><td>不适用于自身内热源大的建筑类型</td></tr>
<tr><td>沃特森法</td><td>○</td><td>○</td><td>□</td><td>□</td><td>△</td><td>△</td><td>① 采暖：传统采暖、被动式太阳能采暖
② 降温：机械蒸发冷却、热舒适通风、高热质、空调降温
③ 通用：机械增湿、除湿</td><td>不适用于自身内热源大的建筑类型</td></tr>
<tr><td>马霍尼列表法</td><td>○</td><td>○</td><td>△</td><td>○</td><td>△</td><td>△</td><td>24 个舒适区（动态）</td><td>① 采暖：保温
② 降温：通风、遮阳
③ 通用：空间布局、房间开口比例、墙体/屋顶墙面构造、防雨</td><td>主要针对热气候区；高估了人们对炎热气候的耐受力；未说明设计策略建立的依据；未考虑太阳辐射对建筑的影响</td></tr>
<tr><td>埃文斯法</td><td>○</td><td>△</td><td>△</td><td>△</td><td>○</td><td>○</td><td>系列舒适区（动态）</td><td>① 采暖：太阳辐射、室内得热
② 降温：自然通风、夜间通风、蒸发冷却
③ 通用：增湿、选择性通风、建筑蓄热/冷体</td><td>气候调节策略不能在图中直观显示、读取，使用具有一定的不便利性</td></tr>
</table>

注：○表示相关；□设为常数；△表示无关或不考虑。

（表格来源：笔者自绘，参考闵天怡. 生物气候地方主义建筑设计理论与方法研究[J]. 动感(生态城市与绿色建筑)，2017(2)：97－104. 以及赵继龙，张玉坤，唐一峰. 生物气候建筑设计方法探析[J]. 山东建筑大学学报，2010，25(1)：74－78. 整理而成）

另外，值得一提的是，在生物气候图中，每月的气候线段首尾两点分别是一个月中的平均最低温度与最大相对湿度、平均最高温度与最小相对湿度。连接这两点的直线近似地表示了一个月中的温度与湿度变化。这是一种近似的表达，因为气温并非按固定的比率变化①。因此，更不必纠结于不同分析方式产生结果的差异，建筑气候分析本身就是一种模糊判断，这些差异均不会影响定性分析的结果。

相较于舒适温度与各策略有效边界的手动计算和绘制，计算机分析软件可以使气候分析过程更为精准、方便。在众多的分析软件中，Weather Tool② 是比较适合建筑师在方案设计初期对气候进行分析判断的实用工具，目前在建筑领域有较广泛的运用，因此本书后续将用 Weather Tool 气候分析工具作为长三角地区气候分析的主要软件。

2.3 基于地貌学视角的适应性营建

“地貌”一词源自希腊文，意为“地球的形态”。对于地域性绿色建筑的研究来说，地貌是与建筑发生直接关系的界面，且具有直观的建筑形态，因此十分重要。初步认识地貌的成因及其特征、解析直接影响地域性绿色建筑营建的地貌要素、把握基于地貌特征的适应性营建的关键问题，有助于在设计过程中关注特定的要素、把握营建的原则，是适应地貌设计的基础。

2.3.1 地貌的成因及其特征

现代科学对地貌的关注始于地理学。地貌学是地理学的重要分支之一，是研究地表形态特征、成因、演化过程、内部结构和分布规律的科学③。根据地貌学的研究，地貌是由外营力(外力)与内营力(内力)共同作用于地表的结果。其中，内营力是指“地球内部放射能等引起的作用力，它造成地壳的水平运动和垂直运动，并引起岩层的褶皱、断裂、岩浆活动和地震等”；外营力是指“地球表面在太阳能与重力的驱动下，通过空气、流水和生物等活动所起的作用，包括岩石的风化作用，块体运动，流水、冰川、风力、海洋的波浪、潮汐等的侵蚀、搬运和堆积作用以及生物，甚至人类活动的作用等”④。由于内营力与外营力的作用是不断变化的，因而地貌也处于不断的发展变化当中。在适应地貌的地域性建筑营建中，应认识到地貌不是一成不变的，它具有一定的动态性，在生态学中也称之为“不稳定性”。

山地丘陵、平原水网、滨海岛屿是本书研究范围内的主体地貌类型，初步认识它们的成因及其特征有助于从更深的角度认知地表形态。

1）山地丘陵

根据中国科学院地理研究所 1960 年确定的标准，“绝对高度大于 500 m、相对高度在

---

① 布朗，德凯. 太阳辐射·风·自然光：建筑设计策略[M]. 常志刚，刘毅军，朱宏涛，译. 北京：中国建筑工业出版社，2008：35.

② Weather Tool 是 Ecotect 软件附带的一个工具，主要用于气候的可视化分析。通过空气焓湿图的分析与显示，用户可以很方便地看出各种被动式策略在不同气候条件下的运用潜力与使用效率。

③ 杨景春，李有利. 地貌学原理[M]. 北京：北京大学出版社，2001：1.

④ 严钦尚，曾昭璇. 地貌学[M]. 北京：高等教育出版社，1985：1.

200 m 以上的地形”被归为“山地”,“海拔在 500 m 以下、相对高度不超过 200 m、坡度较缓、连绵不断的低矮山区”被称为“丘陵”①。对山地、丘陵如此的定义,是出于地理学学科需要的一种划分方式。从建筑学的角度出发,建筑师对山地丘陵的认识不拘泥于其具体的标高是在 500 m 以上抑或是 200 m 以下等地理学上的意义,而关注于其整体的形态特征与地域生态系统,因而本书中将山地和丘陵归为一类进行讨论与分析。

在地貌学中,山地、丘陵同属于坡地地貌。坡地地貌是由于坡地上风化的岩块或土体在重力或流水作用下发生崩塌、滑动或蠕动形成的地貌②。由其概念可见,坡地地貌的形成与发展可大致分为两个阶段:一是风化阶段,出露地表的岩石受日光照射、温度变化、水的作用和生物作用等,发生破碎、分解,形成了大小不等的岩屑、砂粒和黏土;二是搬运、堆积阶段,坡地上不稳定的块体或风化的碎屑在重力和流水的作用下,发生崩塌、滑坡、土屑蠕动和堆积,形成了各种坡地地貌。在大尺度的坡地地貌形成之后,风化作用仍然在进行,未曾停止,在气候等外部条件的影响下,局部坡地仍然有可能会产生变化和发展。如降水量过大时,地表径流量大,易形成滑坡等自然灾害;人为开挖常使坡地平衡遭到破坏而发生崩塌、滑坡等土体运动;此外由于植被可以防止雨水对坡地的冲击并减少坡面径流的冲刷,因而对山地植被的破坏也常引起土体的不稳定。由此可见,山地丘陵地貌通常具有一定的不稳定性,有的书中将其生态特征总结为“地质的不稳定性、地形的复杂性、气候的多变性、水文的动态性和植被的重要性”③。因此,在地域性建筑的营建过程中,应尤其注意减少土方开挖,以及减少对原有生态环境的干扰。

2）平原水网

平原水网在地貌学中属于河流地貌,是由于河流作用而形成的地貌类型。长三角地区的平原水网区域是长江的水流在流动过程中进行侵蚀,被侵蚀的物质沿沟谷向下游搬运并堆积,形成长江三角洲平原的堆积地貌。相较于山区,平原地区的河床通常较宽浅,纵剖面的坡度较缓,只有略微的起伏。在三角洲地区河道交错,水系呈网状分布④。

此外,值得注意的是,在同一河段,侵蚀、搬运、堆积三种流水作用方式是同时进行的,只有作用强度与方式的差别,如弯曲河段在凹岸侵蚀,同时在凸岸发生堆积。因而在营建过程中,应注意到流水作用的持续性会造成地貌随时间的发展而变化。

3）滨海岛屿

滨海岛屿在地貌学中属于海岸地貌类型,是具有一定宽度的陆地与海洋相互作用的地带。在海岸地貌的形成过程中,波浪作用是最为活跃的营力之一。波浪侵蚀和堆积过程中对海岸进行塑造,形成了侵蚀地貌与堆积地貌,因此滨海岛屿又可大致分为侵蚀丘陵地貌和冲积平原地貌两大类型。

以长三角地区的舟山群岛为例,该海岸属侵蚀基岩海岸,海岸曲折,水深湾大,岬湾相间。通常由于侵蚀作用,海岸将不断后退,但舟山群岛的岛屿与海岸的组成物质大多是硬度

---

① 卢鸿德,陈谟开,张惠芳,等. 中国近现代史及国情教育辞典[M]. 沈阳:辽宁人民出版社,1993:650 - 651.

② 杨景春,李有利. 地貌学原理[M]. 北京:北京大学出版社,2001:6.

③ 卢济威,王海松. 山地建筑设计[M]. 北京:中国建筑工业出版社,2001:44 - 46.

④ 通常按水系的排列形式,可分为树枝状、格状、平行状、放射状、环状、向心状、网状、倒钩状等水系类型。水系的排列分布类型与地貌条件密切相关,三角洲地区地势平缓、河道密布交错,因而形成了网状水系。引自杨景春,李有利. 地貌学原理[M]. 北京:北京大学出版社,2001:53 - 54.

大、抗蚀能力强的岩浆岩，所以海岸后退速度慢，为人类在沿海岸地带居住、栖息打下了基础①。从地貌类型上看，舟山群岛以侵蚀丘陵为主，且大多为低浅丘陵，在浅丘间的山麓沟谷地带和滨海区域则形成海积平原、洪积平原等堆积地貌。

由于岛屿是与陆地相对分离的地块，岛屿的内部无论在资源、气候还是生物种群等方面均呈现出较高的同质性。此外，由于有限的资源条件和较小的生物容量，导致岛屿的生态环境具有较强的脆弱易变性②。这些特征均是在建筑营建过程中需重点关注之处。

综上所述，将山地丘陵、平原水网、滨海岛屿的地貌特征概括汇总于表 2.6。

表 2.6　三种地貌类型的特征概括

地貌类型	山地丘陵	平原水网	滨海岛屿
地貌特征	① 地质不稳定，极易因气候等外界条件的变化引起崩塌、滑坡等土体运动 ② 地形复杂，高差大，起伏明显 ③ 植被丰富，具有保持水土、调节微气候等作用，重要性强	① 地形平缓，起伏轻微，无明显高大山脉阻挡其间 ② 水系丰富，主要呈网状分布，因水体的分隔，地貌支离破碎 ③ 水文的动态性、流水作用的持续性可能会造成局部地貌的发展、变化	① 海岸曲折，岬湾相间，地貌支离破碎 ② 岛屿内部同质性高，主要体现在气候、资源、生物种群等方面 ③ 生态环境具有较强的脆弱易变性

（表格来源：笔者自绘）

2.3.2　影响地域性绿色建筑营建的地貌要素

在地理学中，有时将“地貌”等同于“地形”，如《现代地貌学》一书中将地貌定义为：“地貌又称地形，是地球表面各种形态的总称……地球表面可以分为陆地和洋盆两种规模最大的地形。在陆地和洋盆中，还包括许多较小的和更小的地形。”③这是因为地理学中所关注的研究对象是宏观性的、尺度较大的地形。而从建筑学的角度出发，地貌由地形和地肌两方面组成：地形指地表的三维几何形状，偏重于形态学的范畴；地肌指地表的肌理组成，是各种不同质感的地表组成物质的总称④。地形与地肌同时存在、不可分割，构成了影响地域性绿色建筑营建的两个重要的地貌要素。对于基于地貌特征的适应性营建而言，首先要对地貌要素进行认知，解析其对地域性绿色建筑营建的影响。

1）地形

具体而言，与地域性建筑密切相关的表示地形特征的要素有等高线、坡度、山位等。

（1）等高线与聚落形态

等高线是表现地表形态的基本方式之一。通过等高线的疏密程度，可以判断地形的坡度大小；从等高线的围合形状，可以确定地形的不同位置特征。在具体的营建中，常在山麓

① 张焕．舟山群岛人居单元营建理论与方法研究[D]．杭州：浙江大学，2013：32－33．

② 贺勇．适宜性人居环境研究：“基本人居生态单元”的概念与方法[D]．杭州：浙江大学，2004：54．

③ 王锡魁，王德．现代地貌学[M]．长春：吉林大学出版社，2009：1．

④ 卢济威，王海松．山地建筑设计[M]．北京：中国建筑工业出版社，2001：2．

地带形成平行于等高线的阶梯状的聚落布局，在山坳地带则形成垂直于等高线的聚落形态。

（2）坡度与适建范围

地形坡度通常有三种表示方式：高长比、百分比和倾斜角。在建筑设计中，采用百分比的方式居多。坡度的大小直接表征了地形的陡缓程度，与用地的适建性相关联（表 2.7）。坡度若过分陡峭，不稳定的块体极易在重力的作用下向下滑动，因此不宜开挖。

表 2.7　坡度与建筑适建性的关系

类别	坡度	建筑场地布置及设计基本特征
平坡度	3%以下	基本上是平地，道路及房屋可自由布置，但须注意排水
缓坡地	3%～10%	建筑区内车道可以纵横自由布置，不需要梯级，建筑物布置不受地形的约束
中坡地	10%～25%	建筑区内需设梯级，车道不宜垂直等高线布置，建筑群布置受一定的限制
陡坡地	25%～50%	建筑区内车道需与等高线成较小锐角布置，建筑群布置与设计受到较大的限制
急坡地	50%～100%	车道需曲折盘旋而上，车道需与等高线成斜角布置，建筑设计需做特殊处理

（表格来源：宗轩. 图说山地建筑设计[M]. 上海：同济大学出版社，2013：7.）

（3）山位与微气候环境

山位指山体的不同位置，分为 7 种类型：山脊、山顶、山腰、山崖、山谷、山麓、盆地①（图 2.13）。山位所体现的是不同的局部地形，它们具有不同的空间属性、景观属性和利用的可能性（表 2.8）。山位的不同，带来日照、通风等条件的不同，造成局地微气候环境的明显差异。

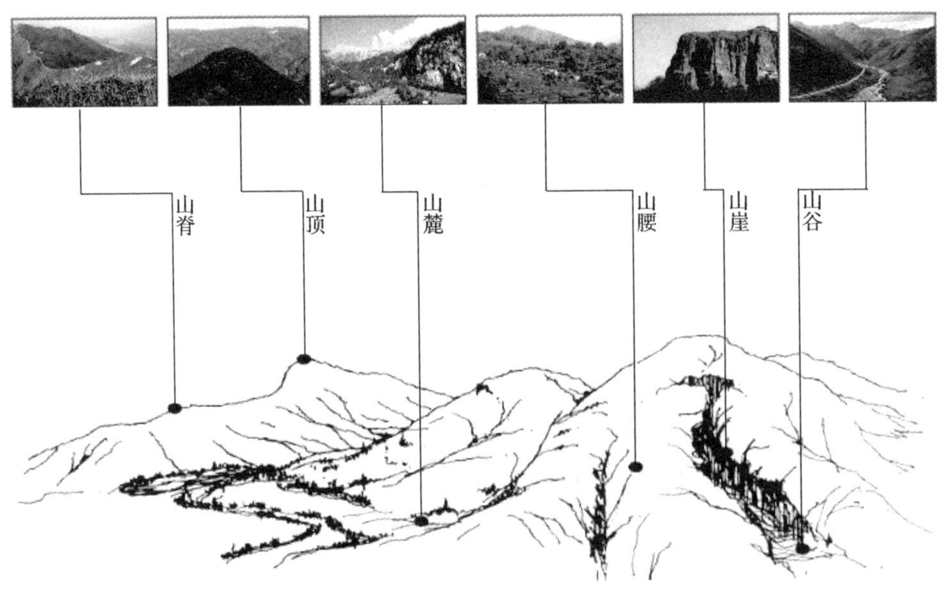

图 2.13　山位分析图

（图片来源：宗轩. 图说山地建筑设计[M]. 上海：同济大学出版社，2013：9.）

① 卢济威，王海松. 山地建筑设计[M]. 北京：中国建筑工业出版社，2001：5－6.

表 2.8 不同山位的空间特征、景观特征和利用的可能性

山位	空间特征	景观特征	利用可能性
山顶	中心性、标志性强	具有全方位的景观，视野开阔、深远，对山体轮廓线影响大	面积越大，利用的可能性越大，并可向山腹部位延伸
山脊	具有一定的导向性，对山脊两侧的空间有分割作用	具有两个或三个方位的景观，视野开阔，体现了山势	面积越大，利用的可能性越大，并可向山腹部位延伸
山腰	空间方向明确，可随水平方向的内凹或外凸形成内敛或发散的空间，并随坡度的陡缓产生紧张感或稳定感	具有单向性的景观，视野较远，可体现层次感	使用受坡向限制，宽度越大，坡度越小，越有利于使用
山崖	由于坡度陡，具有一定的紧张感，离心力强	具有单向性的景观，其本身给人以一定的视觉紧张感	利用困难大
山麓	类似于山腰，只是稳定度更强	视域有限，具有单向性景观	面积较大时利用受限制较少
山谷	具有内向性、内敛性和一定程度的封闭感	视域有限，在开敞方向形成视觉通廊	面积较大时利用受限制较少
盆地	内向、封闭性强	产生视觉聚焦	面积较大时利用受限制较少

注：① 山顶是大致呈点状或团状的隆起地形，也被称为山丘或山堡；
② 山脊是条形隆起的山地地形，也被称为山冈、山梁；
③ 山腰是位于山体顶部与底部之间的倾斜地形，也被称为山坡；
④ 山崖是坡度在 70°以上的倾斜地形；
⑤ 山麓是周围大部分地区被山坡所围，只有一面与山坡相联结的地形，也被称为山脚；
⑥ 山谷是两侧或三面被山坡所围的地形，也被称为山坳、山沟等；
⑦ 盆地是四周的大部分地区被山坡所围，内部区域较为平缓、宽阔的地形。
（表格来源：宗轩. 图说山地建筑设计[M]. 上海：同济大学出版社，2013：9.）

2）地肌

地肌，是借用"肌理"一词，与地形所突出表现的"形状""态势"相对应，从两个既相互独立又相辅相成的方面去描述地貌。组成地肌的主要要素有土壤、植被等。

（1）土壤与构筑方式

土壤是由分割得很细小的矿物质组成的，这种矿物质可由坚硬的岩石经过风化过程而形成。而土壤质地的不同会对建筑的构筑方式产生直接的影响。例如，在黄土高原地区，黄土层构造具有质地均匀、抗压与抗剪强度较高的特征。因此，在土体内挖掘窑洞，仍能保持土体自身结构的稳定性，这使得黄土高原地区自然形成了窑居的构筑方式（图 2.14）。

图 2.14 黄土高原窑居的构筑方式与土壤质地的关联性

[图片来源：百度图片（https://image.baidu.com/）]

(2) 植被与接地形态

植被是地表最活跃的组成要素之一，对视觉景观的塑造和生态环境的形成具有重要的意义，与建筑的接地形态往往具有直接关联。例如，芦苇是西溪湿地中的原生植物，具有很强的净水功能，起到了生态景观、人文心理的双重作用。因而，湿地建筑常采用架空的接地方式，这是建筑根据植物的种类、形状及分布特征，在形态设计方面做出的生态性回应。

2.3.3 基于地貌特征的绿色建筑营建的关键问题

基于地貌特征的绿色建筑营建的关键问题是指在适应地貌的营建中所要重点关注和把握的生态要点。

1) 尊重自然环境，减少对生态环境的干扰

首先，从人地系统的构成可知，由地貌等要素构成的自然环境为地域性绿色建筑的营建提供了环境支持及资源供给，具有突出的重要性。由地貌的成因来看，无论是何种地貌类型，由于内、外营力的持续作用，地貌均具有一定的不稳定性，易受到外界条件的干扰，导致生态平衡的失稳。因此，“尊重自然环境，减少对生态环境的干扰”是基于地貌特征的绿色建筑营建中所要把握的首要问题，有利于维持生态系统、人地系统的稳定、和谐。

2) 合理建筑布局，优化土地资源的利用

其次，应注重建筑布局的合理性，以优化土地资源的利用。在用地紧凑的城市，建筑建造通常极其注重土地资源的集约利用，通过垂直尺度上分层化的空间组织，提高土地的利用效率。在城镇与乡村地区也是如此，对土地资源的节约与优化利用，能够避免对原生地貌的大量破坏，有利于达成对自然风貌的保护及协调。

3) 优选地形气候，形成良好的室外微气候环境

最后，在营建过程中应把握不同地貌与局部地形所形成的地形气候，选择优质的小气候环境，进而通过一定的场地设计手段，形成良好的室外微气候，能够为建筑内部舒适气候的营造提供初始条件。

2.4 基于气候与地貌特征的地域性绿色建筑营建的目标、原则与基本思路

2.4.1 目标：动态舒适

营建目标的确定，关系到建筑要以何种方式应对气候、地貌的制约与影响，同时关系到地域性绿色建筑营建过程中的观念取向和价值判断。从 2.2.2 节、2.2.3 节的讨论中可知，基于气候与地貌特征的地域性绿色建筑营建的目标在于创造舒适的室内气候环境，且利于生态环保与节约土地资源。归根结底，可理解为以最小的环境成本，创造舒适的人工环境，

即营建的目标最终指向"舒适"这一建筑最初始的营建目的。以目前的建筑技术水平,我们完全可以对室内的温湿度、风速等进行精准的控制,以达到"完全"的舒适,但这种"静态""恒态"的舒适,不利于人体健康,也不利于建筑能耗的节约使用。相比之下,"动态的舒适"具有更大益处,应是基于气候与地貌特征的地域性绿色建筑营建所追求的目标。

1) 动态舒适的物质基础:人体的适应能力与个体的差异性

首先需要明确的是什么是舒适。建筑学中的"舒适",一般意为"热舒适"。根据人体的生理、心理需求,室内热环境需要维持在一个相对稳定的热舒适范围。国际标准组织 ISO 7730 将"热舒适"定义为"人对热环境感觉满意的一种心理状态",美国 ASHRAE55—2004 标准规定热舒适是指"80%的人群感觉满意的物理环境"①。从热舒适的定义可以看出,它是受空气温度、湿度、空气流速等物理因素以及服装、人体活动状况等个人因素的多种变量综合影响的复杂概念。

而人体对外界环境是有一定的适应能力的:一方面在漫长的进化过程中人体形成了多种与环境相适应的生理机能;另一方面,人体可以通过穿衣、场所迁移、有目的地利用外界能量等行为调节方式来适应周围物理环境的波动。此外,人的热舒适存在较明显的个体差异性,受到人的年龄、经济条件、所在地区等因素的影响。例如,研究表明,在不同国家和地区,人们对舒适感的体验不同。英国人的舒适温度要比美国人低 3 ℃;生活在年平均温度高的地区的人们所能够接受的舒适温度高,而生活在年平均温度低的地区的人们则相反;经济收入越高,可接受的舒适范围越小,经济收入越低,可接受的舒适范围则越大②。

2) 动态舒适的内涵

(1) 动态舒适=健康的舒适。众多研究表明,空调环境所提供的静态舒适会对人体健康带来许多负面影响,如易产生"空调病",且降低人体对气候变化的适应能力。

(2) 动态舒适=舒适感更强的舒适。从人体的体温调节机制可知,热舒适实质上是由人的神经系统的一系列活动在心理引起的愉快感受,因此,舒适是一个动态的过程,长期处于舒适状态也就难以感到舒适③。也就是说,室内环境在一定范围内的动态变化能够增进人体的舒适感觉。

(3) 动态舒适=可调节的舒适。因为个体对舒适感觉存在一定的差异性,对舒适的期望值也随之因人而异,因而创造可调节的、具有动态适应性的建筑空间与界面可满足不同人的舒适需求。

(4) 动态舒适=低能耗的舒适。从建筑气候调节原理来看,动态舒适的目标能够减少室外气候环境与目标值的偏差,减少气候的修正量(图 2.15),从而降低被动式技术的投入与主动式技术的能源消耗。

① 杨柳. 建筑气候学[M]. 北京:中国建筑工业出版社,2010:46.
② 王建华. 基于气候条件的江南传统民居应变研究[D]. 杭州:浙江大学,2008:30-33.
③ 杨柳. 建筑气候学[M]. 北京:中国建筑工业出版社,2010:48.

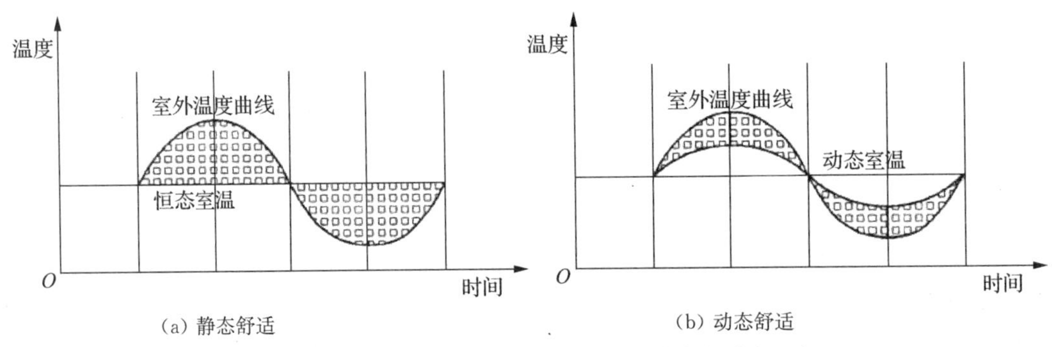

图 2.15 “静态舒适”与“动态舒适”目标的能耗对比示意

（图片来源：吕爱民. 应变建筑：大陆性气候的生态策略[M]. 上海：同济大学出版社，2003：71.）

2.4.2 原则：整体协调性原则、双极控制性原则、动态适应性原则

基于气候与地貌特征的地域性绿色建筑营建的原则具体包括三点：整体协调性原则、双极控制性原则，以及动态适应性原则。

1）整体协调性原则

整体协调性是基于气候与地貌特征的地域性绿色建筑营建的首要原则，强调营建过程中应将气候要素与地貌要素同时纳入整体营建的范畴之内，也应以整体的思维考虑局部与整体、形式与功能、材料与构造等之间的相互关联，把地域性绿色建筑视为一个各因素相联系的整体的有机系统。避免局部化、碎片化的营建方式，强调地域性绿色建筑的营建不可能通过单一层面的实施而达成，也不可能是绿色技术的简单堆砌。整体协调性原则也体现在对不同季节建筑设计矛盾的整体平衡，如夏季通风要求建筑形体尽可能地舒展、界面尽量开放，而冬季保温采暖则要求建筑形体尽可能地规整、界面尽量封闭。两者存在明显的矛盾，此时应以整体的视角进行分析，并做出平衡。

2）双极控制性原则

长三角地区的气候特征具有显著的双极不平衡性，夏热冬冷且冬、夏季持续时间长。应对气候的双极不平衡性，地域性绿色建筑的营建应尤其注重双极控制性的原则，将极端状态向中间状态修正。其实，在 2.1.2 节探讨的传统风水学中的环境观已涉及双极控制的辩证思维，体现在建筑应具备双极双向的调节能力，例如对夏季和风的接纳以及对冬季寒流的阻挡，通过双极控制将内部环境从极端状态调整至适当的稳定状态。

3）动态适应性原则

动态适应性原则包含对气候的动态适应、对地貌的动态适应以及对未来营建的动态适应三个方面。对气候的动态适应体现在地域性绿色建筑能依据不同季节、不同时间段对气候要素的接纳或阻挡做出适时的调整；对地貌的动态适应体现在营建过程中需考虑地貌在营力作用下的动态性，例如山地丘陵地貌的地质不稳定性、平原水网地貌的水文动态性、滨海岛屿地貌中生态环境的脆弱易变性等；对未来营建的动态适应体现在动态弹性空间的预留，充分考虑地域性建筑演进过程中的可变性，以一种“未完成即高完成”的思路

予以应对。对未来营建的动态适应体现了建造的阶段性，是对使用主体和时间要素的动态适应。

2.4.3 基本思路：分析、提炼、转译、建立、评价

在上述营建目标与原则的导向下，整个营建策略生成的基本思路是一个动态调整和循环反馈的过程，包括气候与地貌分析、在地智慧提炼、原型转译、策略与方法建立、效率评价五个方面，即“分析—提炼—转译—建立—评价”五个基本步骤。首先，通过对研究范围内的气候、地貌环境分析对该地区的地域环境有一个初步的认知和解读，可以依靠一定的分析方法和工具来实现，如2.2.3节中所述的建筑气候分析法可以实现气象参数向建筑气候的转换，并能够初步得出该地区气候调节策略的有效性排序。然后，对研究范围内既有建筑的“在地营建智慧”进行系统的提炼和总结，分析、评判其应用潜力，建立绿色建筑营建模式的“地域基因库”，为策略的建构提供在地的借鉴与参照。进而，通过“原型-转译”的方式，形成现代策略与方法建构的基础。在初步的策略与方法生成之后，应对其进行效率评价，对使用效率低、经济投入大的方法进行反馈调整、修正，最终得出适宜的基于气候与地貌特征的地域性绿色建筑营建策略与方法。整个基本思路可用流程框图表示(图2.16)。

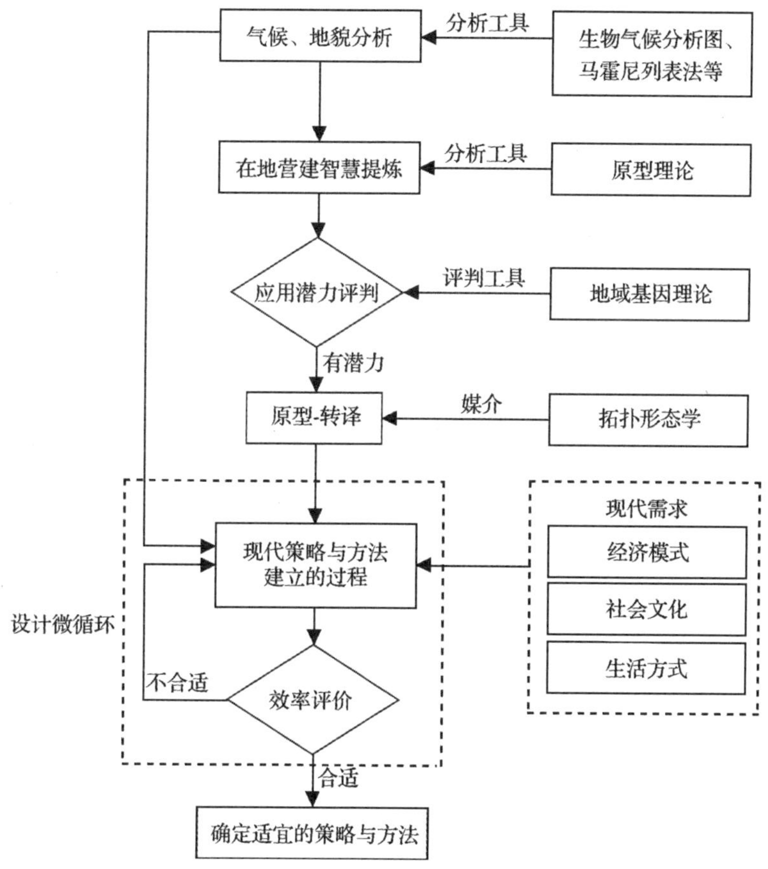

图2.16 基于气候与地貌特征的地域性绿色建筑营建策略生成的基本思路

(图片来源：笔者自绘)

此外，整合与融贯相关学科的基本原理与方法是目前建筑学科认知框架与方法论建立的特点之一。从气候、地貌解读到地域性绿色建筑营建策略生成、建立的每一个核心环节，需要借助一定的跨学科的研究方式，诸如建筑气候学、地理学、拓扑形态学等相关概念、原理与方法的借鉴，有助于从多角度进行更全面的认知、寻求解决问题的理论工具。

2.5 本章小结

本章主要着眼于气候、地貌与地域性绿色建筑营建之间的相互关系。主要完成了以下几点研究内容：① 基于对人文地理学中人地关系认知图式的理解，以及对传统风水学中环境观的汲取，通过“人地系统”的建构，解析了气候、地貌与地域性绿色建筑营建的作用机制；② 通过地貌成因的认知，分别归纳了山地丘陵、平原水网、滨海岛屿三种类型地貌的特征，探讨了影响地域性绿色建筑营建的地貌要素以及营建的关键问题；③ 论述了建筑气候的调节原理与建筑气候分析方法；④ 提出了基于气候与地貌特征的地域性绿色建筑营建的目标、原则与基本思路。本章所建立的认知框架为后续营建策略的建构奠定了理论基础。

3 长三角地区地域环境的解读与分析

认知、解读长三角地区的地域环境是该地区绿色建筑营建过程中适应地貌、合理利用气候资源的基础，是“因地制宜”“因气制宜”的前提。长三角地区的地理位置介于东经115°46′～123°25′、北纬32°34′～29°20′之间，濒临东海与黄海，位于长江的下游地区，是长江入海之前形成的冲积平原。其土地肥沃、湖荡棋布、资源丰富、人口稠密，有中国的“金三角”之称。长三角地区的气候主要属于亚热带季风气候，多数年份的阳光、热量和雨泽适时适度，使该地区具有得天独厚的优势。

3.1 气候环境

由于长三角区域内大部分地区地势比较平坦开阔，基本无东西走向的高大山脉横贯阻挡，在一定的大气环流条件下，冷暖空气均能长驱直入、畅通无阻，但在局部地理条件的影响下，又有某些不同程度的改变，因而各地的气候有一定的相似性和特殊性①。

3.1.1 气候特征：夏热、冬冷、潮湿、静风

在太阳辐射、大气环流以及地理等因素的综合作用下，长三角地区气候的相似性体现为总体上的三大特点②：

1）*夏热冬冷，冬夏持长*

夏热冬冷是中、高纬度地区的普遍气候现象，但是在长三角地区所属的我国东部季风区，夏热冬冷更为突出（表3.1、表3.2）。这表现在三方面：① 冬季平均气温普遍低于世界同纬度地区的平均气温，而夏季普遍比世界同纬度地区的平均气温高；② 极端最高气温很高，大多数城市夏季极端最高气温均达40 ℃，且由于大气中水汽多、湿度大，但夜间风速小、静风频率高（全年静风率约30%），导致夏季的炎热程度更加突出；③ 春秋季较短，冬夏季持续时间长，致使长三角地区成为世界同纬度地区中人体最为不舒适的区域之一。

表3.1 长三角地区四城市夏季气象参数

项目	上海	杭州	南京	合肥
最热月月平均气温/℃	27.8	26	28	28.3
极端最高气温/℃	38.9	39.9	40.7	41
年日最高气温不低于35 ℃的天数	8.7	22	15.8	16.3

（表格来源：韩爱兴.夏热冬冷地区居住环境质量有望得到改善和提高[J].新型建筑材料，2002，29(3)：25-27.）

① 蒋德隆.长江中下游气候[M].北京：气象出版社，1991：2.

② 本节对长三角地区气候特征的梳理是在以下文献的基础上归纳总结而形成的：① 张培坤.浙江气候及其应用[M].北京：气象出版社，1999.② 江苏省气象局《江苏气候》编写组.江苏气候[M].北京：气象出版社，1991.③ 蒋德隆.长江中下游气候[M].北京：气象出版社，1991.④ 严济远，徐家良.上海气候[M].北京：气象出版社，1996.⑤ 吕爱民.应变建筑：大陆性气候的生态策略[M].上海：同济大学出版社，2003.

表 3.2 长三角地区四城市冬季气象参数

项目	上海	杭州	南京	合肥
最冷月月平均气温/℃	3.5	3.8	2.0	2.1
极端最低气温/℃	−10.1	−9.6	−14.0	−20.6
年日最低气温不高于 5 ℃的天数	—	33.8	56.2	49

（表格来源：韩爱兴. 夏热冬冷地区居住环境质量有望得到改善和提高[J]. 新型建筑材料，2002，29(3)：25 - 27.）

2）季风显著，四季分明

季风是指一年中风向发生规律性季节交替，这主要与长三角所处的地理位置有关，是因为海陆的配置提供了两种不同热力性质的下垫面①，影响了大气的能量收支和运动状态的变化而形成的。长三角地区全年的主导风向呈季节性变化显著，一般夏季盛行东南风或东风(海洋风)，温暖、湿润；冬季盛行西北风或北风(大陆风)，寒冷、干燥。随着冬、夏季风的进退活动，气候特点也随之发生变化，同时带来季节的转换。干冷的极地大陆气团造就了长三角地区寒冷的冬季；暖湿的海洋气团带来了湿热的夏季。当冬季风削弱、夏季风增强时，产生了温暖多雨的春季；当夏季风没落、冬季风强盛时，产生了秋高气爽的秋季②。由此，季风活动显著，季节变化就明显，四季因而分明。

3）潮湿多雨，雨热同季

春雨、梅雨、秋雨是长三角大部分地区多数年份所共有的三个多雨季节。充沛的降水、来自海洋中的丰富水汽以及湖泊等地表水的蒸腾作用使长三角地区全年气候湿润，空气中水汽含量较高，年平均相对湿度达 80%左右，且一年四季相对湿度都维持在较高水平(表 3.3)。此外，长三角地区的降水最为优越之处是雨热同季，即温度随季节变化与雨水随季节变化的趋势基本一致，这种雨热同季的配置对农业生产十分有利③。但此气候特征的优越性是相对的，雨热同季在人体舒适度方面具有一定的负面影响，高温高湿会抑制人体汗液的蒸发，使人感觉闷热难耐，大大降低了夏季气候的舒适度，这点在长三角地区表现得尤为明显。

表 3.3 长三角地区四城市冬、夏季相对湿度

项目	上海	杭州	南京	合肥
最热月月平均相对湿度/%	83	80	81	81
最冷月月平均相对湿度/%	75	77	73	75

（表格来源：韩爱兴. 夏热冬冷地区居住环境质量有望得到改善和提高[J]. 新型建筑材料，2002，29(3)：25 - 27.）

① 下垫面是指位于大气层底部，在发生热量和水分交换的过程中能与大气层发生相互影响的表面，因衬垫于大气之下而得名，其概念比地面更广，例如草面、水面、冰面、林冠面等。引自吕爱民. 应变建筑：大陆性气候的生态策略[M]. 上海：同济大学出版社，2003.

② 张培坤. 浙江气候及其应用[M]. 北京：气象出版社，1999：6.

③ 冬季气温低，降水量最少，对越冬作物通过春化阶段有利；春季气温回升、雨水增多，有利于越冬作物返青与春耕春种工作；夏季气温最高，农作物生长旺盛，农田所需水分最多，恰逢有梅雨、台风和强对流天气的影响，是全年降水量最多、最为集中的时期；秋季气温下降，降水量显著减少，晴好天气为农业丰收提供了良好的条件。

综上，长三角地区所要应对的建筑气候问题可大致总结为夏热、冬冷、潮湿、静风。夏热冬冷的气候特征，使长三角地区既有冬季采暖也有夏季制冷的需求，但两者在建筑上的表现在某些情况下是相互矛盾的。例如，组织自然通风是解决夏季炎热潮湿的有效手段之一，但开敞的围护结构将导致建筑在冬季失热过多、保温效果不佳。夏热冬冷的双极气候特征导致该地区的建筑热工能耗占建筑总能耗的比重极大。此外，夏季气温高且静风率高、空气湿度大，高温高湿带来的闷热感进一步降低了人体舒适感，增加了空调的制冷能耗；冬季阴冷，且由于该地区的大部分区域按照我国现行的标准《民用建筑热工设计规范》(GB 50176—2016)，并不在采暖区之内，为改善室内热舒适环境，人们常自行采取采暖措施，导致建筑运行能耗增加但能源利用效率低。

3.1.2 气候分区：局地气候的差异

长三角地区地貌类型丰富，在局部地理条件的影响下，气候也存在一定的差异。目前，我国在建筑方面的气候区划主要有《建筑气候区划标准》(GB 50178—93)①和《民用建筑热工设计规范》(GB 50176—2016)②两种。《建筑气候区划标准》按照气温、相对湿度和降水量3个主要气候参数，将我国划分为7个一级气候区(分别是Ⅰ、Ⅱ、Ⅲ、Ⅳ、Ⅴ、Ⅵ、Ⅶ)和20个二级气候区，并提出了相应的建筑基本要求和技术措施。《民用建筑热工设计规范》从建筑热工设计的角度出发，针对建筑保温与防热的设计问题，将我国划分为5个一级气候区(分别是严寒、寒冷、夏热冬冷、夏热冬暖、温和地区)和11个二级区划，并提出了相应的设计要求。由于《建筑气候区划标准》(一级区划)和《民用建筑热工设计规范》分区的主要划分依据是基本一致的，因此两者相互兼容③。

依据《建筑气候区划标准》，长三角地区属于夏热冬冷地区(Ⅲ区)，在二级气候区划分中属于ⅢA区和ⅢB区(图3.1)。其中，ⅢA区由于临近海岸线，风速较大；ⅢB区主要以丘陵地貌为主，北部冬季积雪较厚(表3.4)。在此基础上，本书借鉴同济大学陈飞博士论文《建筑与气候：夏热冬冷地区建筑风环境研究》④的气候分区研究成果，将长三角地区自西向东划分为亚热带丘陵湿润性气候区、亚热带平原湿润性气候区、亚热带海岛湿润性气候区3个区

① 国家技术监督局，中华人民共和国建设部. 建筑气候区划标准：GB 50178—93[S]. 北京：中国计划出版社，1994.

② 中华人民共和国住房和城乡建设部. 民用建筑热工设计规范：GB 50176—2016[S]. 北京：中国建筑工业出版社，2016.

③ 刘念雄，秦佑国. 建筑热环境[M]. 2版. 北京：清华大学出版社，2016：45.

④ 同济大学陈飞博士在其博士论文《建筑与气候：夏热冬冷地区建筑风环境研究》中，在《建筑气候区划标准》和《民用建筑热工设计规范》的基础上，综合柯本气候区划类型分析方法，同时吸收地域性气候因素特点，将夏热冬冷地区划分为温带大陆性平原半湿润气候特征区(ⅡA)、亚热带温暖高原湿润性气候特征区(ⅢC)、亚热带丘陵湿润性气候特征区(ⅢB)、亚热带临海湿润性气候特征区(ⅢA)等5个二级小区。此外，湿润性的界定是以地区的全年降雨量程度划分的。以全年降雨量400 mm等位线为基本依据：全年降雨量小于400 mm，属于干旱地区；从400 mm至800 mm等位线之间，以秦岭-淮河一线为界线，以北为半湿润区，以南为湿润区。引自任美锷. 中国自然地理纲要[M]. 北京：商务印书馆，1985：48.

域①(图 3.2),体现了长三角地区局地气候的特殊性。

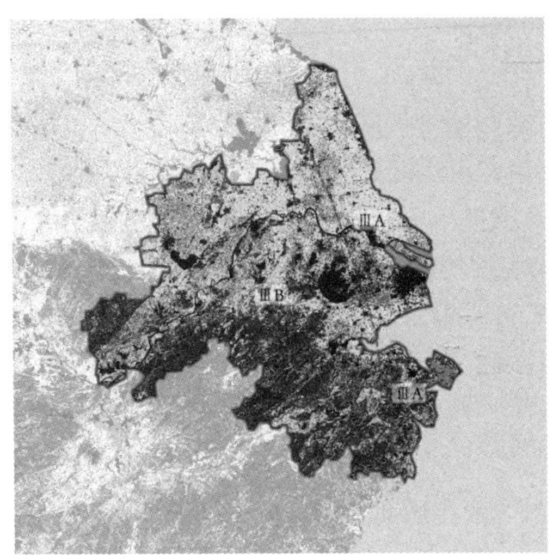

图 3.1　长三角地区建筑气候区划图

[图片来源:国家基础地理信息中心(https://zhfw.tianditu.gov.cn/),笔者依据《建筑气候区划标准》修改绘制]

表 3.4　《建筑气候区划标准》一级区区划指标

分区代号		分区名称	气候主要指标	辅助指标	各区辖行政区范围	建筑基本要求
Ⅲ	ⅢA ⅢB ⅢC	夏热冬冷地区	① 1月平均气温 0～10 ℃ ② 7月平均气温 25～30 ℃	① 年日平均气温≥25 ℃的日数 40～110 天 ② 年日平均气温≤5 ℃的日数 0～90 天	上海、浙江、江西、湖北、湖南全境;江苏、安徽、四川大部;陕西、河南南部;贵州东部;福建、广东、广西北部和甘肃南部的部分地区	① 建筑物必须满足夏季防热、通风降温要求,冬季应适当兼顾防寒 ② 总体规划、单体设计和构造处理应有利于良好的自然通风,建筑物应避西晒,并满足防雨、防潮、防洪、防雷击要求;夏季施工应有防高温和防雨的措施 ③ ⅢA 区建筑物尚应注意防热带风暴和台风、暴雨袭击及盐雾侵蚀 ④ ⅢB 区北部建筑物的屋面尚应预防冬季积雪危害

注:本表仅选用了与本书研究范围相关的气候分区指标。

(表格来源:笔者自绘)

① 关于本区域的气候分区已有不少的研究成果,它们主要是:① 蒋德隆. 长江中下游气候[M]. 北京:气象出版社,1991:396. 根据近 30 年来的热量和水分条件,结合考虑地带性差异与非地带性因素以及植被、农作物等综合分析,将长江中下游流域分为 11 个气候区和 22 个气候亚区。长三角地区可分为江淮丘陵北亚热带半湿润气候区(5 区)、东部沿江北亚热带湿润气候区(6 区)、南通—宁波北亚热带海洋性湿润气候区(7 区)等。② 张培坤. 浙江气候及其应用[M]. 北京:气象出版社,1999:89. 将浙江省分为 8 个气候区,即北亚热带夏湿润冬寒气候区(NA1)、北亚热带夏湿润冬冷气候区(NA2)、北亚热带夏湿润冬温气候区(NA3)、北亚热带夏亚干旱冬温气候区(NB3)、中亚热带夏亚干旱冬冷气候区(MB2)、中亚热带夏湿润冬冷气候区(MA2)、中亚热带夏湿润冬温气候区(MA3)、中亚热带夏湿润冬暖气候区(MA4)。③ 郑景云,尹云鹤,李炳元. 中国气候区划新方案[J]. 地理学报,2010,65(1):3-12. 将长三角地区分为南北两区,分别是大别山与苏北平原地区(TVATf)和长江中下游平原与浙北区(IVATg)。以上研究成果对本书的研究有较重要的参考意义,但考虑到气候区划因不同学科各自侧重点不同而产生不同的划分结果,因此,本书未直接采用以上研究中的气候划分方式,以我国在建筑方面的气候区划标准《建筑气候区划标准》和《民用建筑热工设计规范》为本区域建筑气候分区的主要依据。

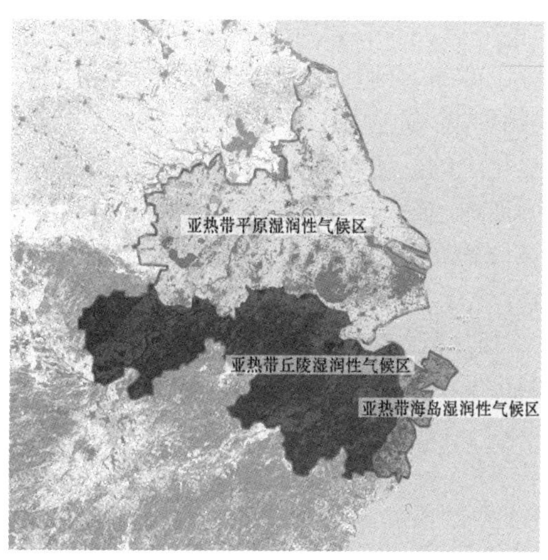

图 3.2 长三角地区建筑气候分区示意

（图片来源：笔者自绘）

1）亚热带平原湿润性气候区

主要包括浙江省东北部、江苏省东南部以及上海市，涵盖大半个长三角地区。东部临海，西部与丘陵区相邻，气温、湿度与长三角西部地区相差不大，但该区域内风速较大（一般都在 4 m/s 以上），且时常伴有暴风雨。

2）亚热带丘陵湿润性气候区

主要包括安徽省的中部、江苏省的西南部以及浙江省的中西部地区。因地形起伏明显、地面阻力大，该区域的主要气候特征表现为平均风速较小、太阳辐射量和日照也相对较少。

3）亚热带海岛湿润性气候区

与同纬度的内陆区域相比，滨海岛屿具有夏少酷暑、冬少严寒，温差较小，常年多大风的气候特点。如在嵊泗、大陈、南麂、台山等海岛上，一般风速均超过 7 m/s①。受冬季冷空气、春季低气压的影响，夏秋多台风，年平均 8 级以上大风日有 110 天，7—9 月受台风影响，瞬时最大风力可达 11 级或 12 级，最大风速达 40 m/s 以上②。

值得注意的是，气候区划只是为了研究问题而简化的模型，气候的实际分布情况要复杂得多，因而本书中的营建策略不因气候区划而具有绝对的地域限定。此外，在具体的营建过程中，同一气候区内还可以针对特定的建筑类型、依据局地气候的典型特征，进一步地细化、精选具体的应对策略。

3.1.3 建筑气候分析：建筑气候调节策略的有效性排序与时空分布规律

本书的第 2 章介绍了建筑气候分析方法，通过建筑生物气候图可以在设计前期对某个

---

① 蒋德隆. 长江中下游气候[M]. 北京：气象出版社，1991：123.

② 张焕. 舟山群岛人居单元营建理论与方法研究[D]. 杭州：浙江大学，2013：8.

地区的气候进行初步的定性分析。本节利用 Weather Tool 气候分析工具①对长三角地区的代表性城市上海、杭州、南京、苏州、合肥、安庆等进行气候分析(表 3.6,详见附录),实现一般性的气象参数向建筑气候的转换,研选长三角地区适宜的建筑气候调节策略。通过建筑生物气候图,可以了解到自然年中的舒适时间比,以及通过被动式太阳能采暖、自然通风、建筑蓄热性、建筑蓄热性+夜间通风、直接蒸发冷却降温、间接蒸发冷却降温② 6 种主要的被动式气候调节策略能够增补的舒适时间比。

本节以上海市为例进行分析。上海地区的气候分析结果如图 3.3、图 3.4 所示。分析结果表明:① 该地区全年无须任何气候调节措施的舒适时间比为 4.9%,共 18 天,主要集中在 5 月和 10 月;② 采用自然通风策略,可增补舒适天数 93 天,占全年的 25.5%;③ 通过建筑蓄热性,可增补舒适天数 63 天,占全年的 17.3%;④ 利用间接蒸发冷却降温策略,可增补舒适天数 27 天,占全年的 7.4%;⑤ 被动式太阳能采暖,可增补舒适天数 23 天,占全年的 6.3%。总体上,通过 6 种主要的被动式调节策略全年共计可增补舒适天数 129 天,为全年时间比的 35.3%(表 3.5)。

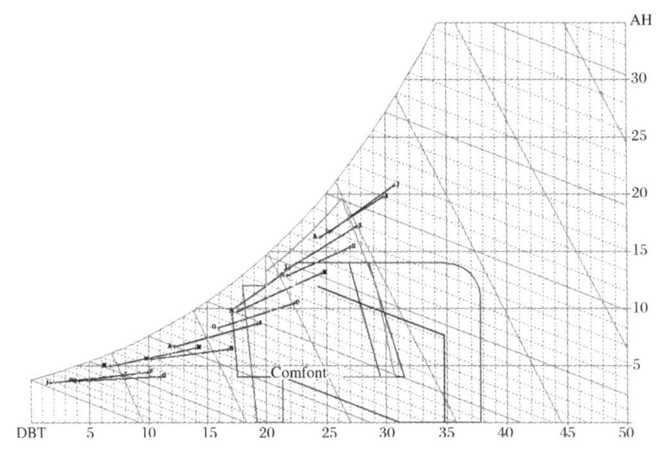

图 3.3 上海地区建筑生物气候图及被动式气候控制区

(图片来源:Weather Tool 软件,笔者自绘)

---

① 本节中 Weather Tool 气候分析工具所采用的气候数据来源于 EnergyPlus 官方网站(https://energyplus.net/weather)。该网站提供了我国近 200 个城市的 CSWD、CTYW、SWERA 格式的气候文件,根据清华大学夏伟等学者的比较研究,气候数据可靠性与准确性的优选顺序为 CSWD>SWERA>CTYW。因此,本节中所采用的气候数据均为 CSWD 格式(中国建筑热环境分析专用气象数据集)。

② 对 6 种主要的被动式气候调节策略作以下说明:第一,被动式太阳能采暖(Passive Solar Heating)的气候因素主要取决于该地区室外的温度与太能辐射量,温度太低或太阳辐射量过小,被动式太阳能采暖都不能够实现。第二,建筑蓄热性(Thermal Mass Effects),也有学者称其为"高热容的围护结构"或"热质量效应",指在设计中使用高热容的材料(如砖、石、混凝土等),利用墙体、屋面、地面等实体结构的隔热性与蓄热性,降低室外温度波动对室内温度的影响,包括建筑外围护结构热惰性的加强、内部结构蓄热性能的提高以及建筑的遮阳措施等。"建筑蓄热性+夜间通风"指夏季白天建筑关闭门窗阻止热量进入室内,夜间利用长波辐射与自然通风,使围护结构白天吸收的热量散发出去。第三,蒸发降温分为直接蒸发降温与间接蒸发降温两种。直接蒸发降温(Direct Evaporative Cooling),指室外高温干燥的空气流经水体构件后,由于水的蒸发吸热过程,使空气温度降低后流入室内,主要适用于干热地区;间接蒸发降温(Indirect Evaporative Cooling),指在建筑的表面利用太阳辐射使水蒸发而获得冷却的方法,例如淋水屋面、蓄水屋面等。建筑表面间接蒸发降温不会增加建筑室内的空气湿度,因而适合湿热地区。引自欧特克软件(中国)有限公司. Autodesk Ecotect Analysis 绿色建筑分析应用[M]. 北京:电子工业出版社,2011:59-64.

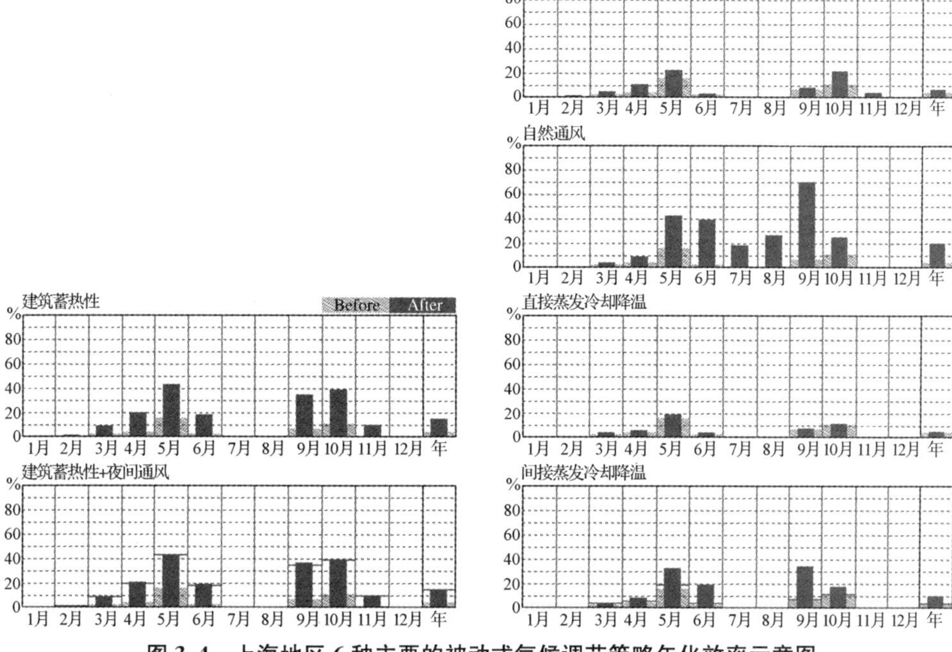

图 3.4 上海地区 6 种主要的被动式气候调节策略年化效率示意图

注:图中浅色柱表示没有采用气候调节策略的热舒适时间比,深色柱表示采用该策略后的热舒适百分比。

(图片来源:Weather Tool 软件,笔者自绘)

表 3.5 上海地区被动式气候调节策略各月有效时间比

月份		1月	2月	3月	4月	5月	6月	7月	8月	9月	10月	11月	12月	全年	天数
舒适区域						29%					29%			4.9%	18
被动式调节策略	被动式太阳能采暖				10%	29%					35%			6.3%	23
	自然通风					33%	93%	33%	47%	100%				25.5%	93
	建筑蓄热性				26%	71%	13%			43%	53%			17.3%	63
	建筑蓄热性+夜间通风				26%	71%	13%			43%	53%			17.3%	63
	直接蒸发冷却降温													0%	0
	间接蒸发冷却降温					33%	13%			43%				7.4%	27
	总计(合并重叠区域)				26%	71%	93%	33%	47%	100%	53%			35.3%	129

(表格来源:笔者自绘)

通过代表性城市的气候分析可得(表 3.6),长三角地区全年无须任何气候调节措施的舒适时间比约为 6.8%,总计约 25 天,主要集中在 4 月、5 月和 10 月;采用自然通风的全年整体性效用最为显著,可以增加 21%的舒适时间,尤其在 6 月和 9 月可以使多数城市 90%的天数达到热舒适度;通过增加建筑围护结构的蓄热性能或是结合夜间通风策略同时作用,可以增补约 18%;间接蒸发冷却降温也是有效对策之一,可以使全年的舒适时间比增加约 8%;被动式太阳能采暖策略,也可增补约 6%的时间比。总体而言,通过综合应用 6 种主要的被动式调节策略全年可增加的舒适天数达 114 天左右,为全年时间的 31%。加上自然舒适时间,即无须人工机械调控措施可达到舒适时间约为 139 天,占全年时间比的 38%。

表 3.6 长三角地区部分代表性城市的建筑气候分析图表

城市	建筑生物气候图	策略年化效率示意图	被动式气候调节策略各月有效时间比
上海	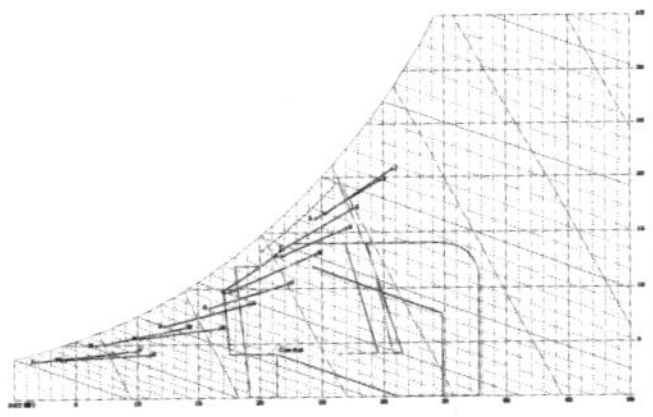	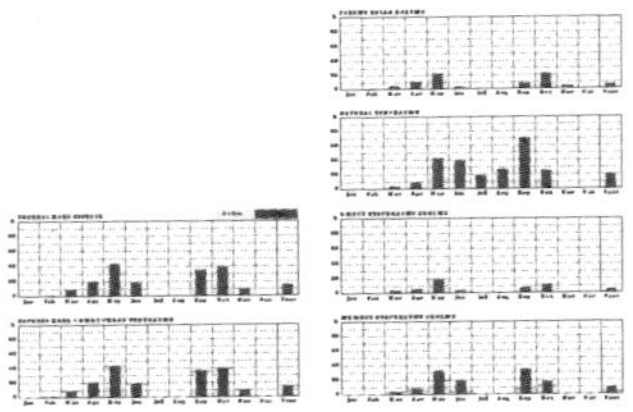	见下表
杭州	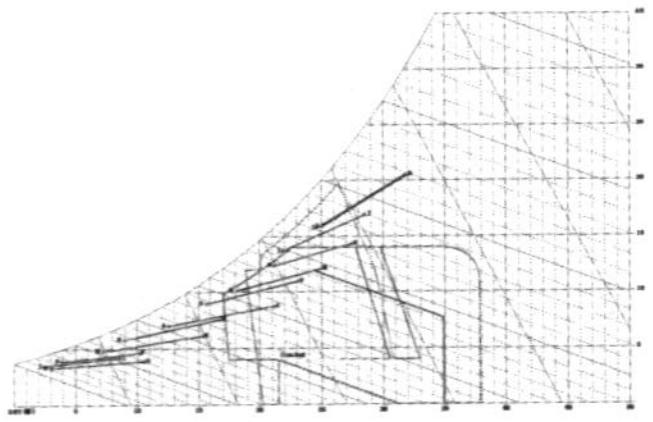	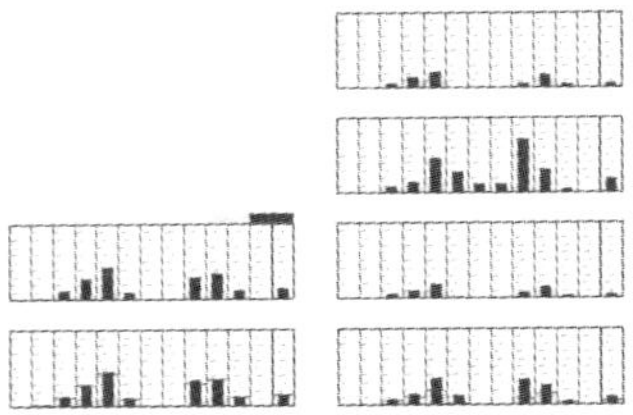	见下表

上海

		1月	2月	3月	4月	5月	6月	7月	8月	9月	10月	11月	12月	全年	天数
舒适区域						29%					29%			4.9%	18
被动式调节策略	被动式太阳能采暖				10%	29%					35%			6.3%	23
	自然通风					33%	93%	33%	47%	100%				25.5%	93
	建筑蓄热性				26%	71%	13%			43%	53%			17.3%	63
	建筑蓄热性+夜间通风				26%	71%	13%			43%	53%			17.3%	63
	直接蒸发冷却降温													0%	0
	间接蒸发冷却降温					33%	13%			43%				7.4%	27
	总计(合并重叠区域)				26%	71%	93%	33%	47%	100%	53%			35.3%	129

杭州

		1月	2月	3月	4月	5月	6月	7月	8月	9月	10月	11月	12月	全年	天数
舒适区域					4%	55%					35%			7.9%	29
被动式调节策略	被动式太阳能采暖				17%	20%					20%			4.9%	18
	自然通风					10%	84%	35%	32%	100%				21.6%	79
	建筑蓄热性				42%	45%				83%	45%			17.8%	65
	建筑蓄热性+夜间通风				42%	45%				83%	45%			17.8%	65
	直接蒸发冷却降温													0%	0
	间接蒸发冷却降温					10%				83%				7.7%	28
	总计(合并重叠区域)				42%	45%	84%	35%	32%	100%	45%			31.8%	116

续表

城市	建筑生物气候图	策略年化效率示意图	被动式气候调节策略各月有效时间比														
					1月	2月	3月	4月	5月	6月	7月	8月	9月	10月	11月	12月	全年	天数
南京			舒适区域						42%				37%	12%			7.7%	28
			被动式调节策略	被动式太阳能采暖				32%	31%					31%			7.9%	29
				自然通风					12%	85%	21%	35%	63%				17.8%	65
				建筑蓄热性				50%	58%	40%			63%	46%			21.4%	78
				建筑蓄热性+夜间通风				50%	58%	40%			63%	46%			21.4%	78
				直接蒸发冷却降温					12%								1.1%	4
				间接蒸发冷却降温					12%	40%			63%				9.6%	35
				总计(合并重叠区域)				50%	58%	85%	21%	35%	63%	46%			29.9%	109
					1月	2月	3月	4月	5月	6月	7月	8月	9月	10月	11月	12月	全年	天数
苏州			舒适区域					14%	41%	26%			44%	7%			11.0%	40
			被动式调节策略	被动式太阳能采暖				21%	21%				24%	25%			7.7%	28
				自然通风					17%	45%	39%	45%	28%				14.5%	53
				建筑蓄热性				39%	59%	44%			56%	43%			20.0%	73
				建筑蓄热性+夜间通风				39%	59%	67%			56%	43%			21.9%	80
				直接蒸发冷却降温					17%				12%				2.5%	9
				间接蒸发冷却降温					17%	74%			28%				9.9%	36
				总计(合并重叠区域)				39%	59%	67%	39%	45%	56%	43%			29.0%	106

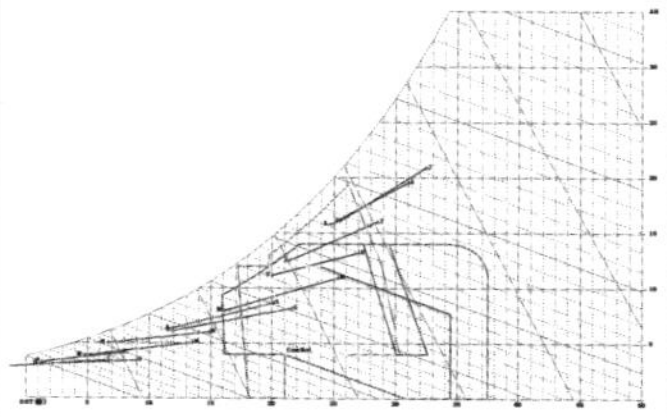

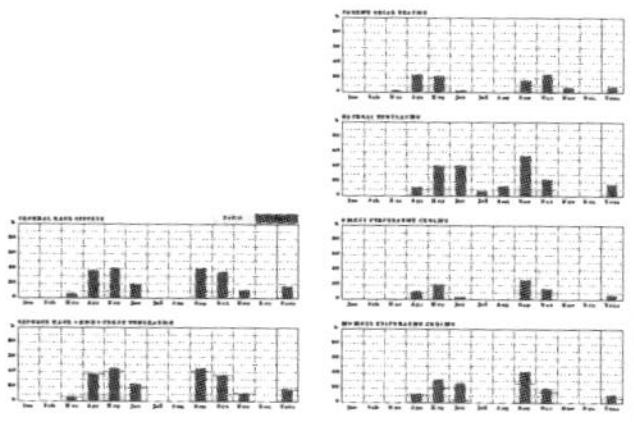

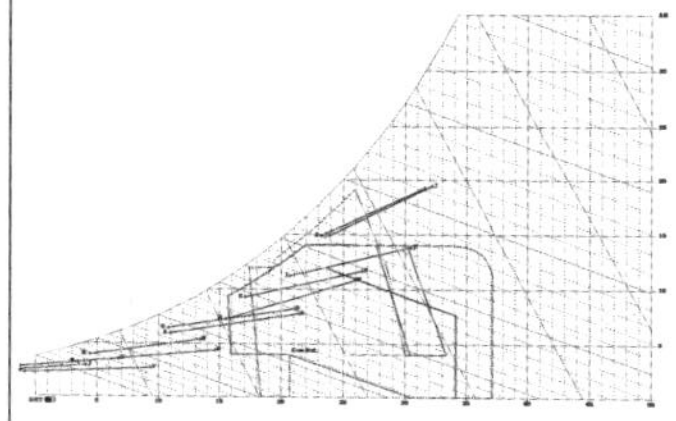

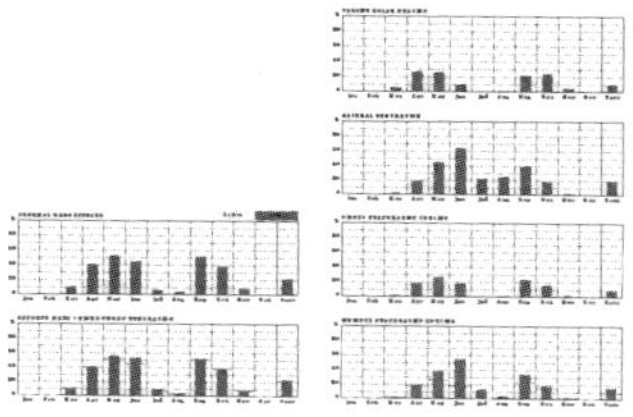

续表

城市	建筑生物气候图	策略年化效率示意图	被动式气候调节策略各月有效时间比														
					1月	2月	3月	4月	5月	6月	7月	8月	9月	10月	11月	12月	全年	天数
合肥			舒适区域					8%	45%					25%			6.6%	24
			被动式调节策略	被动式太阳能采暖				16%	18%					17%			4.4%	16
				自然通风					32%	74%	28%	42%	95%				22.5%	82
				建筑蓄热性				44%	55%				23%	46%			14.0%	51
				建筑蓄热性+夜间通风				44%	55%				23%	46%			14.0%	51
				直接蒸发冷却降温													0%	0
				间接蒸发冷却降温					32%				23%				4.7%	17
				总计(合并重叠区域)				44%	55%	74%	28%	42%	95%	46%			32.1%	117
					1月	2月	3月	4月	5月	6月	7月	8月	9月	10月	11月	12月	全年	天数
安庆			舒适区域					5%	16%					19%			3.3%	12
			被动式调节策略	被动式太阳能采暖				19%	16%					19%			4.7%	17
				自然通风					68%	75%	6%	21%	100%				22.5%	82
				建筑蓄热性				43%	16%				53%	43%			12.9%	47
				建筑蓄热性+夜间通风				43%	16%				53%	43%			12.9%	47
				直接蒸发冷却降温													0%	0
				间接蒸发冷却降温					68%				53%				10.1%	37
				总计(合并重叠区域)				43%	68%	75%	6%	21%	100%	43%			29.6%	108

注：各城市具体的分析结果可详见附录。

（表格来源：笔者自绘）

从分析结果可以看出，长三角地区适宜的气候调节策略为自然通风、建筑蓄热性、间接蒸发冷却、被动式太阳能采暖，可分别增补的舒适时间比约为 21%、18%、8%、6%。在长三角地区综合应用这些策略，可大幅度提高建筑室内的热舒适度。以策略的有效时间长短为评判依据(图 3.5)，各策略的应用效率排序①为：自然通风＞建筑蓄热性＋夜间通风＞建筑蓄热性＞间接蒸发冷却＞被动式太阳能利用＞直接蒸发冷却。应用效率排序可以帮助建筑师判断以下内容：在长三角范围内，何种策略应用效率高，是一定要采取的；何种策略应用效率低，在条件有限的情况下可不作考虑。

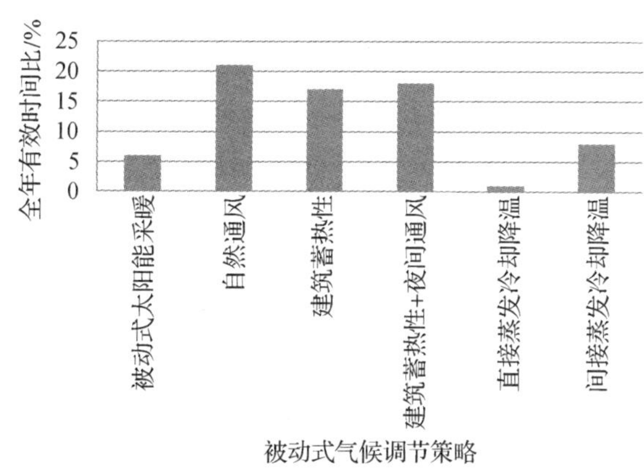

图 3.5　长三角地区 6 种主要的被动式气候调节策略的全年有效时间比

(图片来源：笔者自绘)

同时，在清华大学夏伟博士研究成果"全国各被动式设计措施的潜力分布图"的基础上，笔者绘制了长三角地区各被动式设计策略的应用潜力分布图(图 3.6)，可以更直观地显示各策略的空间分布规律。

① 被动式太阳能利用更适用于东北部平原地区，西南山地丘陵地区受地形地貌的影响，太阳辐射量和日照相对较少，因而被动式太阳能利用率相对较低。

② 建筑蓄热性策略的应用潜力北高南低，自然通风策略的应用潜力南高北低。南京、苏州等相对北部的城市应更注重增加建筑围护结构的蓄热性能，而杭州等相对南部的城市应更注重自然通风策略的运用。

③ 通过建筑蓄热性能结合夜间通风策略同时发挥效用，与仅通过建筑蓄热性能策略相比，能够增补的舒适时间相差不大，因而设计上主要考虑增加建筑围护结构的蓄热性能即可。

④ 直接蒸发冷却主要适用于干燥气候区，该策略在长三角地区应用效率低、作用小，因而在设计中可不作考虑。间接蒸发冷却能够达到降温但不会增加空气湿度的效果，在长三角地区更为适用。

① 本节中策略的有效性、应用潜力等排序是以该策略的有效时间长短为评判依据。有效时间是指该策略采用后可提升的舒适时间，表示该策略实现舒适的能力。能够提升的舒适时间越长，则该策略的有效性越强，应用潜力越大。此外，这里的有效性并不等同于被动式设计策略的绝对贡献，因为在主动式机械设备工作时，如围护结构的蓄热性等仍然起到了一定的作用，但并不包含在这里的有效性中。

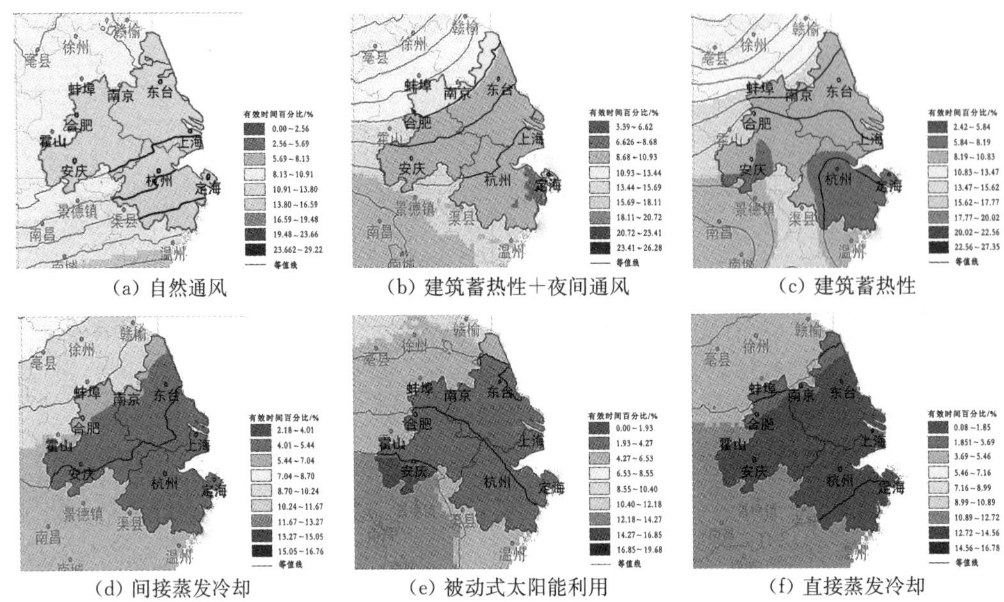

(a) 自然通风　(b) 建筑蓄热性＋夜间通风　(c) 建筑蓄热性

(d) 间接蒸发冷却　(e) 被动式太阳能利用　(f) 直接蒸发冷却

图 3.6　长三角地区各被动式设计策略的应用潜力分布图

（图片来源：夏伟. 基于被动式设计策略的气候分区研究[D]. 北京：清华大学，2009. 笔者修改绘制）

3.2　地貌环境

3.2.1　地形地貌：平原水网、山地丘陵、滨海岛屿

长三角地区的地貌环境可大致分为平原水网、山地丘陵、滨海岛屿 3 种类型。

1) 平原水网

江苏省的南部、浙江省的北部主要为平原水网型，包括苏南平原、浙北平原和浙江东南沿海平原。其中，浙北平原包括杭嘉湖平原和宁绍平原。总体来看，平原是长三角地区的主体，其以太湖为中心，地形呈周高中低。此外，平原上河川纵横、湖泊密布、水资源丰富、农业发达，因此该区域素有“鱼米之乡，丝绸之府”的美称。其境内主要有江苏的太湖、金牛湖、洪泽湖，浙江的西湖、东湖、千岛湖，以及长江、淮河、京杭大运河、钱塘江等重要河流。

2) 山地丘陵

山地丘陵地貌主要位于长三角地区的西南部，包括江苏省的西南部、浙江省的西部和安徽省的中部地区，地势起伏，山脉多数呈东北—西南走向。其中浙江省的山地丘陵占 70.4%，平原占 22.4%，河流、湖泊占 5.2%，海涂占 2%，因而自古有“七山一水二分田”之说①。安徽省也是山多谷广，“八分半山一分水，半分农田和庄园”是对徽州地貌类型的总体概括，其中大山脉之间形成谷地，地势由山地向谷地依次下降，分别由中山、低山、丘陵、台地

---

① 张培坤. 浙江气候及其应用[M]. 北京：气象出版社，1999：1.

与平原组成了层级分明的地貌格局。

3）滨海岛屿

滨海岛屿主要位于长三角地区的东部沿海，包括崇明岛、舟山群岛等。其中，崇明岛是长江三角洲的冲积岛屿，是我国最大的沙岛，全岛地势平坦、土地肥沃、林木茂盛。舟山群岛则为海丘陵地貌，是浙江天台山脉向东北延伸入海的露出部分，群岛岛礁较多、星罗棋布，其中大岛海拔较高、排列密集；小岛地势较低、分布稀散①。

3.2.2 整体格局与地貌特征：破碎地貌

总体来说，长三角地区的地貌类型丰富，其中西部、南部以山地丘陵为主，东北部以平原水网为主要地貌类型。总体地势由西南向东北倾斜，丘陵、平原、水网交织形成了长三角地区独特的破碎地貌特征：河川纵横交错、湖塘星罗棋布、山间河谷盆地相间、岛礁众多分散。

按照自然地形地貌，长三角地区可大致分为3个地貌区域(图3.7)：① 平原水网。平原水网主要位于长三角地区的东北部，包含南京、无锡、常州、苏州、南通、盐城、扬州、镇江、泰州、湖州、嘉兴、上海等城市。② 山地丘陵。山地丘陵主要位于长三角地区的西南部，包含安庆、宣城、金华、台州等城市。③ 滨海岛屿。滨海岛屿主要位于长三角地区的东部沿海，主要包含崇明岛、舟山群岛等。

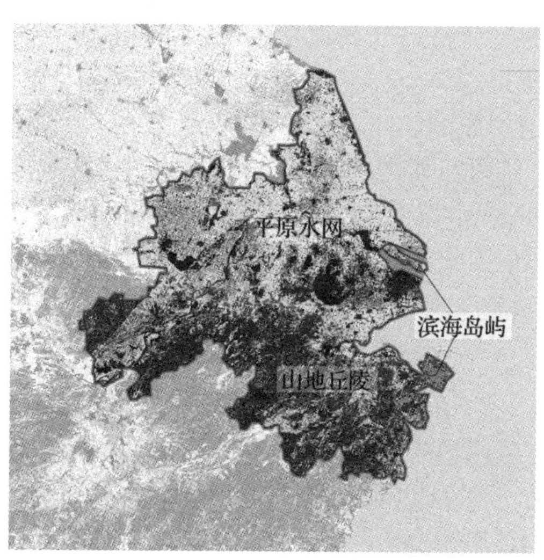

图3.7 长三角地区地貌分区

［图片来源：国家地理信息公共服务平台(https://zhfw.tianditu.gov.cn/)，笔者修改绘制］

3.3 地形气候与微气候

目前，气候系统的分类最被广泛接受与使用的是巴里(Barry)的分类方法。巴里将气候

① 张焕．舟山群岛人居单元营建理论与方法研究[D]．杭州：浙江大学，2013：8.

系统按照影响范围的大小，分为全球性气候、地区性气候、局地（地形）气候和微气候4种类型①（表3.7）。在建筑应对气候的设计中，不但要考虑大范围、大尺度的气候和地貌特征，而且还要考虑由于地形和细小下垫面构造特性而形成的“小尺度”气候。微气候，是建筑气候的主要研究范畴，也是建筑师最关心的气候范围。而微气候的营造，既受到全球性、地区性等宏观气候条件的影响，又受到地表局部地形及表面覆盖物状况的影响。

表3.7　气候系统分类

气候系统	气候系统气候特征对建筑影响范围的大致尺度		时间范围
	水平范围/km	垂直范围/km	
全球性气候	2 000	3～10	1～6个月
地区性气候	500～1 000	1～10	1～6个月
局地(地形)气候	1～10	0.01～1	1～24小时
微气候	0.1～1	0.1	24小时

（表格来源：刘念雄，秦佑国．建筑热环境[M]．2版．北京：清华大学出版社，2016：35.）

3.3.1　地形气候：地貌与气候相互作用的中观维度气候

地形气候，又称“局地气候”，是高度在1 km以下的10 km水平范围内的小气候。对地形气候的认知与理解，有利于形成建筑顺应地形气候的设计策略，也有利于人们在大气候中综合优选最佳的小气候，进而营造微气候尺度下的舒适气候。针对长三角地区丘陵平原水网交织、山谷相间的破碎地貌，有必要深入理解地貌与气候相互作用的机理。对地形气候的选择与适应，我国古人已有一定的认知，东汉时期王充在《论衡·寒温》篇中写道：“夫近水则寒，近火则温，远则渐微。何则？气之所加，远近有差也。”②我国传统村落与民居在选址上按照负阴抱阳、背山面水的原则，实则也是对地形气候的选择与顺应，有利于形成相对舒适的小气候环境。

地形对气候的影响，主要涉及的气候要素有空气温度、太阳辐射和风向风速。

1）空气温度

对于斜坡或低凹地带，其不同区域会产生不同层次的空气温度，冷空气比热空气密度大，因而冷空气较重，易向低凹地带或斜坡底部聚集，所以这些区域的空气温度相对较低。此外，河川、湖泊等地表水能够吸收热量，并通过蒸发降温，因而临近水体的区域白天一般较为凉爽，受水体的调节作用，其日较差③也较小。

2）太阳辐射

地形的方位会对太阳辐射照度产生影响。众所周知，在我国所处的北纬地区，南坡的太阳直射辐射最大，北坡最小，东西走向的山坡多数在早晚才会受到太阳的直射。

3）风向风速

地形对风的影响或是一个具体场地的风流模式，可以通过风洞模拟试验来具体得到。

① 杨柳．建筑气候学[M]．北京：中国建筑工业出版社，2010：23.

② 吕爱民．应变建筑：大陆性气候的生态策略[M]．上海：同济大学出版社，2003：157.

③ 日较差是指一日内气温最高值与最低值之差。

但一般情况下，建筑师通过掌握基本的空气运动原理①以及风与自然环境相互作用的规律可以简单估定风向和风速，图3.8显示了不同地形地面的气流状态。此外，地形与海陆地表温度的差异，在小范围局部地区会产生地方风，主要包括海陆风、山谷风等。在滨海地区，由于下垫面热力性质的不同，白天风从海洋吹向陆地，夜晚风从陆地吹向海洋，这种以一天为

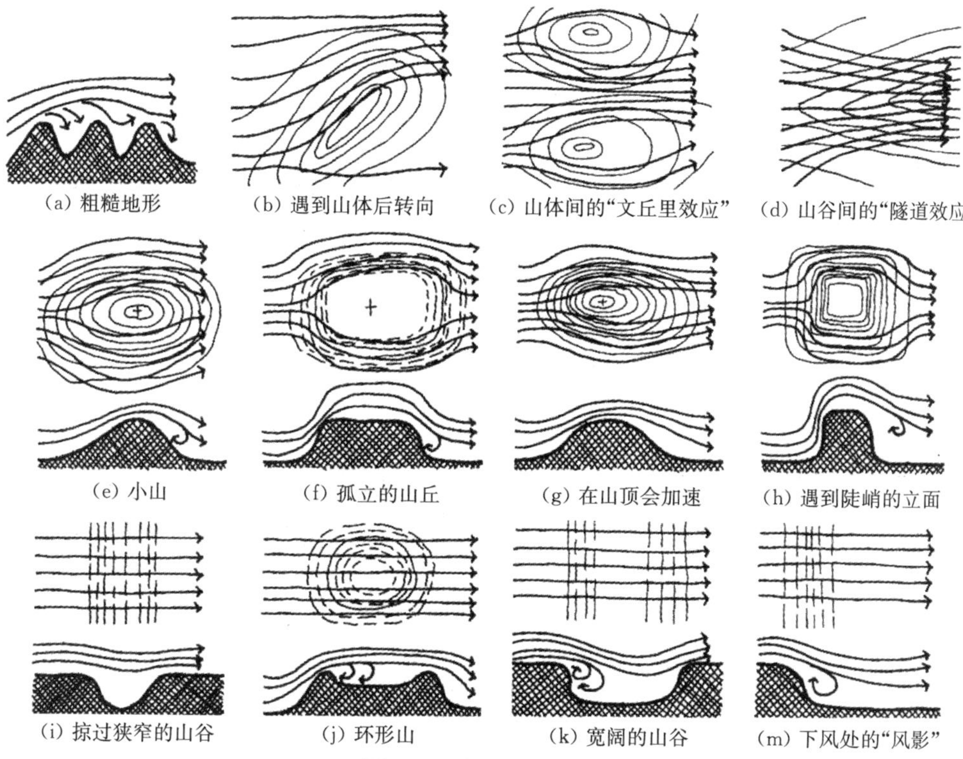

(a) 粗糙地形　(b) 遇到山体后转向　(c) 山体间的"文丘里效应"　(d) 山谷间的"隧道效应"

(e) 小山　(f) 孤立的山丘　(g) 在山顶会加速　(h) 遇到陡峭的立面

(i) 掠过狭窄的山谷　(j) 环形山　(k) 宽阔的山谷　(m) 下风处的"风影"

图3.8　地形对风的影响

注：图(b)指当风"撞上"像山丘这样的地形时将会偏向而不是静止下来。

图(c)、图(d)指根据"文丘里效应"，当风从两座山丘的中间吹过或者顺着山脉吹过峡谷时，风被挤压加速，即随着气流截面积的减小，空气的速度会增大。

图(e)、图(f)、图(g)、图(h)指当风遇到小山丘时，会在物体的迎风面上产生一个风速较高的高压区，而在物体的背风面一侧形成一个风速较低的低压区。这是由于气流在流动途中如遇障碍物则会引起气流的聚集，从而在迎风侧形成正压区，在背风侧形成负压区，气流从正压区流向负压区。同时，当风掠过物体的两侧和顶部时，风速会被提高。山坡迎风面空气速度增加，空气速度在山脊处最大，在背风处最小。

图(i)、图(j)、图(k)、图(m)指横向吹过山谷的风会直接越过狭窄的山谷，对于较宽的山谷则会先向下沉降再越过。

(图片来源：布朗，德凯. 太阳辐射・风・自然光：建筑设计策略[M]. 常志刚，刘毅军，朱宏涛，译. 北京：中国建筑工业出版社，2008：18.)

① 三个基本的空气运动原理是：一是因为摩擦，地表的气流速度比空气中小，气流速度降低的幅度取决于地面的粗糙程度，对于不同的地形，风速渐变曲线差别很大；二是因为惯性，空气在遇到障碍物之后会倾向于继续朝同一个方向运动，所以它如同液体一般将绕过物体流动，而不是从物体上弹开并朝任意的方向运动；三是空气会从气压较高的区域流向气压较低的区域。

周期而转换风向的风系称为海陆风①。在临水地区，从水面吹向陆地的风，对水域周边有明显的降温作用。在山地丘陵地区，由于山坡与山谷的受热不均，白天风从山谷顺着地表吹上山坡，夜晚风从山坡吹向山谷，图 3.9 显示了山谷风的日循环模式。值得注意的是，山谷风足以改变一个地区某一季节的主导风向。例如，在浙江省的西部地区，由于山谷风的作用，形成了全年平行于河谷方向的 ENE(东北偏东风)主导风向②。

日出时分，风开始从峡谷的两侧开始向上流动　上午，整个峡谷中形成热循环　中午，风向峡谷上方流动

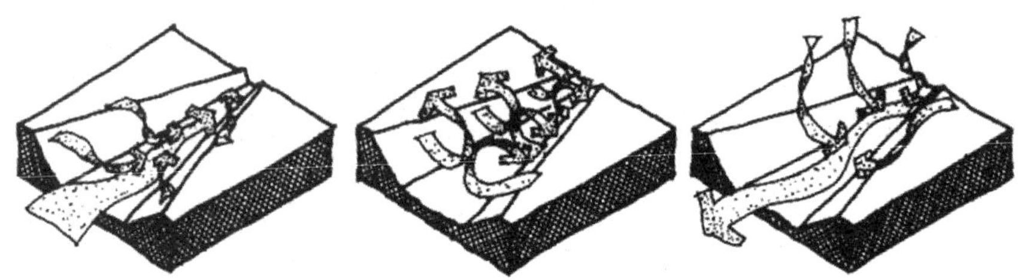

日落时分，峡谷两侧的气流开始向下沉积　晚上，整个峡谷形成反向的热循环　午夜时分，气流向峡谷下方流动

图 3.9　山谷风的日循环模式

（图片来源：布朗，德凯. 太阳辐射·风·自然光：建筑设计策略[M]. 常志刚，刘毅军，朱宏涛，译. 北京：中国建筑工业出版社，2008：19.）

在具体的设计中，可以依据地形气候状况和建筑功能需求，选择“阳光＋风”“遮阳＋风”“阳光＋避风”“遮阳＋避风”等组合模式，判断该地区建筑选址的适宜性。但长三角地区夏热冬冷的双极气候特征使选择在某种程度上变得复杂且矛盾，这就需要从更宏观的需求出发进行综合考量。尽管在大多数情况下，被选择的地形气候不能完全满足人体的舒适需求，但可以缩小自然气候与人体舒适需求之间的差距，降低修正气候的成本③。

3.3.2　微气候：与建筑室内环境直接相关的微观维度气候

在近地面大气层中，某个地区可能具有与本地区一般气候有所不同的气候特点，为此气候学家提出了“微气候”(microclimate)的概念。微气候的定义是“由细小下垫面构造特性所决定的、发生在地表(一般指土壤表面)1.5～2.0 m 大气层中的气候特点和气候变化”，它对

① 刘念雄，秦佑国. 建筑热环境[M]. 2 版. 北京：清华大学出版社，2016：46.

② 王建华. 基于气候条件的江南传统民居应变研究[D]. 杭州：浙江大学，2008：151.

③ 吕爱民. 应变建筑：大陆性气候的生态策略[M]. 上海：同济大学出版社，2003：157.

人的活动和建筑设计影响最大①。微气候研究的是水平方向在1 km以内、高度在100 m以下的一个有限区域范围内的气候状况。小范围的地域微气候主要由小尺度场地环境内的太阳辐射、风向风速等气候要素以及场地的地形、方位、土壤特性、植被、水体等地貌要素共同作用,因而具有不同的气候特点②。

建筑气候的主要研究对象是建筑室内外特定范围的气候要素的特性,这属于微气候的研究范畴,分为室外气候与室内气候③(表3.8)。室内气候是与人体直接作用的、与人体舒适与否直接相关的气候环境。室外气候涉及诸如植被树木和周边建筑对风向、风速以及日照遮挡等方面的影响,是与建筑发生直接联系的建筑周围的局部环境,调整建筑周围的微气候能够为进一步改善室内热环境创造条件。总体而言,气候范围的区分取决于应用的目的,气候系统对建筑影响尺度的大小差异,将形成不同的气候设计维度。

表3.8　微气候系统分类

气候系统		气候系统气候特征对建筑影响范围的大致尺度		时间范围
		水平范围/km	垂直范围/km	
微气候	建筑室外气候	0.1～1	0.1	24小时
	建筑室内气候	0.01～0.1	0.01	24小时

(表格来源:杨柳. 建筑气候学[M]. 北京:中国建筑工业出版社,2010:23.)

3.4　本章小结

本章对长三角地区的地域环境进行了认知与解读。首先,对该地区大尺度的气候环境和地貌环境进行解析,对主要的气候特征进行梳理和归纳,指出长三角地区主要应对的建筑气候问题是夏热、冬冷、潮湿、静风,并阐述了不同气候区局地气候的特殊性。随后,基于建筑气候分析方法,依托Weather Tool气候分析工具,对长三角地区部分代表性城市进行气候分析,得出该地区适宜的气候调节策略为自然通风、建筑蓄热性、间接蒸发冷却、被动式太阳能采暖。同时,对各策略的应用效率进行排序(自然通风＞建筑蓄热性＋夜间通风＞建筑蓄热性＞间接蒸发冷却＞被动式太阳能利用＞直接蒸发冷却),对各策略的时空分布规律进行分析,为后续地域性绿色建筑营建策略的建构提供参考依据;将地形地貌大致分为平原水网、山地丘陵、滨海岛屿3种类型,并将地貌特征归纳为破碎地貌。最后,针对小尺度的地形气候及微气候进行认知,尤其是对地形和细小下垫面构造特性对气候因素的作用机制进行理解,解析其对地域性绿色建筑设计的影响。

不同维度下气候与地貌环境因素对建筑营建影响的差异,形成了人们营建活动应对环境的态度,人们无力改变大尺度的环境因素,但人的营建活动可以适应宏观尺度的环境作用、影响中观尺度的环境调整,进而创造微观的人居环境,以此逐级修正环境条件与人居需求的偏差。

---

① 刘念雄,秦佑国. 建筑热环境[M]. 2版. 北京:清华大学出版社,2016:38.

② 杨柳. 建筑气候学[M]. 北京:中国建筑工业出版社,2010:23.

③ 杨柳. 建筑气候学[M]. 北京:中国建筑工业出版社,2010:23.

4 既有建筑“在地营建智慧”的凝练与“地域基因库”的建立

既有建筑是长期适应气候、地貌等自然条件的有机产物，其中所体现出的朴素的在地智慧与应对手段，能够为当代绿色建筑营建体系的建构提供在地的借鉴与参照。因而，凝练、研选长三角地区的“在地营建智慧”，建立其绿色建筑营建模式的“地域基因库”是地域性绿色建筑营建策略与方法建构的基础。

建筑形态是建筑“在地营建智慧”的外显形式。建筑形态的基本内涵是建筑的外在形式与内在组织结构的统一，其中，外在表现多依赖于建构而成的实体，而其内在组织结构则多受建筑空间布局的制约①。因此，构成建筑形态的客观主体包含建筑的实体与空间，两者相互依存、相互影响。对于地域性绿色建筑营建而言，气候与地貌要素在建筑形态的产生过程中起到了重要作用，为适应地域的气候与地貌特征，建筑的建构方式与空间形态产生了相应的在地应对策略。此外，界面构造作为建筑中应对气候要素的重要过滤器与动态调节装置，也应被纳入重点研究的对象。因此，本章主要从建构方式、空间形态、界面构造三方面入手，凝练长三角地区既有建筑应对气候、地貌要素的“在地营建智慧”（图 4.1）。

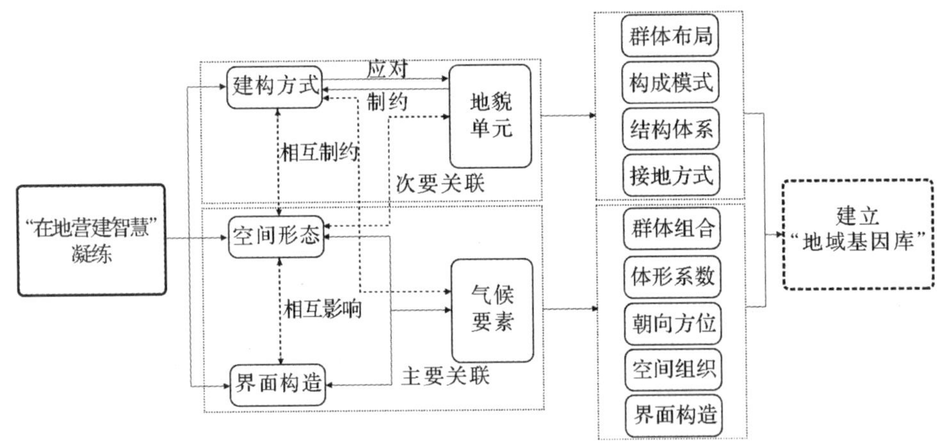

图 4.1 “在地营建智慧”凝练与“地域基因库”建立的基本逻辑

（图片来源：笔者自绘）

其中，建构方式主要指建筑的建构模式及其表现出的实体形态，主要关联于地区的地貌环境，包括形态格局对地貌的适应及建筑的接地方式等；而空间形态主要关联于建筑微气候的营造，对室内热环境、风环境的塑造起到了重要作用；界面构造在以气候与地貌为视角下的地域性绿色建筑营建中，控制着气候要素的分离与渗透，调控着建筑对气候要素的“防”

① 卢济威，王海松. 山地建筑设计[M]. 北京：中国建筑工业出版社，2001：71－72.

"适""用"。需要说明的是，气候与地貌并非相互之间完全独立的要素，因而地貌单元与建构方式的关联，气候要素与空间形态、界面构造的关联并非绝对，只是为了便于分类归纳、解析而划分的主要关联性。例如，长三角地区既有建筑的群体构成多以单元的灵活组合适应破碎地貌的特征，即空间形态的"在地营建智慧"也体现了对地貌单元的适应。

值得一提的还有，本书主要讨论的是地域性绿色建筑营建，因此在分析样本的选取上，主要选取具有普适特征的既有建筑案例，而对个别特殊情况不做讨论，以凝练长三角地区既有建筑中共同、普适的营建模式。本书不关注由于社会因素、历史因素等形成的纷繁复杂的建筑外在形态表征，而是重点揭示形式背后适应气候与地貌特征的生态语汇与技术原型。

本章将从建筑空间形态、界面构造应对气候要素的在地智慧以及建筑建构方式应对地貌单元的在地智慧两大方面对长三角地区既有建筑的"在地营建智慧"进行凝练和总结。

4.1 建筑空间形态、界面构造应对气候要素的在地智慧

4.1.1 群体组合：整体的规模效应与单元的空间层级

1）整体的规模效应

长三角地区的既有建筑通常成片建造，整体上形成了一定的规模效应。从气候的视角探析，其主要原因有两点：其一，单体建筑出挑的屋檐为自身的墙体、门窗等界面提供了"自遮阳"，而集中的建筑体量能够使得建筑之间形成"互惠遮阳"的模式，让群体内的下垫面与墙体均掩护在屋檐的阴影之下，从而减少建筑直接暴露在阳光下的外表面积。在炎热的夏季，自遮阳与互惠遮阳共同营造了群体内部凉爽、舒适的微气候环境。其二，由体形系数的定义①$\left(f=\dfrac{F}{V}\right)$和相关研究中引入的建筑形状因子②$\left(k=\dfrac{L^2}{S}\right)$的概念可知③：

$$f=\frac{F}{V}=\frac{nhL+S}{nhS}=\frac{L}{S}+\frac{1}{nh}=\sqrt{\frac{k}{S}}+\frac{1}{nh}=\sqrt{\frac{nhk}{V}}+\frac{1}{nh} \tag{4.1}$$

式中：f 为体形系数；F 为建筑外表面积；V 为建筑所围合的体积；L 为建筑底平面周长；S 为建筑底平面面积；n 为建筑层数；h 为建筑层高；k 为建筑形状因子。

由此得出，建筑形状因子(k)明确的条件下，当建筑层数(n)、建筑层高(h)确定时，即当建筑总高度取定值时，体形系数(f)与体积(V)成反比，体积越大，体形系数(f)值则越小(图 4.2)。因此，成片建造的模式能够减小建筑群体的体形系数，减少与外界进行热量交换的"通道"。这在夏热冬冷气候特征显著的长三角地区，对于减少夏季得热、冬季失热均十分有利。

① 体形系数是建筑物与室外大气接触的外表面积和其所包围的体积之比，即单位建筑体积所占有的外表面积。引自付祥钊. 夏热冬冷地区建筑节能技术[M]. 北京：中国建筑工业出版社，2002.

② 建筑形状因子(k)的定义用于描述不同的底面形状特征，当底面形状确定之后，建筑形状因子(k)值也得到确定。形状因子的定义为 $k=L^2/S$，其中 L 为建筑底平面周长，单位为 m；S 为建筑底平面面积，单位为 m^2。引自刘仙萍，丁力行. 建筑体形系数对节能效果的影响分析[J]. 湖南科技大学学报(自然科学版)，2006，21(2)：25－28.

③ 王建华. 基于气候条件的江南传统民居应变研究[D]. 杭州：浙江大学，2008：73.

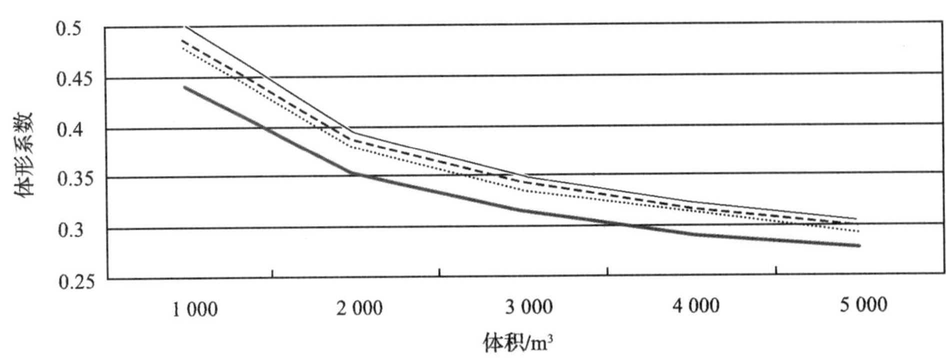

图 4.2　体形系数与体积的变化关系

（图片来源：王建华. 基于气候条件的江南传统民居应变研究[D]. 杭州：浙江大学，2008：73.）

2）单元的空间层级

长三角地区既有建筑平面的基本形制特征是一层或两层住宅（少量为三层）围绕一个天井的模式，主要有三合天井型和四合天井型两种。在此基础上，依据两侧为厢房还是厢廊又分为四种基本模式（表 4.1），部分研究中称之为“三间两搭厢”、“对合”、两廊式“三间两搭厢”和两廊式“对合”①②。大多数民居的平面形式是以其中一种或两种模式作为基本单元，进行拓扑变换、叠加与重复组合，从而形成了长三角地区纷繁丰富的乡土平面形态。

表 4.1　长三角地区既有建筑单元平面的基本形制

基本模式	“三间两搭厢”	两廊式“三间两搭厢”	“对合”	两廊式“对合”
组合模式	相向串联　相背串联	相向串联　相背串联	相向串联　相背串联	相向串联　相背串联

（表格来源：笔者自绘）

① 闵天怡，张彤. 苏州地区既有建筑“开启”要素的气候适应性浅析[J]. 西部人居环境学刊，2015，30(2)：25－35.

② “三间两搭厢”是由三面的房屋和一面的墙体围合天井的模式，居中的正室为三开间，两侧的厢房各为一开间，正房对面为高墙，墙上开门。“对合”是由房屋四面围合天井的模式，其中正房被称为上房，与正房相对的被称为下房，大门大多开于下房的中央处。引自吴亚琦. 江南水乡传统民居中缓冲空间的低能耗设计研究[D]. 南京：东南大学，2015.

在每一单元中，基本遵循着“天井—檐廊—堂屋—卧室”的空间序列，呈现出从开敞逐渐过渡到封闭的空间层级，创造了丰富的气候梯度。其实我国古人很早就对气候的层级性有所认识，《易经》中有“太极生两仪，两仪生四象，四象生八卦”，其中“四象”为“太阳、太阴、少阳、少阴”，是对“阴”“阳”之间层级的进一步划分。因此，空间层级的划分不仅是私密性的过渡、区分，也是单元内创造气候梯度的表现，这与“逐级调整、趋向舒适”的建筑气候调节原理相符合。

4.1.2 体形系数：形体规整与较小的体形系数

体形系数是体现建筑热工性能的一项重要指标。有研究表明，体形系数每增加 0.01，耗能量指标增加约 2.5%，因此体形系数的大小对建筑能耗的大小具有相当显著的影响①。在长三角地区，既有建筑的平面多为规整的矩形，有时也应地形变化做出一些灵活的调整与处理。同时，建筑单体之间组合紧密，也常共享墙体、联排筑屋，减少暴露在外的面积。总体而言，建筑形体简洁、规整，减少了不必要的凹凸变化，控制体形系数在较低的水平。

研究表明，在常见的平面形式中，对于底面面积相同的建筑，圆形平面体形系数最小，正方形次之，矩形相较之下则体形系数偏大，且矩形的长宽比越大，体形系数越大(表 4.2)。而考虑到地形适应能力与功能合理安排的需求，矩形平面相较于圆形、正方形平面则更为有利。其中，长宽比为 1.5∶1 的矩形平面与正方形平面相比，体形系数的增加量仅为 1.875%。相关调查统计显示②，长三角地区民居平面的面宽大多为 15 m 左右，进深约为 10 m，恰好是长宽比约 1.5∶1 的矩形平面，与控制较小的体形系数的需求相吻合。

表 4.2 底面面积为 100 m² 时不同平面形状的体形系数增加比

平面形状	边长比	周长/m	体形系数增加比/%
正方形	1∶1	40	
矩形	1∶1.5	40.75	1.875
	1∶2	42.42	6.05
	1∶2.5	44.31	10.775
	1∶3	46.24	15.6
	1∶4	50.00	25.0
	1∶5	53.64	34.1
L 形	7∶4.28∶3	42.56	6.4
	6∶5∶5.66	45.2	13.0
六边形		37.2	−7
八边形		36.48	−8.8
圆形		35.44	−11.4

(表格来源：克里尚. 建筑节能设计手册：气候与建筑[M]. 刘加平，张继良，谭良斌，译. 北京：中国建筑工业出版社，2005：53.)

综上，长三角地区既有建筑控制体形系数的“在地营建智慧”可总结为以下三点：

① 曹毅然，陆善后，范宏武，等. 建筑物体形系数与节能关系的探讨[J]. 住宅科技，2005，25(4)：26－28.

② 王建华. 基于气候条件的江南传统民居应变研究[D]. 杭州：浙江大学，2008：68.

① 集中建筑体量，形成一定的规模效应；

② 共享建筑墙体，采用同山共脊的拼合方式以减小外表面的面积；

③ 规整建筑形体，平面形式简洁，多采用近似正方形或长宽比约为 1.5∶1 的矩形平面形式。

4.1.3 朝向方位：综合太阳辐射与风向的朝向选择

当建筑物为正南朝向时，一般长宽比越大得热越多；当偏角达 67°左右时，各种长宽比的建筑物得热基本趋于一致；当偏角达 90°时，则长宽比越大得热越少①。因此，除体形系数之外，建筑的朝向与方位也是控制建筑热负荷、节约能源消耗的重要因素之一。

对长三角地区部分既有建筑的朝向统计结果②显示，大多数民居面朝南向、东南向或西南向，主要在南偏东 15°至南偏西 15°范围之内。然而，在山地丘陵地区因受山脉、河谷的影响，山谷风的变化较为复杂，所以呈现出更为灵活的建筑朝向。例如，部分徽州民居建筑入口的位置并不位于主轴线上，而是偏居一隅，就是为了使建筑组合的开口尽量与夏季主导风向保持一致③。而在平原水网地区，顺水而建的宅院则会选择朝向河道，即小气候中风的通道，以充分利用水体的生态作用调节温差。

总之，长三角地区民居朝向与方位的选择，多顺应日照朝向与主导风向，是对获取太阳辐射与促进自然通风等因素的综合考量。建筑总体上坐北面南，在与夏季主导风向入射角小于 45°的朝向上，符合在不同季节趋利避害的基本准则，在夏季尽可能减少太阳辐射进入室内并有利于顺导自然通风，在冬季尽可能地接纳阳光并规避冷风的侵袭。

4.1.4 空间组织：内聚型的格局与可调节的气候缓冲空间

长三角地区民居的空间组织特征主要表现为内聚型的格局、合理的通风组织与可调节的气候缓冲空间的设置。建筑两侧通常为封闭的实墙，而内部面向天井的一侧则设置通透性强的隔扇门窗，尽可能地开敞。这种围绕天井进行空间组织的内聚型格局，有利于抵御外界不良气候的影响，塑造建筑内部相对稳定、舒适的微气候环境。在通风组织方面，建筑内部尽量保证室内风流动方向上的畅通无阻，风压效应产生的穿堂风与天井热压效应形成的拔风相结合，共同营造夏季良好的通风效果。

此外，在民居中设有大量的具有调节功能的气候缓冲空间④，进一步防止、减弱极端气候的不利影响。天井、檐廊、冷巷等缓冲空间共同形成了有序、高效的气候调节系统。

1）天井

天井是民居空间组织的关键元素，是建筑内部重要的气候调节空间。大量实测研究表

---

① 曹毅然，陆善后，范宏武，等. 建筑物体形系数与节能关系的探讨[J]. 住宅科技，2005，25(4)：26-28.

② 王建华. 基于气候条件的江南传统民居应变研究[D]. 杭州：浙江大学，2008：126.

③ 赵群. 传统民居生态建筑经验及其模式语言研究[D]. 西安：西安建筑科技大学，2005：143.

④ 气候缓冲空间，顾名思义是对内外气候环境起到缓冲作用的空间，指通过建筑群体之间的组合关系、建筑实体组织或建筑界面设计等策略，在建筑与外界气候环境之间建立一个缓冲区域，在一定程度上防止极端气候变化的影响，为建筑内部提供良好的微气候环境，以尽量满足使用者的舒适需求。引自宋晔皓，栗德祥. 整体生态建筑观、生态系统结构框架和生物气候缓冲层[J]. 建筑学报，1999(3)：4-9+65.

明，天井对组织热压通风、减小室内环境温度波动、产生室内外温度的时滞效应起到了积极的作用。由于地貌条件的差异，不同地区天井的平面尺度不同，具体表现为山地丘陵地区由于日照偏少，大多数天井的长宽比大于 2，呈东西向长条状以获得更多的太阳照射；而在平原水网区域，大多数天井长宽比小于 1.5，更为方正的天井平面能够在夏季获取更多的阴影①。尽管天井在平面尺度上有一定的差异性，但以拓扑几何学的角度来看，其几何结构关系是一致的，对气候缓冲、调节的机理是相同的。

民居中天井的平面尺寸通常在 2～5 m 之间，高度为建筑高度（2～3 层），窄而高的竖向空间有利于形成热压通风效应。在白天，天井四周的墙壁遮挡太阳辐射，使得天井内的空气温度较低，此时室内气温较高，冷空气在热压的作用下由天井流向室内；在夜晚，天井内的空气受到周边建筑加热上升，但随后在屋顶处受冷却下沉，继而渗透进入建筑内部，发挥降温作用（图 4.3）。民居内一层毗邻天井的堂屋通常不设隔墙或采用可拆卸的轻质隔断，以强化天井对室内热环境的影响。

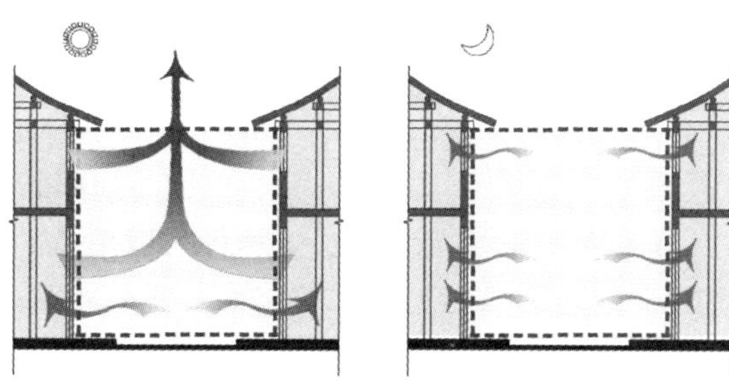

图 4.3　天井的作用机制示意

（图片来源：笔者自绘）

此外，部分民居中还采用了“变截面天井”（图 4.4）的应对智慧，从地面至屋顶天井的截面面积逐渐减小，这样能够在热压效应与“文丘里效应”②的共同作用下达到更好的通风效果。值得一提的还有“活天井”的动态应对手段，具体做法是在天井的屋檐下分设两根坚实的木条作为导木；导木上安放可活动的格栅，格栅上盖有竹席或蒙上浸过桐油的透明、防水的多层棉纸；格栅下安装滑轮，通过竹竿拨动或绳索拉动使格栅在导木上移动，从而实现天井的开合③（图 4.5）。格栅闭合，可以在夏季防止阳光直射，在冬季遮挡风雪；格栅开启，可以引入阳光、通风纳凉。“活天井”的做法体现了天井随时间变化的动态适应。

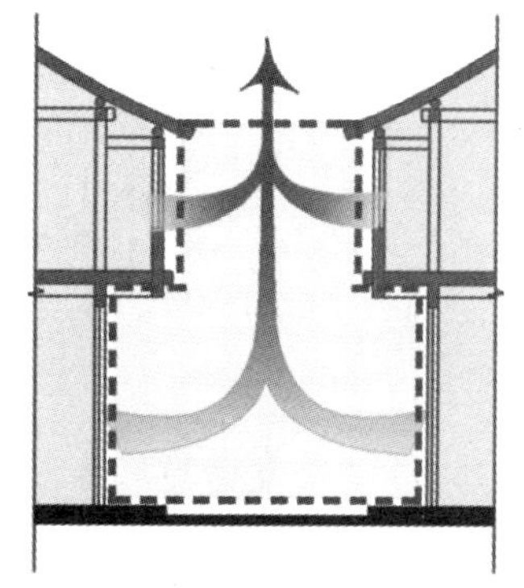

图 4.4　“变截面天井”的应对智慧示意

（图片来源：笔者自绘）

① 王建华. 基于气候条件的江南传统民居应变研究[D]. 杭州：浙江大学，2008：54－59.

② 文丘里效应，是风从较宽广的区域流至狭窄的区域时，流通的断面积减小造成气流加速的现象。

③ 吕爱民. 应变建筑：大陆性气候的生态策略[M]. 上海：同济大学出版社，2003：136.

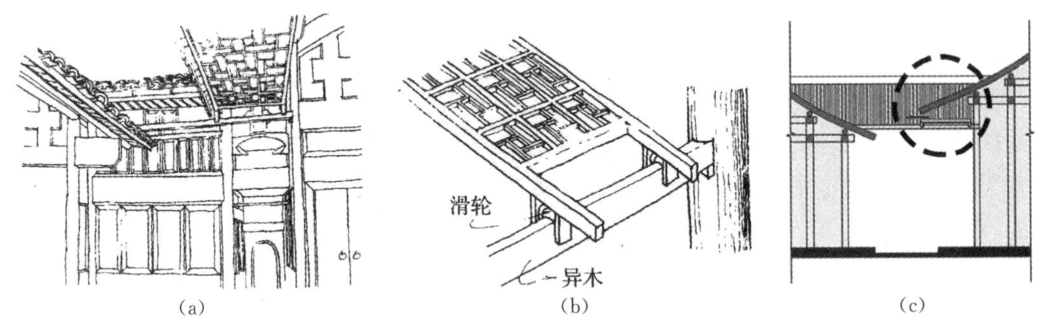

图 4.5　“活天井”的动态应对智慧

(图片来源:图(a)、图(b)来源于黄镇梁.江西民居中的开合式天井述评[J].建筑学报,1999(7):57－59;图(c)为笔者自绘)

2) 檐下空间:挑层与披檐

檐下空间是室内外的直接过渡空间,在长三角的平原水网地区运用得尤为广泛。檐下空间一般出挑远、有顶盖而无墙体围护,属于半开敞空间。在夏季,檐下空间能够有效遮挡阳光,缓解烈日对室内空间的不良影响,并能起到一定的导风作用。

依据檐出挑的位置、方式以及有无廊柱,檐下空间又可分为挑层、檐廊、骑廊等多种形式。总体上可概括为两类:挑层与披檐。一类是挑层,即二层出挑挑层扩大二层使用空间的同时为底层提供阴影。当出挑较大时,在廊柱间设置栏杆形成出挑的二层檐廊;当出挑较小时,将二层长窗装于缩进的步柱间形成后退的二层檐廊。另一类是在层间处设置的披檐。若檐下设檐柱,则形成底层的檐廊或骑廊;若无檐柱,则称为“雀宿檐”[①](图 4.6)。

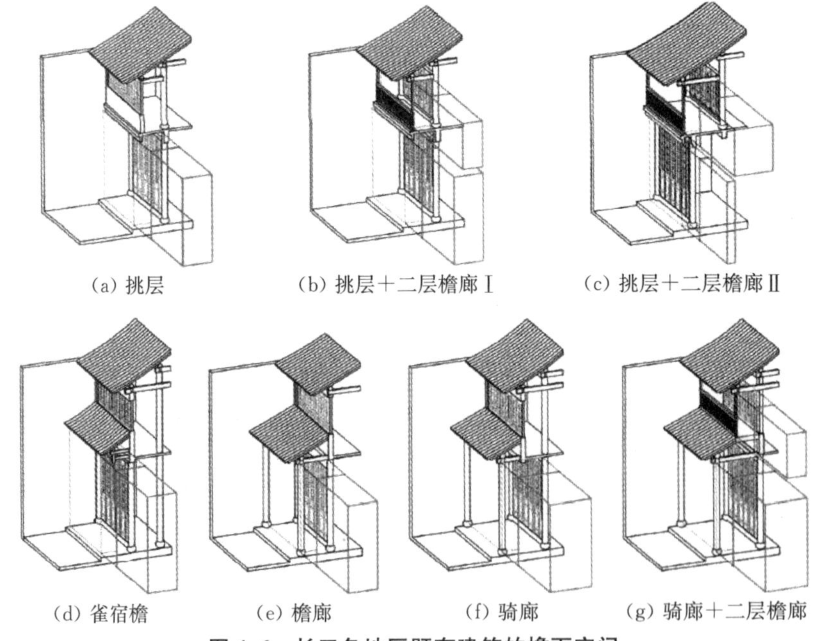

图 4.6　长三角地区既有建筑的檐下空间

(图片来源:闵天怡,张彤.苏州地区既有建筑“开启”要素的气候适应性浅析[J].西部人居环境学刊,2015,30(2):25－35.)

---

① 闵天怡,张彤.苏州地区既有建筑“开启”要素的气候适应性浅析[J].西部人居环境学刊,2015,30(2):25－35.

在长三角地区，一层檐廊大多数廊底距地面高度不超过 4 m，二层檐廊廊底距二层地面高度不超过 3 m。依据长三角地区的太阳高度角，经计算，当檐廊与骑廊的高宽比控制在 1.7 以内可获得 80%的阴影深度，雀宿檐与挑层的高宽比控制在 3.5 以内可获得 50%的阴影，二层檐廊的高宽比控制在 1.1 以内可获得 90%以上的阴影深度①。适宜的廊高与廊宽，保证了檐廊在夏季能够有效地遮阳避雨，并在冬季让阳光直接进入室内，尽可能地纳阳采暖。

3) 冷巷与备弄

长三角地区民居垣墙之间宽度 1 m 左右的巷道称为“冷巷”。因宽度窄小且两侧为高直无窗的山墙，巷道内无阳光的直接照射，使巷道内的气温明显低于外界温度；夜晚两侧建筑墙体散热，巷道内的空气加热上升，形成热压效应，迅速带走了墙体散发的热量(图 4.7)。备弄(也称“避弄”)与冷巷的调节、缓冲机理类似，是规模较大的多进多院落宅院中主要轴线建筑旁的纵向狭长空间②，连接前后院落与建筑。备弄内的空间通畅且开口少，因而空气流动速度快，由流体力学的伯努利方程可知③，备弄内的气压相对较小；同时，备弄不受阳光的直射，因而气温也相对较低。在热压、风压的共同作用下，备弄中的空气呈水平向加速流动，从而带动建筑与院落之间的空气流通，增强建筑内部整体的通风效果(图 4.8)。

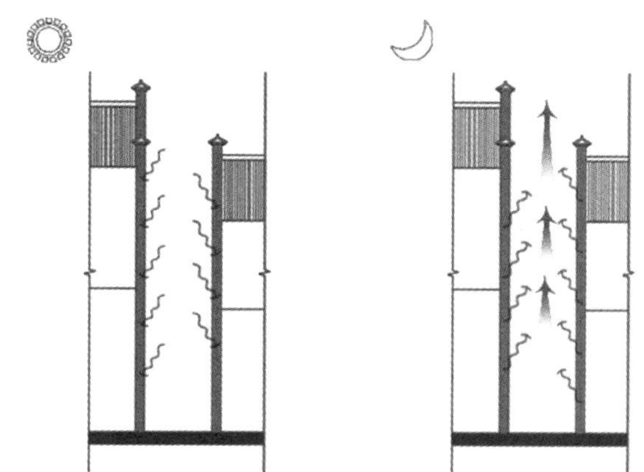

图 4.7 冷巷界面的吸热散热示意

(图片来源：笔者自绘)

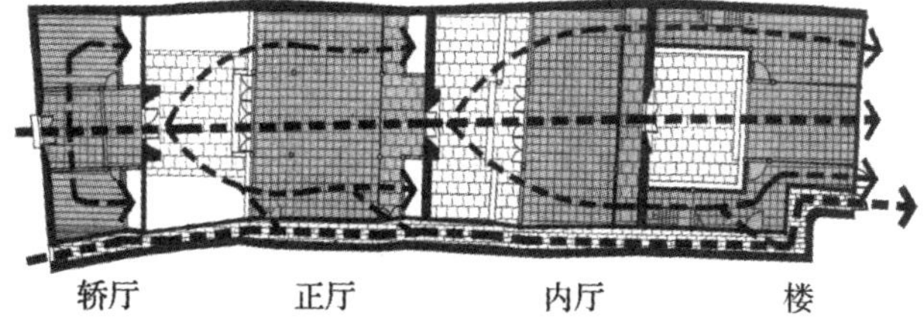

图 4.8 苏州同里古镇崇本堂的备弄导风分析图

(图片来源：鲍莉. 适应气候的江南传统建筑营造策略初探：以苏州同里古镇为例[J]. 建筑师，2008(2)：5－12.)

① 闵天怡，张彤. 苏州地区既有建筑“开启”要素的气候适应性浅析[J]. 西部人居环境学刊，2015，30(2)：25－35.

② 鲍莉. 适应气候的江南传统建筑营造策略初探：以苏州同里古镇为例[J]. 建筑师，2008(2)：5－12.

③ 根据伯努利定律“流速与压力成反比”的原理，气流通道变小，流速增加，压力变小，从而产生吸附作用，具有捕风的效果。

部分研究将冷巷分为内外两类，包含民居外部的窄巷和内部的边弄，且实测研究验证了传统民居中冷巷的热缓冲与被动降温作用，也证明了冷巷具有较好的气候适应性①。

4.1.5 生态界面：对不同气候要素的阻隔、渗透与交换

在界面设计方面，长三角地区既有建筑具有良好的选择透过性、应变性与层次复合性，充分体现了其对不同气候要素阻隔、渗透、交换的生态性回应。

1）屋顶

屋顶界面是民居中受太阳辐射最为集中的部位，长三角地区的民居大多为坡屋面，受降雨量与太阳辐射强度的影响，坡度从北往南呈增加趋势。据调查统计，基本坡度在22°至30°范围之内②。依据相关研究计算，在相同气象参数条件下，屋顶的太阳辐射得热量双坡屋顶比平屋顶少1.22 kW/(m^2 · d)(以晴天为例)，说明双坡屋顶对减少太阳辐射得热具有明显作用③。在材料选择方面，屋面一般采用热阻大、热惰性强的瓦或望砖，砖、瓦等材料具有隔热强、导热慢、蓄热好的性能特点。热量穿过材料所需的时间长，有一定的时滞效应。这类材料在白天气温高时吸收热量并储存，在夜晚温度较低时释放热量，有利于转移午后的高温时间，具有“移峰填谷”的作用。

此外，传统民居中屋顶盖瓦与盖瓦、望砖与盖瓦之间留有一定的缝隙，缝隙间流动的空气能够将热量迅速带走，使得屋面具有通风的性能。研究表明，通过这一方法，盖瓦与望砖之间的温差可达10 ℃左右④⑤。也常在堂屋或是卧室的主梁架下设置吊顶层，在内部形成了一个积聚上升热空气的空间(图4.9)，再通过侧墙上高位的通风孔将热量排至室外。屋顶空气间层的设置能够起到良好的隔热作用，减少屋面对室内环境的热负荷。

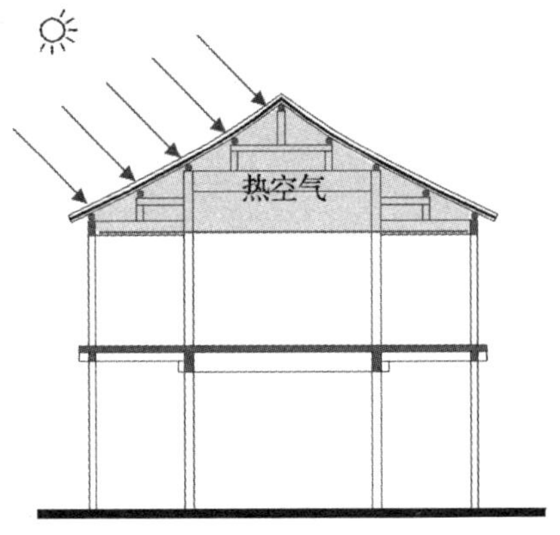

图4.9 屋顶空气间层示意

(图片来源：笔者自绘)

2）墙体

为了控制热量进出围护结构，墙体的保温隔热性能至关重要。长三角地区既有建筑墙体的在地智慧主要体现在以下三方面：

① 色彩选择。外墙通常采用白灰抹面，白色可以增加墙体反射，减少被墙体吸收的热辐射。

② 材料选用。外墙常用的建筑材料有青砖、夯土、卵石、竹笆等。针对气候特征、功能需求方面的差异，在墙体材料选择上有所不同。竹笆墙热阻与热惰性指标均较小，即导热速度、散热速度较快，因此主要适用于临海地区；卵石墙和石材墙热阻小但热惰性大，只适用于

---

① 陈晓扬，郑彬，傅秀章.民居中冷巷降温的实测分析[J].建筑学报，2013(2)：82-85.

② 王建华. 基于气候条件的江南传统民居应变研究[D].杭州：浙江大学，2008：120.

③ 宋凌，林波荣，朱颖心.安徽传统民居夏季室内热环境模拟[J].清华大学学报(自然科学版)，2003，43(6)：826-828+843.

④ 杨维菊，高青，徐斌，等.江南水乡传统临水民居低能耗技术的传承与改造[J].建筑学报，2015(2)：66-69.

⑤ 张丹，毕迎春，田大方. 传统建筑中蕴含的节能技术[J]. 华中建筑，2008，26(12)：153-155.

建造附属用房；青砖与夯土的热阻与热惰性指标均较好，适用于正房与长三角地区中冬季气温相对较低的区域(表 4.3)。

表 4.3　墙体建筑材料性能对比

墙体类型	卵石墙	竹笆墙	空斗墙		石材墙	夯土块墙
			空气介质	泥土介质		
厚度(mm)	350	10	290	290	80	400
热阻值($m^2 \cdot k/W$)	0.137	0.193	0.714	0.869	0.161	0.611
热惰性指标	3.000	0.617	1.56	2.753	2.753	1.011
适用范围	附属用房	临海地区	正房	正房 (山地丘陵地区)	附属用房	正房 (山地丘陵地区)

(表格来源：王建华. 基于气候条件的江南传统民居应变研究[D]. 杭州：浙江大学，2008：129. 笔者修改绘制)

③ 构造处理。外墙多以“空斗砌筑”的方式，在封闭的砖墙间形成静态的空气间层，增加墙体的保温隔热性能(图 4.10)。而在冬季温度较低的山地丘陵地区，空斗墙中的空气介质被替换为泥土介质，通过热性能计算分析，泥土介质空斗墙的热阻与热惰性指标相较于空气介质空斗墙均较高，保温隔热性能更为优异(图 4.11)。

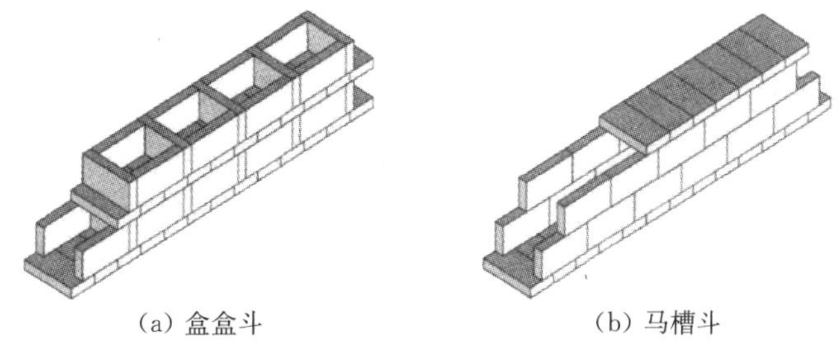

图 4.10　苏州民居空斗墙砌筑方式

(图片来源：鲍莉. 适应气候的江南传统建筑营造策略初探：以苏州同里古镇为例[J]. 建筑师，2008(2)：5－12.)

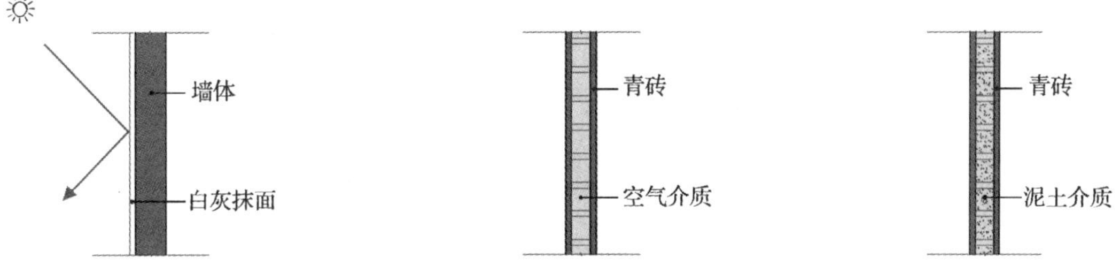

图 4.11　墙体界面构造剖面图

(图片来源：笔者自绘)

3) 地面

针对潮湿多雨的气候特征，既有建筑地面的处理手法以隔潮防潮为主要目的。尤其在平原水网地区，地下水位高，地面湿气重。通常处理的手法有两种：一是抬高宅基；二是架空地面(图 4.12)。其中，堂屋地面的做法大多是在夯实地基的基础上，铺设一层三合土，分层夯实成为隔水层，随后在三合土上铺设透水性差的石板作为面层①。更考究一些的做法是，先铺一层石灰，再铺上一层细砂，然后是等距放置倒扣的酒坛（坛内装满吸潮的石灰或是木炭），上面再铺一层细砂，最后铺设面层②。而卧室的地面则是铺设架空的木地板。木地板高于堂屋地面 30～40 cm 左右③，并在朝向堂屋的墙基处设置通风口，通过层层设防和流通的空气，达到防潮除湿的功效。

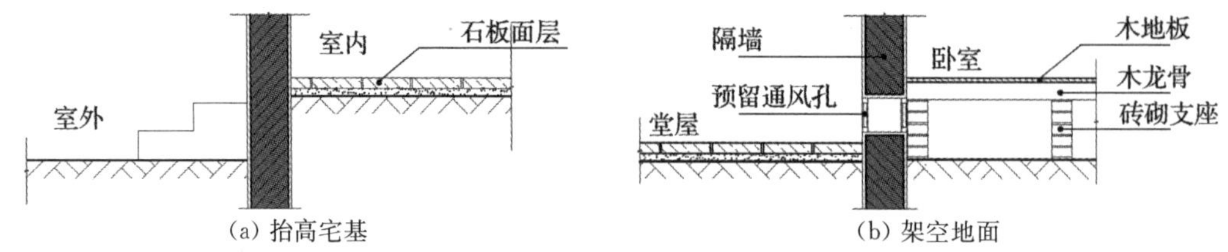

(a) 抬高宅基　　(b) 架空地面

图 4.12　地面隔潮防潮的处理手法

（图片来源：笔者自绘）

4）门窗

门窗界面是建筑获取光照、采集太阳辐射热量、自然通风的主要途径，民居中门窗界面的设计在对气候要素的应对方式方面具有灵活的应变性，能够按照季节性与时段的实际需要，针对不同气候要素的特点进行选择性的"防""适""用"。在长三角地区常见的门窗形式有隔扇窗、支摘窗、双层窗、横披窗等，本节选取生物气候效应较为突出的 3 种门窗类型进行讨论与梳理。

（1）隔扇窗

隔扇窗是既有建筑中开启面积较大的一类窗户，通常在面向天井一侧的厅堂或卧室整面设置长窗或短窗④。根据季节需要，隔扇窗可以完全开启甚至拆卸，增加室内风道的宽度，以在夏季获得最佳的通风散热效果。且当隔扇开启时，会在迎风面形成"翼墙效应"，引导、促进自然通风。其原理是：当风经过隔扇时，在开启的垂直隔扇两侧分别形成了正压与负压区，因此气流从一侧流入、另一侧流出，形成了穿越式的通风（图 4.13），解决了单侧通风房间通风不畅的问题。

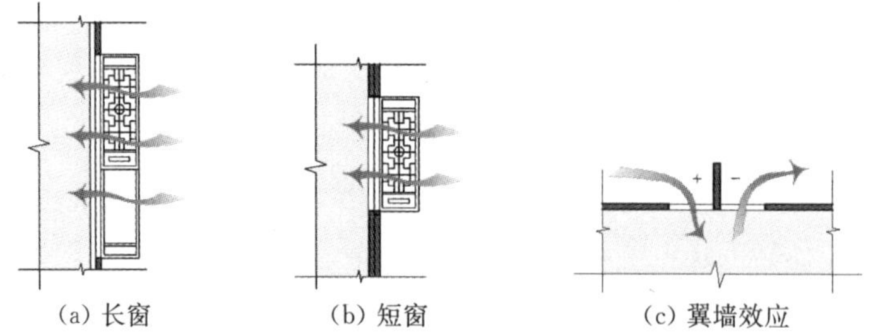

(a) 长窗　　(b) 短窗　　(c) 翼墙效应

图 4.13　隔扇窗的剖面形态与"翼墙效应"

（图片来源：笔者自绘）

① 王建华. 基于气候条件的江南传统民居应变研究[D]. 杭州：浙江大学，2008：145.

② 赵群. 传统民居生态建筑经验及其模式语言研究[D]. 西安：西安建筑科技大学，2005：147.

③ 陈培东，陈宇，宋德萱. 融于自然的江南传统民居开口策略与气候适应性研究[J]. 住宅科技，2010，30(9)：13-16.

④ 长窗是隔扇窗中一般长及地面的门窗，短窗一般设于半墙之上或步廊的栏杆上。设在栏杆上的短窗也称为地坪窗，将槛墙替换为透空的栏杆，其作用是增加通风的开口面积。

(2) 支摘窗

支摘窗又称“和合窗”,在浙北、苏南一带运用普遍。支摘窗通常一列分上中下三扇,有的分上下两扇。三扇的支摘窗一般下作固定窗,上、中两扇窗可利用摘钩向外支起,或只有中间的窗可向外支起①。在夏季,中扇向上开启时,在窗口处形成遮阳,在防晒的同时让新鲜的空气进入室内(图 4.14)。

图 4.14 支摘窗的剖面形态

(图片来源:笔者自绘)

(3) 双层窗

相较于单层窗,双层窗复合型的结构增强了冬季的保温效果(图 4.15)。其中外窗多为栅窗,起到了遮阳、避雨、控光、通风换气等作用,并具有较好的防护性能;内窗多为玻璃窗、花棱或平棱窗,主要起到保证光照的作用。夏季,外窗关闭、内窗开启,遮阳防护的同时保证了通风换气;冬季,外窗开启而内窗关闭,尽可能地让更多的阳光进入室内,同时减少空气对流造成的热量损失(图 4.16)。

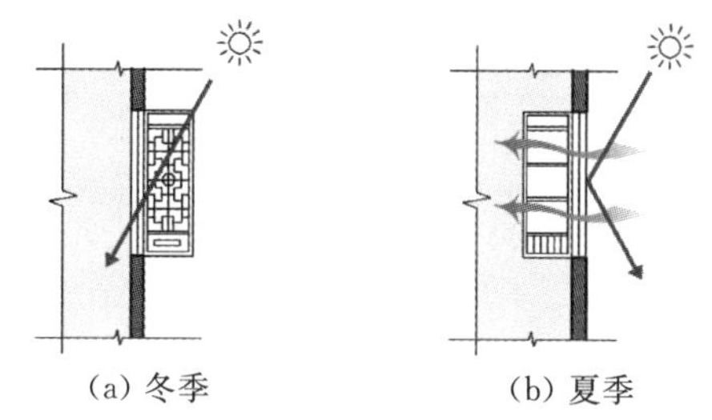

(a) 冬季 (b) 夏季

图 4.15 双层窗的剖面形态

(图片来源:笔者自绘)

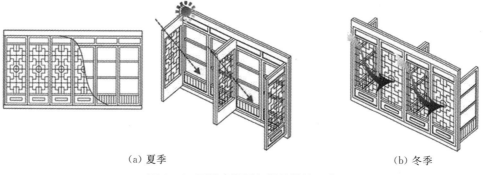

(a) 夏季 (b) 冬季

图 4.16 双层窗通风与隔热性能示意

(图片来源:闵天怡,张彤.苏州地区既有建筑“开启”要素的气候适应性浅析[J].西部人居环境学刊,2015,30(2):25-35.)

表 4.4、表 4.5 汇总了上述长三角地区既有建筑空间形态、界面构造应对气候要素的在地智慧,且将相应的模式图汇总为表 4.6。

① 叶柏风.牖以为室:窗式[M].上海:上海科技教育出版社,2007:57.

表 4.4　长三角地区既有建筑空间形态应对气候要素的在地智慧

设计因素	应对原则	应对策略	调节原理	室内环境参数
群体组合	整体的规模效应	成片建造，减少建筑直接暴露在阳光下的外表面面积	抑制传导热和辐射热，创造气候梯度	■保温隔热 □太阳辐射 □相对湿度 □自然通风 □自然采光
	单元的空间层级	单元中，设置从开敞逐渐过渡到封闭的空间层级，创造气候梯度		
体形系数	形体规整与较小的体形系数	集中建筑体量，形成一定的规模效应	控制体形系数，抑制传导热和辐射热	■保温隔热 □太阳辐射 □相对湿度 □自然通风 □自然采光
		共享建筑墙体，采用同山共脊的拼合方式以减小外表面的面积		
		规整建筑体量，平面形式简洁，多采用正方形或长宽比为 1.5∶1 的矩形平面形式		
朝向方位	顺应日照朝向与主导风向	建筑朝南向、东南向或西南向，主要在南偏东 15°至南偏西 15°范围之内	夏季抑制太阳辐射进入，促进自然通风； 冬季促进太阳辐射进入，规避冷风侵袭	□保温隔热 ■太阳辐射 ■相对湿度 ■自然通风 □自然采光
		山地丘陵地区，因山谷风变化复杂，建筑朝向灵活，建筑组合的开口尽量保持与夏季主导风向一致		
		平原水网地区，顺水而建的建筑朝向河道，即小气候中风的通道		
空间组织	内聚型的格局	建筑两侧通常为封闭的实墙，内部面向天井的一侧设置通透性强的隔扇门窗，尽可能地开敞	抑制传导热和辐射热	■保温隔热 ■太阳辐射 ■相对湿度 ■自然通风 ■自然采光
	合理组织通风	在建筑内部，尽量保证室内风流动方向上的畅通无阻，风压效应产生的穿堂风与天井热压效应形成的拔风相结合	促进自然通风	
	设置气候缓冲空间	设置天井，以组织热压通风、减小室内环境温度波动等；采用“变截面天井”，加强通风效应；运用“活天井”做法，随季节和时间变化动态适应	促进自然采光、通风，抑制太阳辐射进入	
		设置挑层、檐廊、骑廊等，形成檐下空间		
		设置冷巷与备弄		

注：■表示具有关联性，□表示不具有关联性。

（表格表源：笔者自绘）

表 4.5　长三角地区既有建筑界面构造应对气候要素的在地智慧

设计因素	应对原则	应对策略	调节原理	室内环境参数
屋顶界面	坡屋面	采用坡屋面遮挡太阳辐射，减少屋顶的辐射得热量，屋面坡度在 22°至 30°范围之内	抑制传导热	■保温隔热 □太阳辐射 ■相对湿度 ■自然通风 □自然采光
	热阻大、热惰性强的屋顶材料	一般采用热阻大、热惰性强的瓦或望砖		
	通风屋面	盖瓦与盖瓦、望砖与盖瓦之间形成一定的空气间层		
	屋顶空气间层吊顶	在堂屋或卧室的主梁架下设置吊顶层，积聚上升的热空气再通过侧墙上高位通风孔将热量排至室外	抑制传导热，促进通风降湿	

续表

设计因素	应对原则	应对策略	调节原理	室内环境参数
墙体界面	墙体+色彩	白灰抹面，增加墙体反射	抑制传导热	■保温隔热 □太阳辐射 □相对湿度 □自然通风 □自然采光
	墙体+材料	热阻与热惰性指标较好的外墙材料，针对功能需求的差异，选择不同的材料		
	墙体+构造	以“空斗砌筑”的方式，使墙体具有更好的保温隔热性能		
地面界面	抬高宅基	抬高宅基，在夯实地基的基础上，铺设隔水层与面层	隔潮防潮	□保温隔热 □太阳辐射 ■相对湿度 ■自然通风 □自然采光
	架空地面	卧室在隔水层的基础上铺设架空的木地板，并在朝向堂屋的墙基处设置通风口		
门窗界面	隔扇窗	在面向天井一侧的厅堂或卧室整面设置隔扇窗，根据季节需要可以完全开启甚至拆卸，以增加室内风道的宽度	促进自然通风	□保温隔热 ■太阳辐射 ■相对湿度 ■自然通风 ■自然采光
	支摘窗	通常一列分上中下三扇，下扇作固定窗，上中两扇窗可利用摘钩向外支起	抑制太阳辐射进入，促进自然通风	
	双层窗	外窗多为栅窗，内窗多为玻璃窗、花棱或平棱窗，根据季节与时间变化，开关内外窗	夏季抑制太阳辐射进入，促进自然通风；冬季促进太阳辐射进入	

注：■表示具有关联性，□表示不具有关联性。

（表格表源：笔者自绘）

表 4.6 长三角地区既有建筑空间形态、界面构造的营建模式

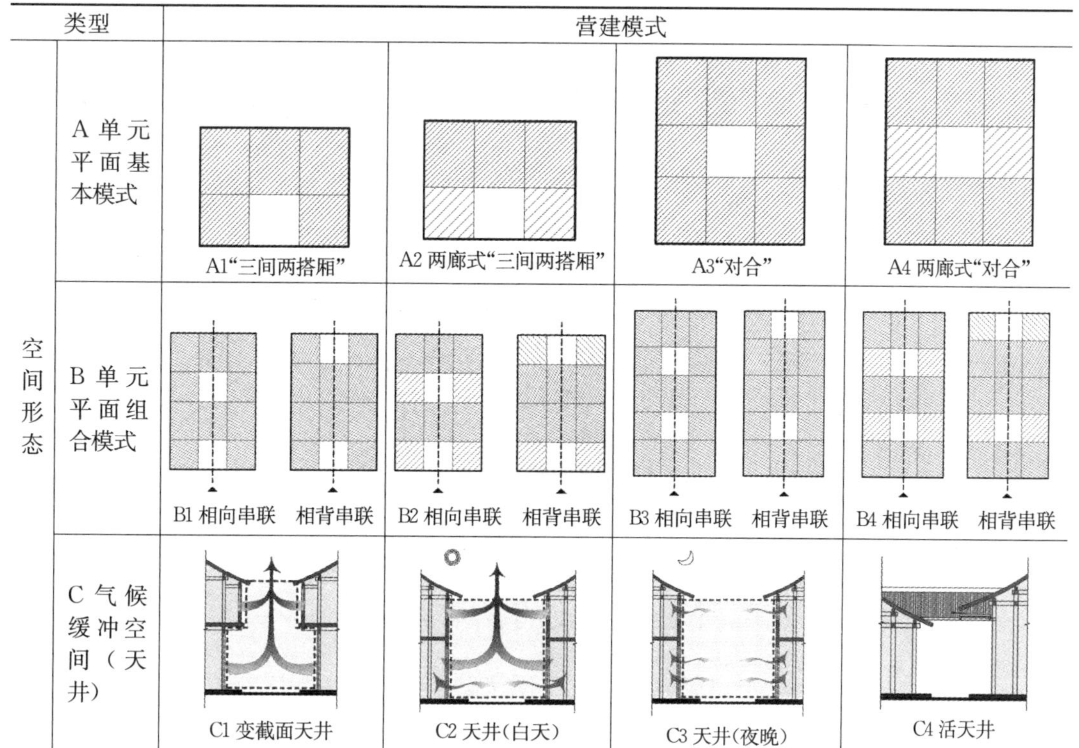

续表

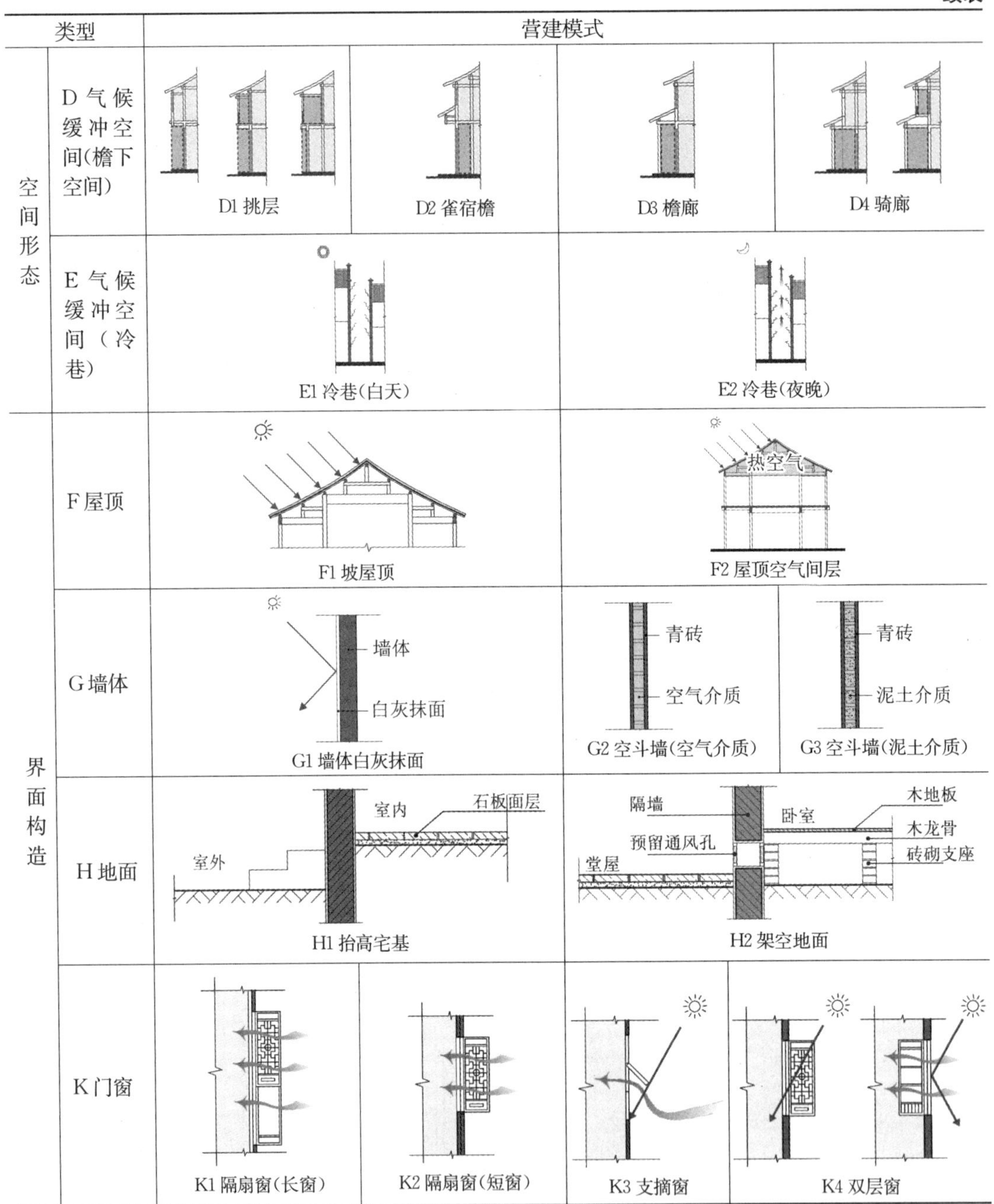

类型		营建模式			
空间形态	D 气候缓冲空间(檐下空间)	D1 挑层	D2 雀宿檐	D3 檐廊	D4 骑廊
	E 气候缓冲空间（冷巷）	E1 冷巷(白天)		E2 冷巷(夜晚)	
界面构造	F 屋顶	F1 坡屋顶		F2 屋顶空气间层	
	G 墙体	G1 墙体白灰抹面		G2 空斗墙(空气介质)	G3 空斗墙(泥土介质)
	H 地面	H1 抬高宅基		H2 架空地面	
	K 门窗	K1 隔扇窗(长窗)	K2 隔扇窗(短窗)	K3 支摘窗	K4 双层窗

（表格来源：笔者自绘）

4.2　建筑建构方式应对地貌单元的在地智慧

长三角地区复杂多样的地貌制约了建筑的建构方式，反之，其既有建筑的建构方式则体现出对地貌单元智慧、巧妙的应对。其中的生态性主要表现在以下两个方面：第一，无论是群体建筑的形态格局、构成模式，还是单体建筑的结构体系、接地方式，均呈现出对自然环境的尊重，以减少对生态环境的扰动为原则，并体现了对土地资源的节约利用；第二，充分顺应地形气候，形成良好的室外微气候环境，为建筑内部舒适气候的营造提供初始条件。

4.2.1　群体布局：顺应地形地貌的形态格局

既有建筑因地制宜地适应自然的地形地貌，采用灵活的群体组合，因此发展形成了多样化的形态格局（表4.7）。在山地丘陵地区，有背山面水的团状式、沿谷发展的带状式、随坡就势的阶梯式等①。在平原水网地区，根据群体布局与水体的关系，有沿河发展的主干型、沿交叉河道的十字形以及水网交错的密网型等②。总体而言，针对破碎地貌特征，群体布局不追求规整、对称，而是与地貌相结合，自然而然地发展成为不规则的平面形态，从整体上避免了部分气候、地貌的不利因素，善用有利因素调节微气候，从而营造安适的居住环境。

表4.7　长三角地区顺应地形地貌的聚落形态格局

聚落类型		图式	聚落选址与形态
平原水网区	沿河发展的主干型	(a)	选址于单条河道两侧，沿河长向发展成条状形态，一般规模较小
	沿交叉河道的十字形	(b)	选址于河道交叉地带，围绕交叉点呈“十”字形，沿河流向四方发展，一般规模中等
	水网交错的密网型	(c)	选址于网状河道地带，呈密网状，一般规模较大

① 胡志超. 基于江南民居形态格局的现代建筑场地设计策略研究[D]. 南京：东南大学，2017：19.

② 阮仪三，李滨，林林. 江南古镇历史建筑与历史环境的保护[M]. 上海：上海人民美术出版社，2010：8.

续表

聚落类型		图式	聚落选址与形态
山地丘陵区	背山面水的团状式	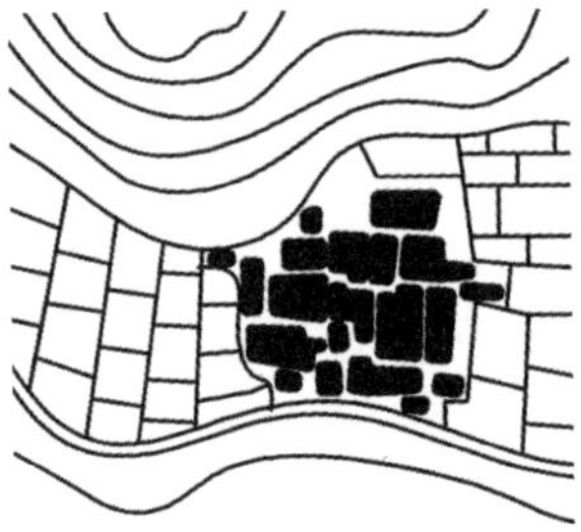 (d)	选址于山脚处的平原，通常在山、水交接处，形成背山面水的团状形态
	沿谷发展的带状式	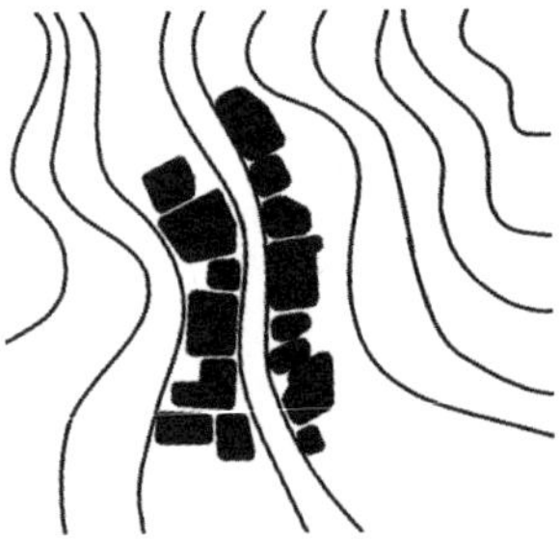 (e)	选址于山间，多沿着山谷中的溪流轴线布置，常以首尾相连的方式绵延数千里
	随坡就势的阶梯式	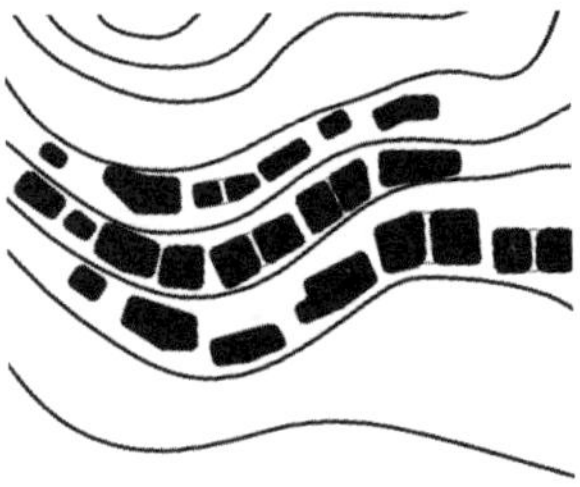 (f)	选址于山坡的平缓地带，划分为多级台地，呈阶梯式沿等高线层层布置

（表格来源：笔者自绘，其中图(a)、图(b)、图(c)来源于徐民苏，詹永伟，梁支厦，等. 苏州民居[M]. 北京：中国建筑工业出版社，1991：17. 图(d)、图(e)、图(f)来源于胡志超. 基于江南民居形态格局的现代建筑场地设计策略研究[D]. 南京：东南大学，2017：19.）

4.2.2 构成模式：以单元为构成组合的基本要素

在长三角地区，乡土聚落具有明显的逐级构成关系。以“一明两暗”的“间”为最基本的构成单元，由“间”转化组合成合院空间，由合院空间组合形成院落组空间，进而构成地块，地块组合成街坊，最终构成聚落①(图 4.17)。诚然，这样的构成方式受到了当时建筑技术的制

① 段进，季松，王海宁. 城镇空间解析：太湖流域古镇空间结构与形态[M]. 北京：中国建筑工业出版社，2002：19.

约以及宗族礼制的影响，但单元具有体量小、灵活度高的特点，以单元为基本要素进行构成、组合在对地貌单元的应对方面主要具有两方面的优势，表现为对破碎地貌的适应以及建筑体量的消解。

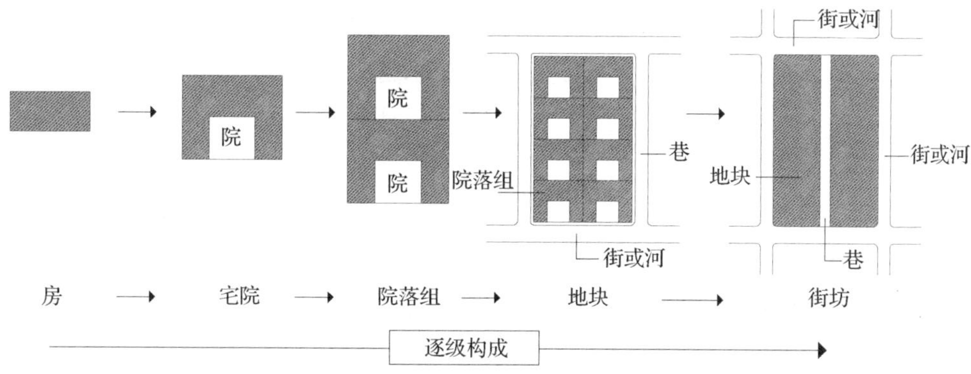

图 4.17　以单元为基本要素的逐级构成模式

（图片来源：段进，季松，王海宁．城镇空间解析：太湖流域古镇空间结构与形态[M]．北京：中国建筑工业出版社，2002：20.）

单元可以进行拓扑变形，也可以通过串联、关联等方式多方向、灵活弹性地生长、连接与组合，这对长三角地区复杂多样的破碎地貌具有良好的适应性。此外，单元体量小、体积感弱的优点，有利于建筑与地貌单元的契合、建筑建构方式与自然环境的融合。尤其在山地丘陵地区，以单元为基本要素随坡就势的立体构筑呈现出了山屋共融的形态特征，体现了既有建筑对地貌的生态性回应。

4.2.3　结构体系：灵活的可扩展性、可调整性与适应性

长三角地区的既有建筑采用木构架的结构体系，以木结构为骨架，墙体不承重，只起到围护和空间分隔的作用。总体上，木构架可大致分为抬梁式与穿斗式两类。这种构架体系不仅给平面、空间划分带来了很大的灵活性，也在建筑接建、扩建和建筑体形调整方面具有显著的优势。

既有建筑中，各檩之间的水平距离基本上是等距布置的，由于坡屋面的举折不大，各檩之间的垂直距离也基本相同。因此，房屋的进深大小均是以一步架的水平距离为模数增减，高度也是以一步架的垂直距离为模数调整变化。木构架模数化、标准化的特点，为建筑的接建、扩建带来了极大的便利(图 4.18)。当建筑需要接建、扩建时，在主房的任何一面，只需在临近新建部分的柱上开榫，把新建部分的构架拼接上去即可。此外，穿斗构架在屋面处理方面具有一定程度的可调整性，通过调整错缝屋面左右穿枋在柱上的高度，可以在一个双坡屋面檐檩内的任何一檩处，把屋面上下错开，形成高度不同的重檐屋面形态(图 4.19)①。

---

①　中国建筑技术发展中心历史研究所．浙江民居[M]．北京：中国建筑工业出版社，1984：179－182.

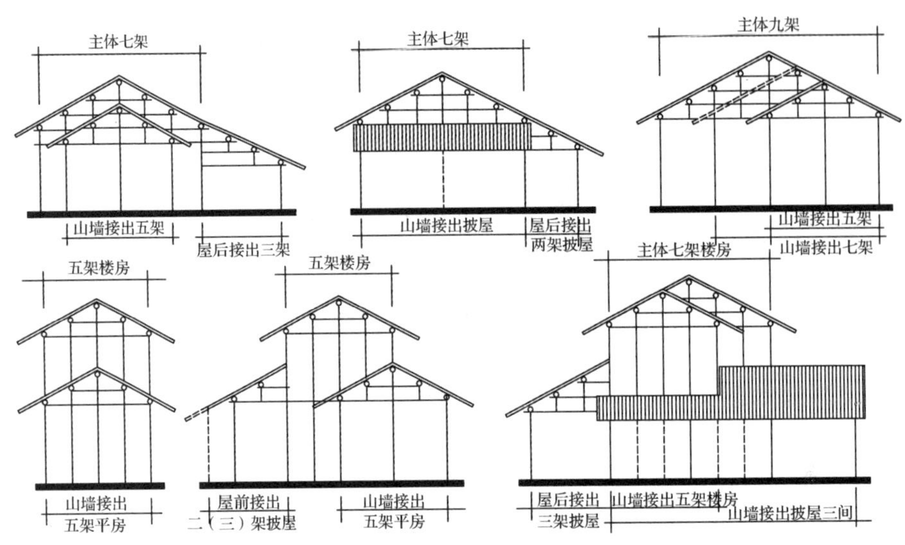

图 4.18 既有建筑木构架的可扩展性

（图片来源：中国建筑技术发展中心历史研究所. 浙江民居[M]. 北京：中国建筑工业出版社，1984：180.）

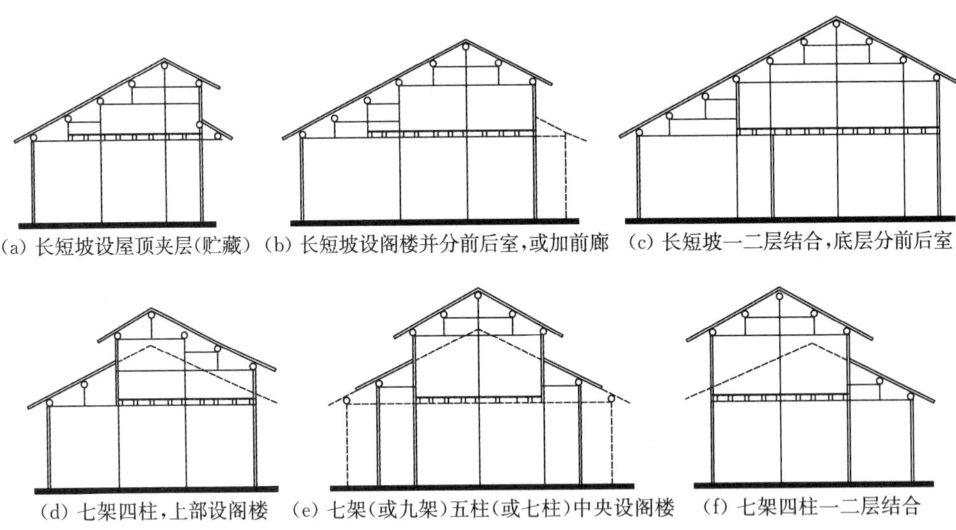

(a) 长短坡设屋顶夹层(贮藏) (b) 长短坡设阁楼并分前后室，或加前廊 (c) 长短坡一二层结合，底层分前后室

(d) 七架四柱，上部设阁楼 (e) 七架(或九架)五柱(或七柱)中央设阁楼 (f) 七架四柱一二层结合

图 4.19 穿斗构架在屋面处理方面的可调整性

（图片来源：中国建筑技术发展中心历史研究所. 浙江民居[M]. 北京：中国建筑工业出版社，1984：182.）

基于上述木构架结构体系灵活的可扩展性与可调整性，其对不同的地形具有很好的适应能力，可灵活地应用于坡地、滨水地带的错层、吊脚、长坡屋面等设计手法（图 4.20），因此形成了变化丰富的建构方式。

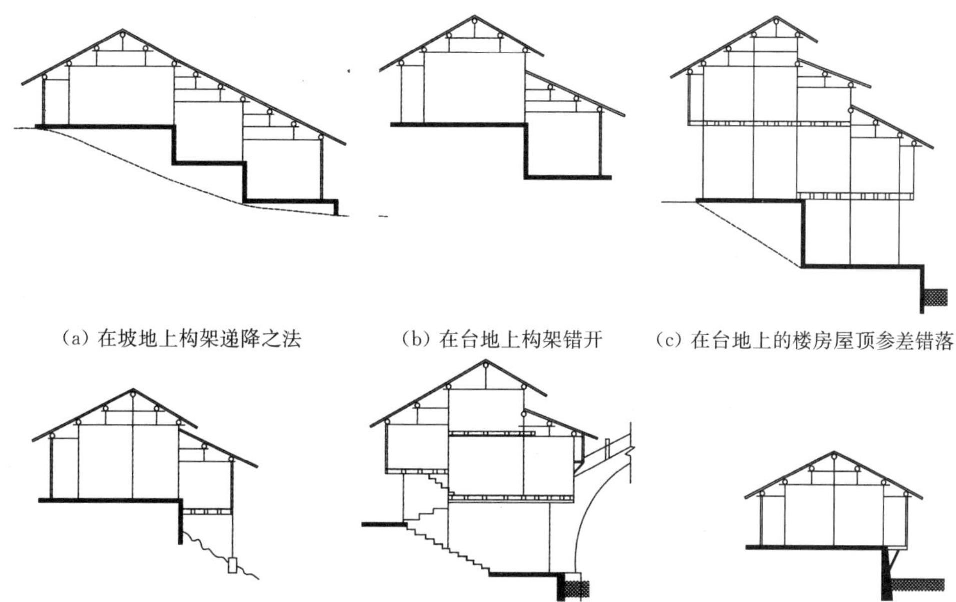

(a) 在坡地上构架递降之法 (b) 在台地上构架错开 (c) 在台地上的楼房屋顶参差错落

(d) 在坡地上设吊脚楼 (e) 桥头房屋全部架空，下面留有下河岸的通道 (f) 向水面挑出一步

图 4.20 木构架结构体系可以适应不同地形的变化

(图片来源：中国建筑技术发展中心历史研究所. 浙江民居[M]. 北京：中国建筑工业出版社，1984：182.)

4.2.4 接地方式：人居单元与地貌单元的契合性

就单体建筑而言，与地貌单元最主要、最直接的应对是建筑的接地方式。接地方式是人居单元与地貌单元契合关系的概括，决定了建筑对地表的改动程度以及空间之间的相互关系。

1）山地：顺应山势、减少接地

由于山地生态系统具有地质不稳定性、地形复杂性、气候多变性、水文动态性、植被重要性等生态敏感的明显特征①，因而"顺应山势、减少接地"是应对山地地貌的首要原则，以减少对自然生态环境的干扰。"借天不借地，天平地不平"是原生既有建筑对山地地貌单元应对智慧的精妙总结，即在地形复杂的山地丘陵地区，为了既减少对自然山体的破坏，又尽量争取更多的内部使用空间，建筑采用朝空中拓展的应对方式。根据长三角地区既有建筑与山地地表的空间位置关系，一般可将其分为两种类型(表 4.8)：

① 地表式，建筑物的底面与山体的地表发生直接接触。为了减少对地形的改变，地表式仅对山地地形做小幅度的修整，让建筑与倾斜的地面直接接触。

② 架空式，建筑物的底面与山地的地表完全或局部脱开，以柱子或建筑局部支撑建筑荷载。架空式对山体地表影响较小，有利于最大限度地保留原有植被，也有益于建筑的通风防潮②。

---

① 卢济威，王海松. 山地建筑设计[M]. 北京：中国建筑工业出版社，2001:44。

② 同①81－106. 书中根据建筑底面与山体地表的不同关系，将山地建筑的接地方式总结为地下式、地表式和架空式三大类型。其中地下式在长三角地区极为少见，本书仅对长三角地区既有的原生建筑应对地貌单元的方式方法进行归纳和阐述。

表 4.8 长三角地区既有建筑应对山地地貌单元的接地方式

类型		图式	主要适用范围	案例
地表式	错层	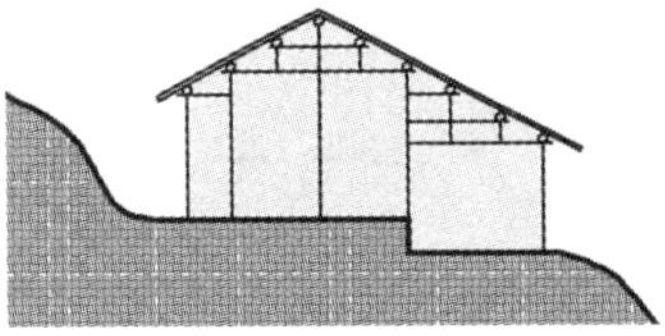	地形高差较小的中坡地	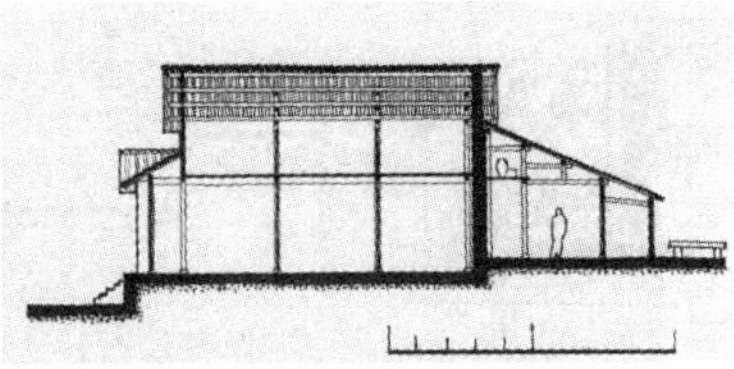 杭州下天竺黄泥岭汪宅
	掉层	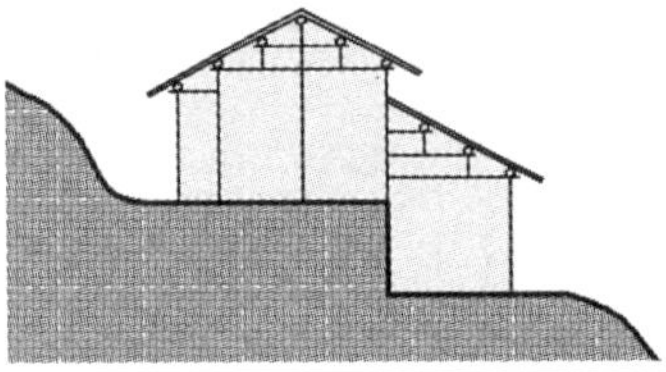	地形高差悬殊、坡度较大的陡坡	 杭州灵隐法云弄某宅
	跌落	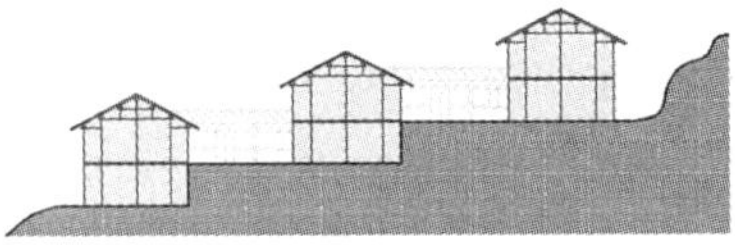	坡度较大的陡坡	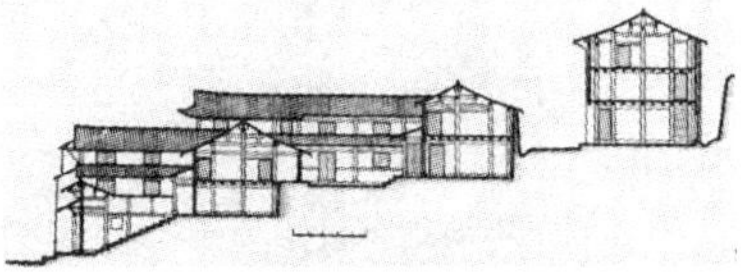 临海麻利岭陈宅
	筑台	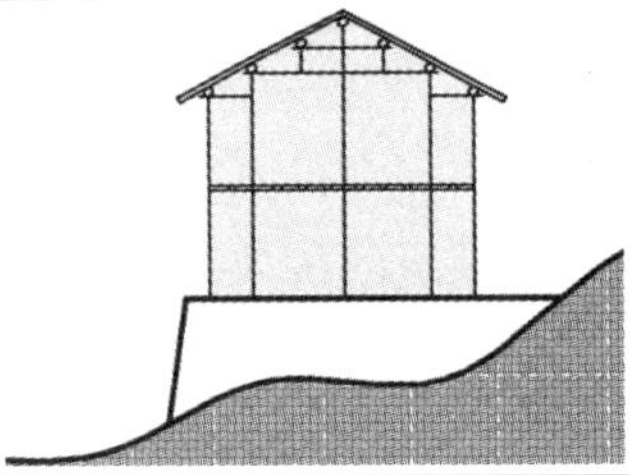	坡度缓和的地形	 黄岩黄土岭虞宅
架空式	吊脚	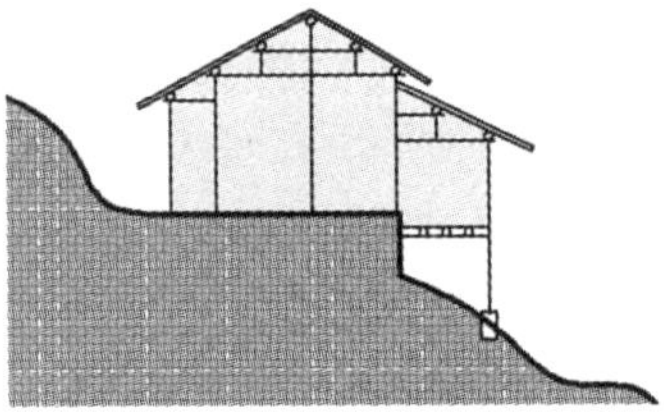	各种坡度的山地地形	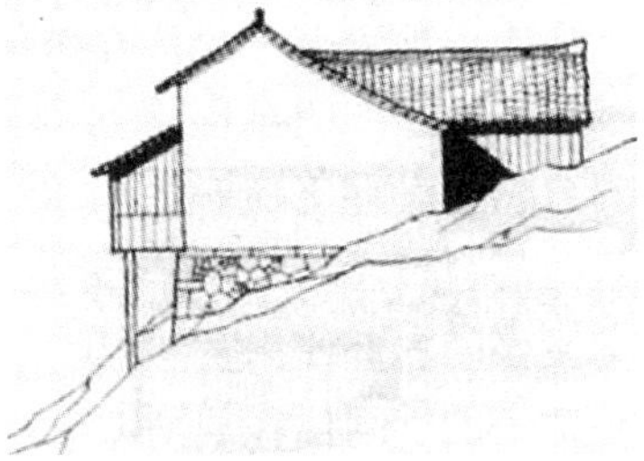 桐庐临江某宅
	悬挑	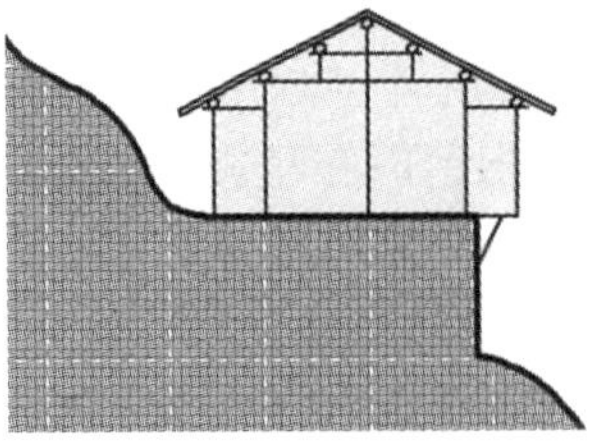	坡度陡峭的崖坡	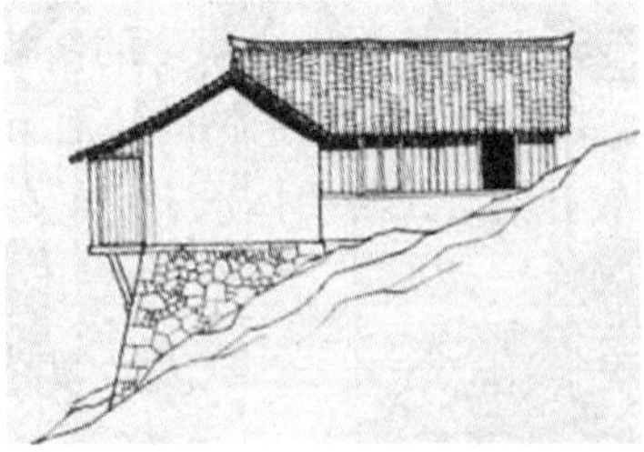 丽水下南山某宅

(表格来源:笔者自绘,其中案例图片来源于中国建筑技术发展中心历史研究所. 浙江民居[M]. 北京: 中国建筑工业出版社, 1984.)

(1) 地表式

① 错层、掉层。错层的处理手法是为了顺应坡地地形、减少土方量,建筑底面以阶梯的形式顺坡递降,在同一建筑内部形成了不同标高的底面。通常,错层的接地面竖向高差在一层以内。当接地面的高差达一层或一层以上时,则称为“掉层”。相较于错层,掉层手法主要适用于地形高差悬殊、坡度较大的陡坡。

② 跌落。错层、掉层均是在同一建筑单元内底面的不同高差处理手法,跌落则针对群体建筑,以单元为单位顺坡势阶梯状跌落以适应地形变化。

③ 筑台。部分研究也称之为“提高勒脚”①。通过石块垒砌建筑台基,使建筑的勒脚提高到同一水平高度,建筑则坐落于台基之上,是一种简单、有效的处理手法,适用于坡度较缓的山地地形。当台基较高时,台基内部空间也可利用为厨房、畜舍等附属用房②。

(2) 架空式

① 吊脚。以柱子将房屋支撑起来,脱离山体地表的处理手法,其中楼层作为居住空间使用,底层用于储藏空间或是圈养牲畜。吊脚手法能够较好地适用于各种坡度的自然地形。

② 悬挑。常用于坡度较陡的山地,如坡度陡峭的山崖等,通过出挑檐廊、阳台等以争取更大的内部使用空间。受传统建筑结构与材料的限制,出挑的尺度一般不大,或直接出挑,或增加部分斜撑辅助支撑荷载。

2) 滨水:向水争地、柔性过渡

在平原水网地区,河渠是过去交通运输的纽带且具有良好的微气候环境,因此许多既有建筑顺岸而建,形成了丰富多样的临水形态。有的民居向水争地以获取更多的空间利用;有的则隔水而居,通过构筑物使建筑与水体联系起来,达成空间的柔性过渡。根据建筑与水体的空间位置关系,临水方式一般可分为两种类型(表 4.9):① 亲水型。建筑以出挑、吊脚、枕流等方式直接临水,与水体联系紧密。② 间隔型。建筑与水体存在一定的间距,通过廊棚、骑楼等形式延伸建筑空间,加强与水体的联系。

(1) 亲水型

① 贴岸式。建筑贴岸建造,建筑的临水面与驳岸齐平,仅向水面突出建造河埠头或不做任何处理。

② 出挑式。建筑向水面出挑,以获取更大的使用空间。出挑的方式大多采用大型条石悬臂出挑。除整栋房屋顺水挑出之外,还常在建筑首层挑出平台、檐廊等滨水休闲空间或通过二层出挑扩大上层住房的使用面积。

③ 吊脚式。用石柱、木桩等作为支撑的吊脚出挑,有利于建筑的通风防潮。既有建筑中常以“披”的做法吊脚出厨房、储藏室等附属用房。一般吊脚楼的部分层高较低,外墙一般采用席子或竹笆抹灰等轻型围护材料③。

④ 枕流式。顾名思义,是建筑以类似“桥”的形态跨河而建,当建筑水面较宽时,建筑下

---

① 王蔚. 南方丘陵地区建筑适宜技术策略研究[D]. 长沙:湖南大学,2009.

② 程琼. 浙江省山地丘陵居住空间形态研究[D]. 杭州:浙江大学,2010.

③ 中国建筑技术发展中心历史研究所. 浙江民居[M]. 北京: 中国建筑工业出版社, 1984: 72.

方增加立柱以支撑建筑荷载。

(2) 间隔型①

① 露天式。建筑隔街临水(街道宽度约 1.5～6 m),通常在建筑前的水岸边设置河埠头或平台,街道、平台等作为旁侧建筑的延展空间。

② 廊棚式。通过在沿河的建筑前加建廊棚,使建筑空间向水面延伸。廊棚形式多样,有单坡、双坡、卷棚等各种形式,一般宽度在 1.5～4 m 左右,宽度较宽且需立柱支撑。

③ 骑楼式。临水住宅首层向内缩进形成骑楼,房屋通常为上宅下店的模式。骑楼的宽度约为 1.2～3 m,外侧以柱子支撑,也是增加建筑亲水性的方式之一。

④ 披檐式。在沿河建筑二层窗台下加建披檐,披檐通常悬挑或加斜撑,一般出檐浅且无落柱支撑。

⑤ 混合式。骑楼式与廊棚式结合的处理手法,主要分为两类:一类为二层出挑(不落柱),外侧再加建廊棚;另一类为骑楼外直接加建廊棚的做法。

表 4.9 长三角地区既有建筑应对滨水地貌单元的接地方式

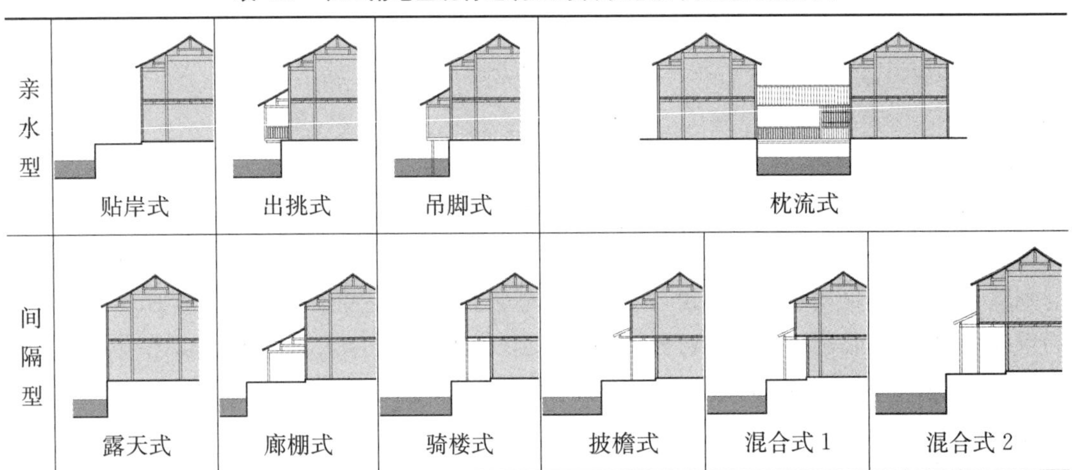

(表格来源:笔者自绘)

综上,在接地方式方面,山地建筑与滨水建筑有各自的特点。在山地丘陵地区,既有建筑对地形地貌的应对智慧是顺应山势、减少接地,将对地形、植被、水文等的干扰降至最低,顺应地势的跌落、架空等方式形成了山地民居典型的立体构筑方式。而在平原水网地区,人口稠密,建筑密度高,向水争地成了拓展空间的主要方式,各种近水、靠水、离水的处理手法则形成了滨水地区层次丰富的亲水空间。既有建筑中巧妙的接地方式,体现了人居单元与地貌单元良好的契合关系。此外,接地方式的差异也形成了不同属性的空间,使建筑空间与自然空间相互交融、人工环境与生态环境柔和过渡。

表 4.10 汇总了上述长三角地区既有建筑建构方式应对地貌单元的在地智慧。

① 段进,季松,王海宁. 城镇空间解析:太湖流域古镇空间结构与形态[M]. 北京:中国建筑工业出版社,2002:28-30.

表 4.10 长三角地区既有建筑建构方式应对地貌单元的在地智慧

设计因素	应对原则	应对策略	原理	环境参数
群体布局	顺应地形地貌的形态格局	顺应自然的地形地貌,采用灵活的群体组合,不追求规整、对称	适应地形地貌,节约土地资源,顺应地形气候	■生态环境 ■土地资源 ■地形气候 ■环境融合
		在山地丘陵地区,有背山面水的团状式、沿谷发展的带状式、随坡就势的阶梯式等		
		在平原水网地区,有沿河发展的主干型、沿交叉河道的十字形、水网交错的密网型等		
构成模式	以单元为构成组合的基本要素	通过单元的拓扑变换、叠加与组合,适应破碎地貌	适应地形地貌,促进建筑与环境的融合	■生态环境 ■土地资源 □地形气候 ■环境融合
		单元具有体量小、体积感弱的特点,有利于建筑建构方式与自然环境的融合		
结构体系	灵活的可扩展性、可调整性与适应性	采用模数化、标准化的木构架,方便建筑的接建、扩建	适应地形地貌	□生态环境 ■土地资源 □地形气候 ■环境融合
		通过局部调整构架,形成高度不同的重檐屋面,以适应地形变化		
接地方式	人居单元与地貌单元的巧妙契合	采用错层、掉层、跌落、筑台等地表式手法以及吊脚、悬挑等架空方式,减少建筑与山体地表的接触	适应地形地貌,减小对生态环境干扰; 节约土地资源,促进建筑与环境的融合	■生态环境 ■土地资源 ■地形气候 ■环境融合
		采用出挑、吊脚、枕流等亲水型方式,向水面争取更多的使用空间;通过廊棚式、骑楼式、混合式等处理手法,达成建筑空间与水体空间的柔性过渡		

注:■表示具有关联性,□表示不具有关联性。

(表格表源:笔者自绘)

4.3 绿色建筑营建模式“地域基因库”的建立

4.3.1 “地域基因库”的研选与建立

2001 年王竹教授提出“地域基因”的概念①,把建筑视为自然界中的有机生命体,将生物基因的原理引入地区建筑的研究中②。建筑的“地域基因”是人们对气候、地貌等环境因素的认知、把握而形成的应对态度与策略。“地域基因”之间相互协作、相互制约,对地区建筑营建体系的生成生长具有适宜的调控机制,影响着地区建筑营建体系的发展方向。

对多个环境因素主观应对的系统集合,形成了地区建筑营建体系的“地域基因库”。针对长三角地区的地域环境,将与气候、地貌要素息息相关的地域基因做研选与归纳,结合现

① 王竹,魏秦,贺勇,等.黄土高原绿色窑居住区研究的科学基础与方法论[J].建筑学报,2002(4):45-47+70.

② 刘莹,王竹.绿色住居“地域基因”理论研究概论[J].新建筑,2003(2):21-23.

代价值理念与发展需求，分析、评判其转译演进的潜力，建立长三角地区绿色建筑营建模式的"地域基因库"（表 4.11），划分主要因子与次要因子，为该地区绿色建筑营建体系提供特定地域营建遗传密码的支持。

表 4.11 长三角地区绿色建筑营建模式的"地域基因库"

应对手段		要素分类	相关因素						
			气候特征				地貌类型		
			滨海岛屿	夏季湿热	冬季阴冷	空气湿度大	静风率高	山地丘陵	平原水网
建构方式	群体组合	顺应地形地貌的形态格局					●	●	●
	构成模式	以单元为构成组合的基本要素	○	○			●	●	●
	结构体系	可扩展性、可调整性与适应性					○	○	○
	接地方式	人居单位与地貌单元的契合性	○		○	○	●	●	●
空间形态	群体布局	整体的规模效应	●	●					
		单元的空间层级	●	●			●	●	●
	体形系数	形体规整与较小的体形系数	●	●					
	朝向方位	顺应日照朝向与主导风向	●	●	●	●	○	○	○
	空间组织	内聚型的格局	○	○					
		合理的通风组织	●		●	●			
		设置气候缓冲空间	●	●		●			
界面构成	屋顶界面	坡屋面，材料热阻大、热惰性强	○	○					
		屋顶空气间层吊顶	●	●					
	墙体界面	墙体+色彩	●	●					
		墙体+材料	○	○					
		墙体+构造	●	●					
	地面界面	抬高宅基			●		○	○	○
		架空地面			●		○	○	○
	门窗界面	隔扇窗			○	○			
		支摘窗	○		○	○			
		双层窗	○	○	○	○			

注：●表示主要因子；○表示次要因子。

（表格来源：笔者自绘）

4.3.2 "在地营建智慧"对现代地域性绿色建筑营建的启示

对于现代地域性绿色建筑营建而言，尽管建筑材料与技术工艺方面已有显著提升，但若能将既有建筑的"在地营建智慧"运用到现代地域性绿色建筑的营建中，将会有益于建筑文脉的延续，使现代绿色建筑设计与地域文脉有所连接。基于 4.1 节、4.2 节中"在地营建智慧"的凝练，在现代实践中可以重点借鉴以下几个方面的营建策略：

1）以单元的组合变换适应破碎地貌

单元具有体量小、灵活度高、易于组合变换的特点，可以很好地适应于长三角地区复杂多样的破碎地貌。在现代地域性绿色建筑设计中，多数建筑或由于价值文化的导向，或受功能需求的制约，呈现出较大的建筑体量，忽视了与地形地貌的关联，且难以与周边的自然环境相融合。而通过单元的拓扑变形、灵活组合，不仅可以使建筑与破碎的地貌单元良好契合，而且单元体量小、体积感弱的优点，也使得建筑与自然环境形成互融的状态。

2）以群体的规模效应降低体形系数

建筑群体的规模效应能够减少建筑直接暴露在外界气候中的外表面面积，降低建筑群体的体形系数，这一点可以对现代地域性绿色建筑群体设计策略有所启发。在村镇住宅设计中，单体建筑适当地拼接、集中、组合成一定规模的群体，相较于独立式住宅的散点分布，具有更优异的热工性能。在夏热冬冷气候双极不平衡性突出的长三角地区，对节约建筑能耗有所裨益。

3）以空间的缓冲调节应对温度变化

设置具有调节功能的气候缓冲空间是长三角地区既有建筑最典型、最突出的特征之一，在抵御外界极端气候、减小室内温度波动幅度、诱导组织自然通风等方面具有重要意义，从而塑造建筑内部相对稳定、舒适的微气候环境。在现代地域性绿色建筑设计中，这是切实可行的应对策略，气候缓冲空间在现代建筑形态上可表现为庭院、阳光间、通风廊道、屋顶空间、地下室等多种形式。

4）以界面的层次复合离析气候要素

长三角地区既有建筑的“在地营建智慧”已经体现出建筑界面的层次复合性。虽然受当时材料与技术工艺的限制，界面层次结构简单，但已能对气候要素做出一定程度的选择与离析，以渗透有利的气候要素、阻挡不利的气候要素。目前，建筑材料与相关技术手段已得到显著发展，更加能够通过材料与构造设计，甚至是智能化控制，实现对不同气候要素的阻隔、渗透和交换，以此改善建筑适应外界环境的能力并节约建筑的运作能耗。

4.4 “在地营建智慧”的转译机制

转译，源于语言学，是指将一种文字通过媒介语翻译为另一种文字的特殊的翻译行为①。转译具有重大的方法论价值，在生物学、艺术评论、数学等领域得到了广泛的运用。在建筑学以及城市规划、风景园林等相关学科中，转译的原理与方法同样为设计研究拓展了新的思路。梁思成先生曾提出“建筑可译论”：建筑如同语言文字一样具有其特殊的文法与语汇，以此来说明中国建筑法式、构件与要素之间的关系②。在随后的研究中，众多学者肯定了转译在建筑学中运用的意义：有利于建筑所在地场所意义的整合、地域社会文化的整体建构以及既有建筑生态节能经验的传承③④。特别是在地域性绿色建筑营建方面，转译手法的运用能够有助于建筑地域特征的彰显，创造出适应环境、节约能源、地域特征鲜明的绿色

① 张易. 转译：一种被忽视了的翻译现象[J]. 重庆工学院学报，2003，17(6)：109－111.

②③ 梁思成. 梁思成全集：第五卷[M]. 北京：中国建筑工业出版社，2001：154－168.

④ 卢鹏，周若祁，刘燕辉. 以“原型”从事“转译”：解析建筑节能技术影响建筑形态生成的机制[J]. 建筑学报，2007(3)：72－74.

建筑。

但以往的相关研究，对转译的理解大多停留在外部形态与结构层面，常借用转译的概念，取其字面的浅表含义，通过图像的变形、转换等显性方式，简单地达成符号图式的转译。而本节所讨论的“转译”，是超越形态认知层面，向更深层面的进一步介入——探讨地域性绿色建筑“在地营建智慧”的转译。其转译机制主要涉及以下 4 个基本问题：

① 转译的媒介是什么？

② 转译的原动力、依据是什么？影响转译的环境因素有哪些？

③ 如何进行转译？转译的路径、方法是什么？

④ 如何对转译的结果进行评判？

4.4.1 转译的媒介：原型

转译的本质是信息传递，且需要通过某种承载抽象信息的媒介实施转译。原型是认识、承载、传递这种抽象信息的有效理论工具，可作为建筑中转译的媒介。

原型，意为原始模型，是指事物的理念本源[①]，瑞士著名心理学家卡尔·古斯塔夫·荣格(Carl Gustav Jung)用原型来表述处于概念和具体事物之间的存在形式。在本书中，原型能够有助于从既有建筑丰富多样的形态中，以更宏观的视角，发现其中所蕴含的基本生态原理与技术策略。4.1 节、4.2 节中挖掘、凝练既有建筑的“在地营建智慧”，即是简化、还原、抽象形成原型的过程，这一过程在语言学、生物学中也称为“解码”[②]。也就是说，既有建筑的形态不能直接用于转译，应先解码形成原型，再介由原型进行转译。

4.4.2 转译的语境：自然气候与地形地貌、社会环境与技术工艺、典型个案因素

语言学中的“语境”是指语义出现的环境。语境是形成语言表达差异的原因，例如天井在我国不同的气候区呈现出不同的比例尺度大小(图 4.21)。语境的不同是转译机制启动的动力，也是多样化建筑形态生成的影响环境与依据。将地域性绿色建筑转译的语境进行分类，包括“因地而异”“因时而异”“因例而异”的三类因素[③]。具体指：

① “因地而异”的自然气候与地形地貌；

② “因时而异”的社会环境与技术工艺；

③ “因例而异”的典型个案因素。

在历史的进程中，正是因为语境的不同，使得建筑语言产生了地域性的差异与历时性的变化。建筑的外在形态、空间布局、结构体系、材料研选等均是对此时、此地、此例“语境”的适应。在当代地域性绿色建筑营建中，应充分把握转译实施的语境，面对自然、社会、人文形成符合当下语境的营建模式。

---

① 魏秦. 地区人居环境营建体系的理论方法与实践[M]. 北京：中国建筑工业出版社，2013：67.

② 翟辉. 乡村地文的解码转译[J]. 新建筑，2016(4)：4－6.

③ 卢鹏，周若祁，刘燕辉. 以“原型”从事“转译”：解析建筑节能技术影响建筑形态生成的机制[J]. 建筑学报，2007(3)：72－74.

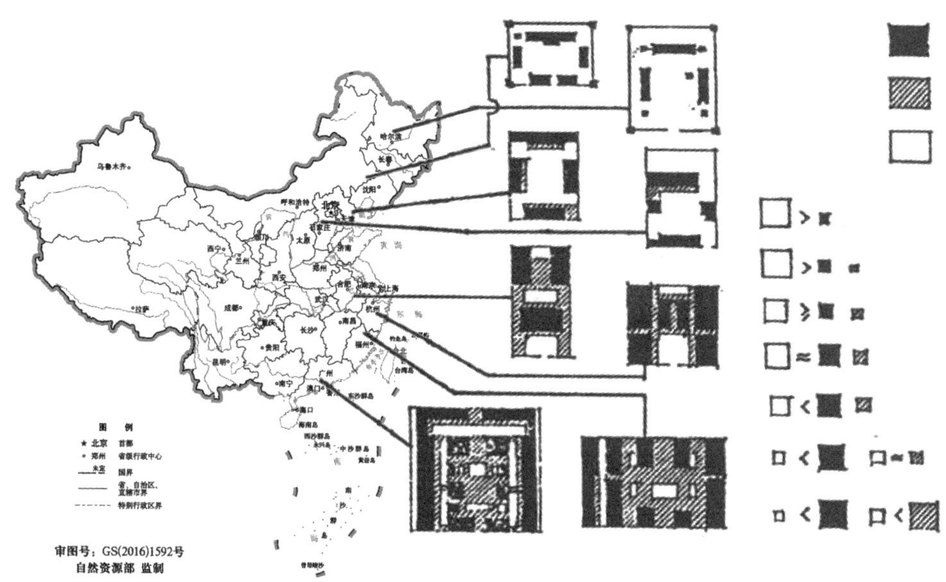

图 4.21 我国传统合院式民居天井大小的地域性差异

（图片来源：彭一刚. 传统村镇聚落景观分析[M]. 北京：中国建筑工业出版社，1992：7. 改编）

4.4.3 转译的路径：实体要素的变更、比例尺度的变换、结构模式的拓扑转换

借用语言学中“语素”和“语法”的概念，“在地营建智慧”包含了组成要素以及相应的结构关系。同时，技术原理也是绿色建筑营建中重要的客观存在，与建筑形态的生成紧密关联。因此，转译的内容可分为三个基本方面：组成要素、结构关系、技术原理。本节将从这三方面着手，结合笔者对新加坡绿色建筑设计策略与方法传承、演变的研究①，探析转译的可能路径，其中涉及一些“变”与“不变”的关系。

1）实体要素的变更：“要素本质特性不变，材料与建构方式改变”

实体要素的变更，指在建筑实体要素本质特性不变的基础上，采用现代的工艺体系和建造技术，改变实体要素的材料与建构方式等。

例如，新加坡传统建筑多采用木、竹、草等自然材料，制成竹帘、草席、格栅等透气性良好的构件作为建筑外壳。传统多孔隙的自然材料构筑出热带湿热气候区开放型通风需要的开放型外壳。然而，这些材料难以再大量运用于当代大多数的建筑中，取而代之的是满足相同性能需求的现代建筑材料，如穿孔金属板、花格砖等。这些材料通常运用于阳台、栏杆、楼梯间、走廊等灰空间，以实现良好的通风效果（图 4.22）。所在的地区不变、气候环境不变，在不同时期对建筑材料应用的本质特性不变，而仅在材料强度、建构方式等方面产生新的发展和变化，是“在地营建智慧”传承与延续的方式之一。

① 郑媛，王竹，钱振澜，等. 基于地区气候的绿色建筑“原型－转译”营建策略：以新加坡绿色建筑为例[J]. 南方建筑，2020(1)：28－34.

(a) 阳台

(b) 走廊

(c) 楼梯间

图 4.22 新加坡当代多孔隙建筑材料的运用

(图片来源:图(a)来源于 http://www.woha.net; 图(b)来源于 Busenkell M, Schmal PC. WOHA: Breathing architecture[M]. Munich: Prestel, 2011: 169; 图(c)为笔者自摄)

2) 比例尺度的变换:“技术原理不变,设计的比例尺度改变”

比例尺度的变换,指所运用的技术原理不变,但依据新的建筑体量改变设计的比例尺度①。

以新加坡绿色建筑的通风设计为例,在传统建筑与当代建筑中均运用了风压、热压通风的原理,但设计的比例尺度呈现出明显的不同。在传统中式店屋中,与盛行风方向一致的细长型廊道促进了水平方向的风压通风。且天井的设置形成了垂直方向的热压通风,风压、热压效应共同作用,改善了店屋室内的热舒适环境。而在新加坡当代绿色建筑的设计中,以浅形平面②形成风压通风,与中庭、竖井、楼梯间等垂直贯通空间形成的热压通风效应相结合(表 4.12、表 4.13),达成了整体上良好的通风效果。以杜生庄组屋的设计作具体阐述,在钻石形平面中间设置了垂直的巨型天井,形成了“烟囱效应”,高层建筑的上下温差促进了气流的垂直运输。同时,住宅单元四面开敞,以浅形平面实现了住宅单元的双向通风。由此可见,技术原理不变,改变设计的比例尺度,也是转译的可行路径。

3) 结构模式的拓扑转换:“结构关系不变,构筑的方式与形态改变”

结构模式的拓扑转换,指对要素之间的结构关系进行适当的拓扑转换,以适应当代建筑体量、功能需求的改变。

以新加坡当代绿色建筑的门窗界面设计为例,在传承“在地营建智慧”的基础上,通过对原型进行结构模式的拓扑转换,门窗界面形成了各种形式的转译变体(表 4.14),可分类归纳为上悬窗与雨季窗户、窗与遮阳构件、窗与太阳能利用、窗与绿化等。以上悬窗与雨季窗户

---

① 在实际运用中,仍须注意当设计的比例尺度有较大的改变时,相关技术原理的具体实施应用效果是否发现改变。

② 浅形平面,长条浅短之平面。“热湿气候区适合采用浅形平面、双向对流、导风板等风力通风设计。一般而言,单边开窗的空间纵深超过 6 m,双边开窗的空间纵深超过 12 m,即不利于自然风压通风。”引自林宪德. 亚洲观点的绿色建筑[M]. 香港: 贝思出版社有限公司, 2011:77.

表 4.12 新加坡绿色建筑通风设计的平面原型与转译

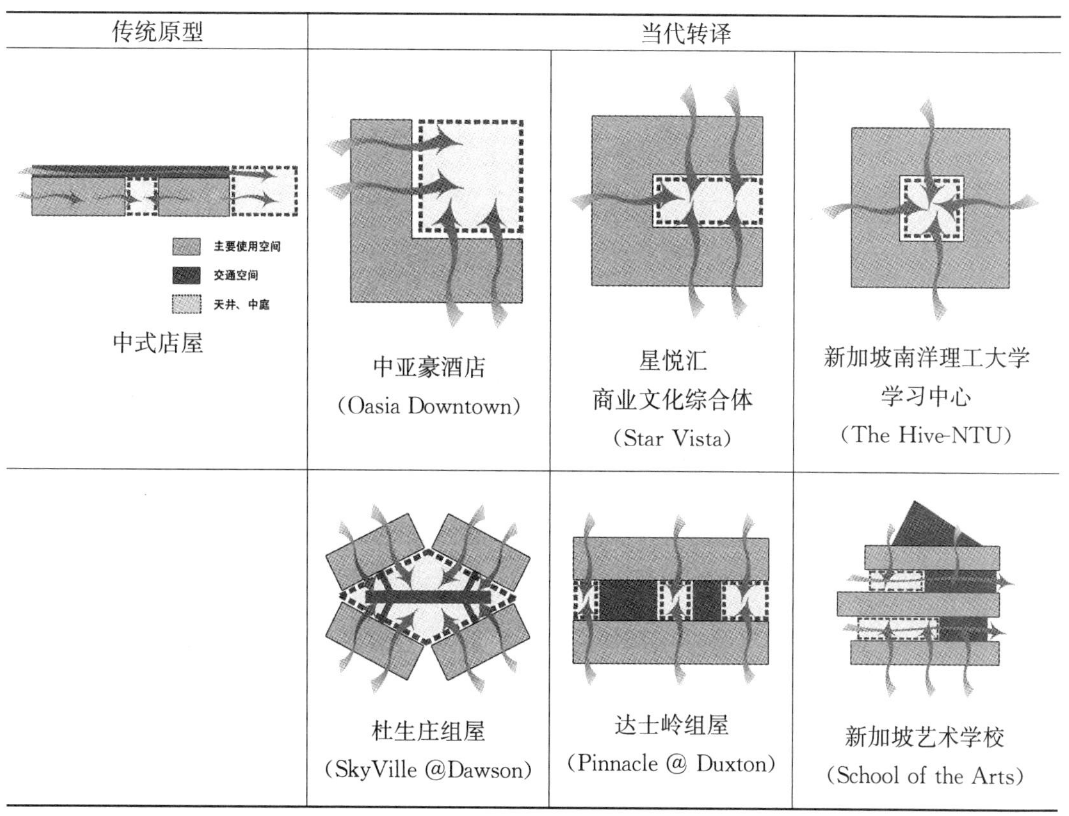

传统原型
当代转译
主要使用空间
交通空间
天井、中庭
中式店屋
中亚豪酒店
(Oasia Downtown)
星悦汇
商业文化综合体
(Star Vista)
新加坡南洋理工大学
学习中心
(The Hive-NTU)
杜生庄组屋
(SkyVille @Dawson)
达士岭组屋
(Pinnacle @ Duxton)
新加坡艺术学校
(School of the Arts)

(表格来源:笔者自绘)

表 4.13 新加坡绿色建筑通风设计的剖面原型与转译

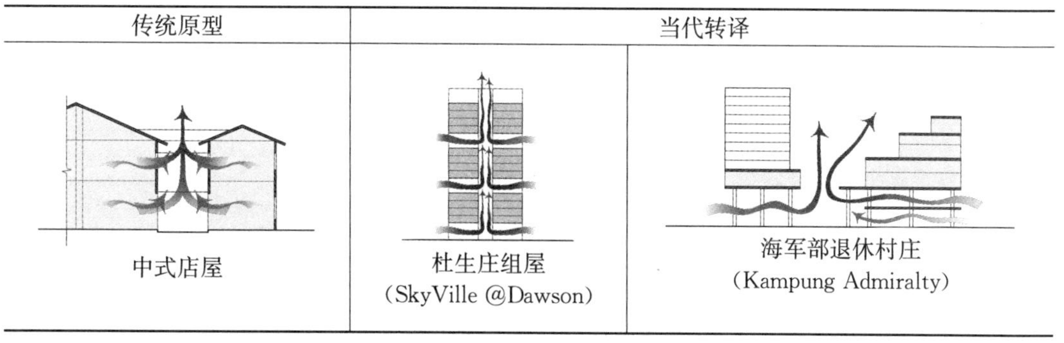

传统原型
当代转译
中式店屋
杜生庄组屋
(SkyVille @Dawson)
海军部退休村庄
(Kampung Admiralty)

(表格来源:笔者自绘)

作具体说明,针对通风与防雨的矛盾,新加坡部分高层建筑将平开窗改为上悬窗(表 4.14)。此外,本地建筑师在凸窗样式的基础上发展设计了“雨季窗户”,即水平方向的滑板翻盖窗,保证了在暴雨天仍然可以让新鲜的空气进入室内(表 4.14)。解析其内在机制,本质上是对传统建筑百叶窗结构模式的拓扑转换。

表 4.14　新加坡门窗界面剖面形态的原型与转译

传统原型	当代转译		
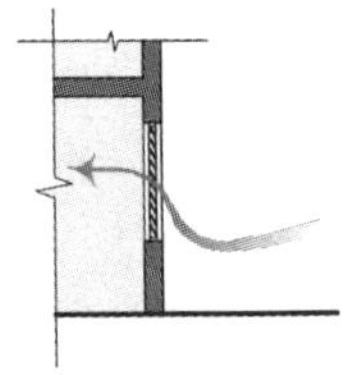 百叶窗	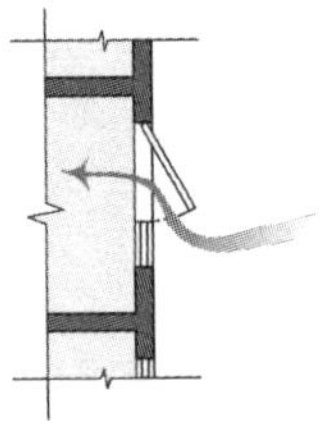 上悬窗	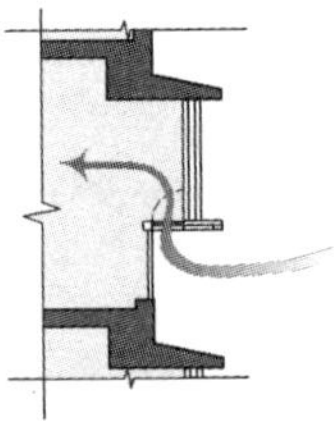 雨季窗户	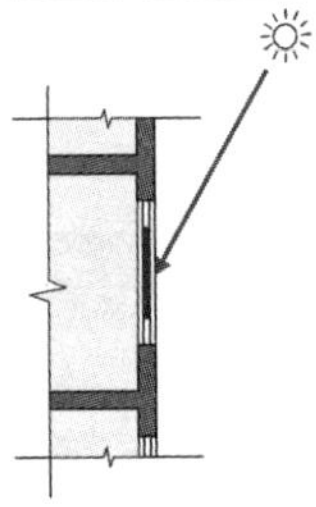 窗内置太阳能电池
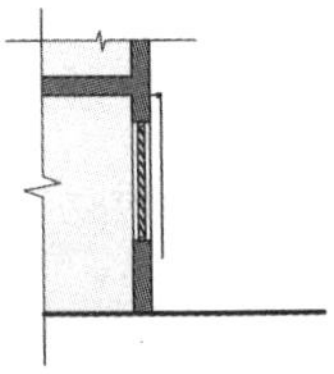 百叶窗＋竹帘	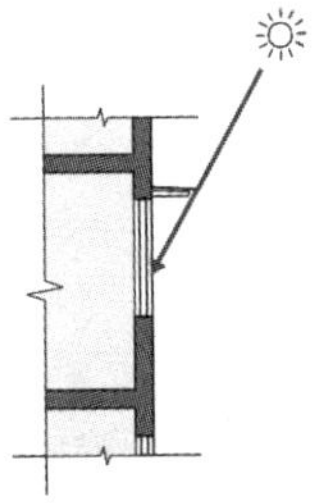 水平遮阳板	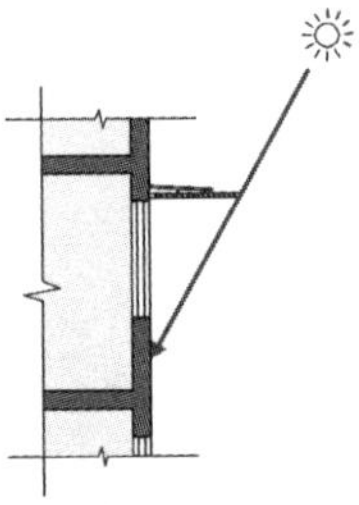 水平非实体遮阳构件	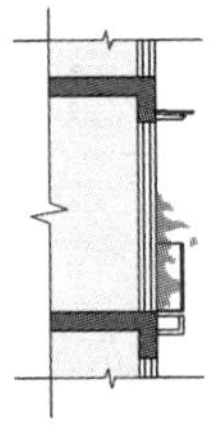 附加绿化种植箱
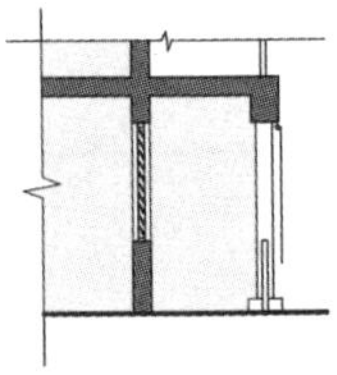 百叶窗＋竹帘＋外廊	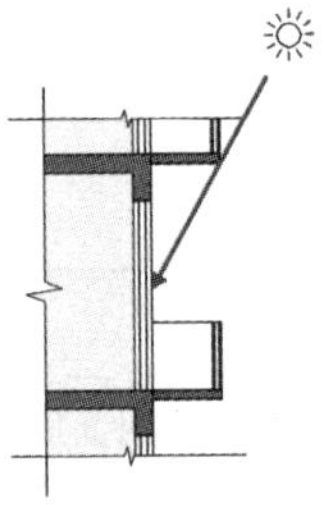 阳台自遮阳	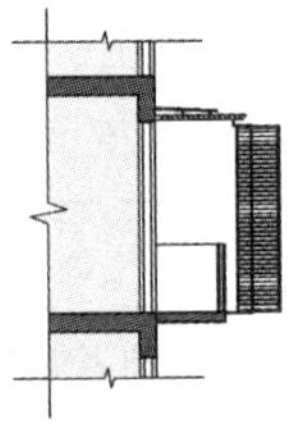 垂直固定遮阳板	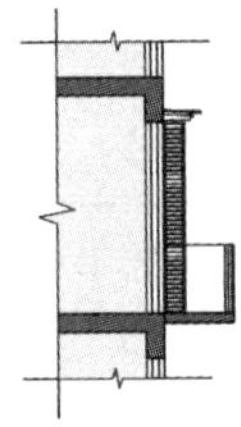 垂直滑动遮阳板

（表格来源：笔者自绘）

4.4.4　转译的评判：转译差

转译差，是转译前后文本与译本之间的差异，是评判转译的理论工具。语言学中翻译的变形是难以避免的，而转译更不同于直接翻译，它是以变形后的译文作为媒介语，将其再次翻译为另一种文字，就会不可避免地出现二度变形，造成转译前后文本的差异①。

转译差可分为低度转译差、适度转译差、高度转译差 3 种类型：① 低度转译差，指转译前后建筑形态的变形量极小，偏重于既有建筑“在地营建智慧”的直接呈现；② 适度转译差，指在传统技术经验传递的同时，结合新技术、新理念，使得转译后的建筑形态间接体现“在地营建智慧”的运用；③ 高度转译差，指“在地营建智慧”被隐匿在最终的建筑形态中，转译前后的建筑形态表面上无直接关联性，但其内部蕴含着相同的技术原理与生态策略，“在地营

① 张易. 转译：一种被忽视了的翻译现象[J]. 重庆工学院学报，2003，17(6)：109－111.

建智慧”催生了建筑整体形态中最大的外部特征①。例如，在对新加坡地域性绿色建筑营建策略演变、发展的研究中，笔者发现从建筑外观来看，新加坡当代绿色建筑已然看不出传统建筑的影子，呈现出高度的转译差。这种非外在形式、符号的传承实际上是更深层次的沿袭，也因此，新加坡当代建筑呈现出不同于国际风格的轻巧、阴影丰富、韵律感强的外部特征。

高度转译，体现了建筑在新时期对新的经济模式、社会文化、生活方式的认知和关照，由生态内核诱发绿色建筑的外部特征，使得建筑风格由内而外地呈现与表达，是值得提倡的转译行为。

综上，“在地营建智慧”的转译机制可总结为：从纷繁多样的既有建筑形态中抽象、还原、提炼出“原型”，结合具体的转译语境，选择适宜的转译路径，形成当代地域性绿色建筑营建的策略与方法，从而生成绿色建筑的整体形态(图 4.23)。由此，转译本身是“在地营建智慧”传递与再表达的过程，“原型-转译”能够传递并继承传统技术经验，使根植于地域环境特征的建筑本质属性在历时性建造中得以延续。这有助于推动绿色建筑营建从普造性向在地性的转变，创造出时代感强且地域特征鲜明的绿色建筑。

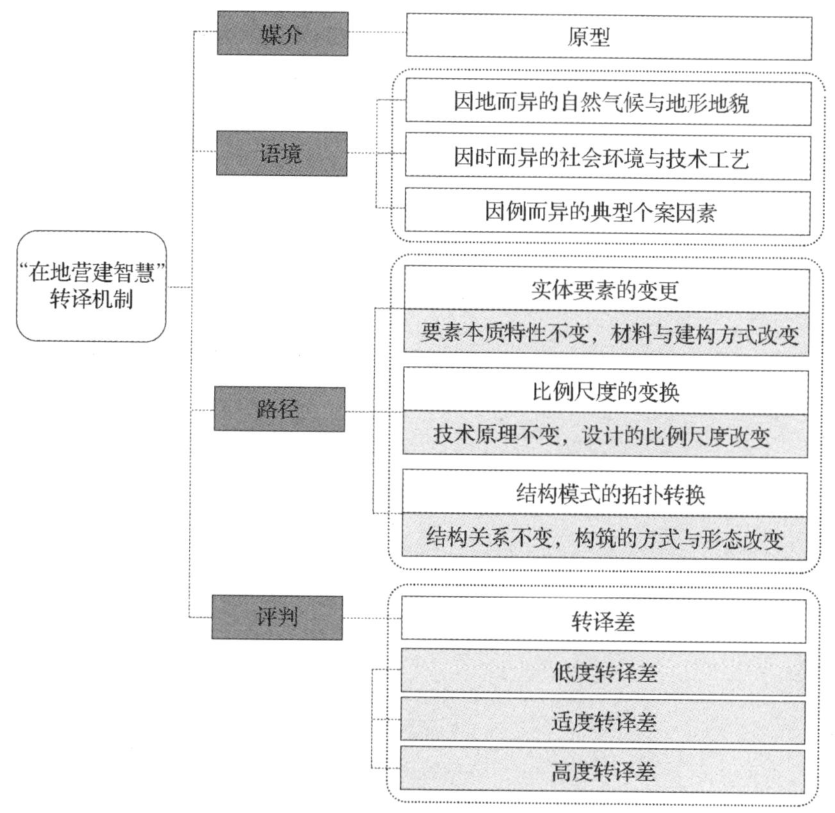

图 4.23 “在地营建智慧”的转译机制

(图片来源：笔者自绘)

① 本章对转译差类型的概念界定，受《以“原型”从事“转译”：解析建筑节能技术影响建筑形态生成的机制》一文中“直述”“转化”“隐匿”3 种转译差类型的启发。

4.5 本章小结

本章从建构方式、空间形态、界面构造三个方面凝练了长三角地区既有建筑应对气候、地貌要素的在地智慧，在此基础上，建立了长三角地区绿色建筑营建模式的“地域基因库”，并探讨了“在地营建智慧”对现代地域性绿色建筑营建的主要启示。进而，借用语言学中“转译”的概念和方法，围绕着媒介、语境、路径、评判四个方面诠释了“在地营建智慧”的转译机制。阐述了转译的媒介为原型，转译的语境包括“因地而异”的自然气候与地形地貌、“因时而异”的社会环境与技术工艺、“因例而异”的典型个案因素，并结合具体实例探讨了转译的可能路径：实体要素的变更（要素本质特性不变，材料与建构方式改变）、比例尺度的变换（技术原理不变，设计的比例尺度改变）、结构模式的拓扑转换（结构关系不变，构筑的方式与形态改变）。“在地营建智慧”转译是“在地营建智慧”向当代绿色建筑营建策略演进的重要环节，转译机制的解析将为进一步生成绿色建筑营建策略提供方法支撑。

5 基于“气候—地貌”特征的地域性绿色建筑营建策略与方法

本章在前述研究的基础上，首先针对能源、资源、形态三个方面在总体上提出相应的营建对策，进而分别从建筑群体(宏观)、基本单元(中观)、界面设计(微观)三个层面探讨基于“气候—地貌”特征的长三角地域性绿色建筑营建策略与方法。

5.1 营建的对策

5.1.1 能源：充分把握低品位能源的利用

低品位能源包括太阳能、地热能、生物能等，是相较于电力、燃气等高品位能源而言能效比高、无污染的能源。

尽可能利用低品位能源的主要原因在于：第一，从地球能流图(图5.1)可以看出，相较于煤炭、石油、天然气等碳基能源，大多低品位能源来源于太阳而非地球，因而对此类气候能源的利用，不以地球自身的内耗为代价，能够减轻大自然的退化；第二，不同能源形式之间的转换存在转换效率的问题，能源转换的次数愈多，其利用效率降低得愈多。低品位能源具有能效比高的优点，建筑对低品位能源的利用有时甚至无须经过任何能量形式的转换，只需直接接纳吸收阳光等气候要素，因而使用效率颇高。正如*Solar Power*(《太阳能》)一书中所写的：“进入室内的每一立方米能量都无须使用泵来抽进，投射到桌面上的每一缕阳光也无须电的产生，最大限度地利用自然气候要素能够有效地降低建筑能耗且实现高效。”①

5.1.2 资源：建立资源的微循环系统

在资源方面，应注重在建筑基本单元内建立资源的微循环系统，使其具有一定的自给自足性，能够有利于建筑的环境平衡。若将建筑视为组成群体的一类“单元”，单元体的自给自足将会促进整体的可持续发展。

资源的微循环系统主要涉及三方面的内容：能源、水、食物。提倡收集利用太阳能等可再生资源，补偿建筑的各类能源消耗；设置雨水收集系统，循环使用水资源；通过立体种植，提供居民部分的食物补给。以新加坡公共住宅的资源微循环系统建立为例，杜生庄组屋(SkyVille @ Dawson)在屋顶设置了太阳能板收集能源，用以提供公共照明等功能需求。海军部退休村庄(Kampung Admiralty)在有限的建筑占地面积上，结合住区的公共空间设计设置了雨水花园和植被洼地等。据估算，杜生庄组屋每年可再生能源的使用量占住区能源需求量的44%，收集、处理、再利用的雨水量占住区居民总用水量的60%；海军部退休村庄，

① Sophia B, Stefan B. Solar Power [M]. New York: A Publication for the READ Group, 1996: 233.

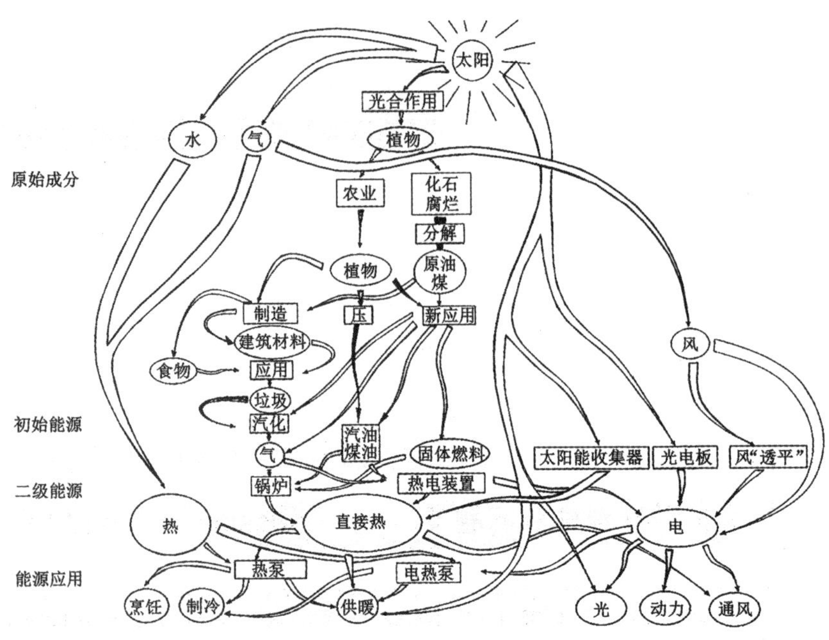

图 5.1　地球能流图

（图片来源：刘念雄，秦佑国．建筑热环境[M]．2 版．北京：清华大学出版社，2016：229.）

每年收集的能量可补偿 12%的建筑能耗，雨水收集处理系统能提供高达 65%的住区用水，都市种植生产的食物占住区居民年食物消耗量的 2.5%①(表 5.1)。

表 5.1　住区资源自给自足率　　(单位:%)

资源	住区	
	杜生庄组屋	海军部退休村庄
能源	44	12
水	60	65
食物	0	2.5

（表格来源：WOHA. Garden city and mega city: Rethinking cities for the age of global warming [M]. Pesaro: Pesaro Publishing, 2016.）

5.1.3　形态:建构具有应变性的建筑形态

针对长三角地区夏热冬冷的气候特征，在建筑设计过程中往往具有显著的双极不平衡性，即应对夏季湿热与冬季阴冷的设计策略常大相径庭，甚至相互抵触。夏季、过渡季的气候条件要求建筑形态应可能地舒展、开放，以最大限度地获取自然通风；而冬季的建筑形态应相对紧凑、封闭，以减少与外界热交换的外表面积。可见，设计目的与设计手段在冬、夏季之间存在明显的矛盾性。为解决上述矛盾，长三角地区适宜的建筑形态应具有一定的适时应变能力。

① 郑媛，刘少瑜，王竹，等. 新加坡公共住宅的地域性设计策略研究[J]. 新建筑，2020(1)：83－87.

美国建筑气候学者巴鲁克·吉沃尼曾针对夏热冬冷地区提出了“平面可变性”的构想，认为“建筑应具有改变其形态的能力，能够在不同季节之间作出变化”，并提供了一种解决方案①：在相对规整的建筑平面上设置类似门廊等灰空间(图 5.2)，门廊凹入室内与邻近的房间相毗邻，在门廊与邻近房间之间的墙体上设有较大的门或窗户，门廊的开口端设有可移动的隔热板，板上装有可开启的窗户或百叶。在冬季，关闭这些隔热板，使建筑布局紧凑、表面平整，从而减少热量的流失。此时，门廊空间作为内院，起到了室内外热缓冲层的作用。其中朝南的门廊(对北半球而言)配有可开启的玻璃板，利用玻璃的温室效应形成了暖房。在夏季，将隔热板与窗户均开启，使建筑的外表面积增加，此时原本的内院成了半室外的开放空间，借由热压与风压效应促进了周边房间的自然通风。

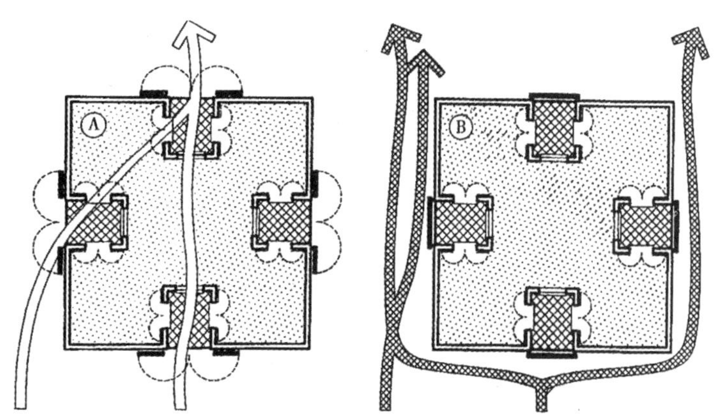

图 5.2 吉沃尼提出的“平面可变性”构想

(图片来源：吉沃尼. 建筑设计和城市设计中的气候因素[M]. 汪芳，阚俊杰，张书海，等译. 北京：中国建筑工业出版社，2011：261.)

除此之外，建筑形态的应变性也可以体现在剖面设计上，印度建筑师查尔斯·柯里亚受到著名宫殿“红堡”(Red Rort)的启发，提出了针对气候季节性变化的“管式住宅”范式。在帕克里住宅的设计中，柯里亚通过调整内界面的分隔方式，在同一个连续空间中巧妙地结合了冬、夏两季不同的剖面形态，创造了适宜的微气候环境②。夏季式剖面主要呈正三角形，顶端拔气，顶部开口小以减少热辐射；冬季式剖面呈倒三角形，顶部开口大以获得更多的日照③(图 5.3)。

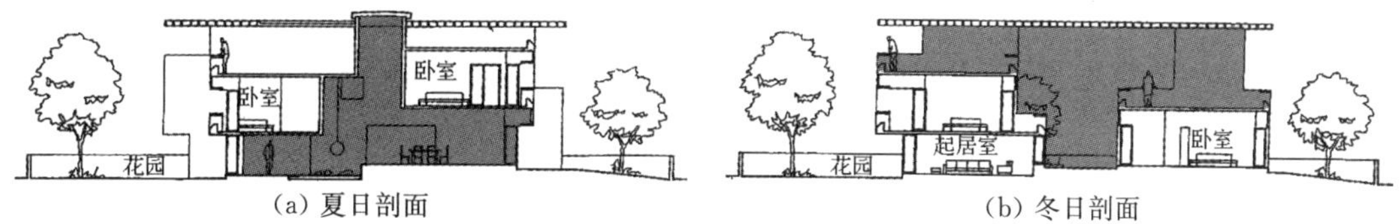

(a) 夏日剖面　　(b) 冬日剖面

图 5.3 帕克里住宅的季节应变性剖面

(图片来源：吕爱民. 应变建筑：大陆性气候的生态策略[M]. 上海：同济大学出版社，2003：123.)

① 吉沃尼. 建筑设计和城市设计中的气候因素[M]. 汪芳，阚俊杰，张书海，等译. 北京：中国建筑工业出版社，2011：327.

② 罗佩. 传统·气候·建筑：来自亚洲两位建筑师作品的启示[J]. 新建筑，1998(4)：76-77.

③ 王辉. 印度建筑师查尔斯·柯里亚[J]. 世界建筑，1990(6)：68-72.

5.2 气候、地貌与建筑群体设计

绝大多数的单体建筑都处于建筑群体之中，特定地区的建筑群体应适应当地的气候与地貌特征。长三角地区太阳辐射、风等气候要素以及破碎地貌特征，决定了建筑群体的构成模式、平面布局、方位朝向、建造方式等。本节主要从群体构成与地貌适应、群体建造与建筑节地、群体组织与自然通风、群体布局与太阳辐射四个方面切入，探讨该地区地域性绿色建筑的群体设计策略。

5.2.1 群体构成与地貌适应

长三角地区生态环境良好，地貌结构多样，丘陵、平原、水网交织形成了该地区独特的破碎地貌特征(图 5.4)。如果简单地采用行列式的群体布局方式，意味着忽略了营建下垫面的地貌特征，削山或是填河势必造成对生态环境的破坏以及不必要的经济投入，也使得建筑丧失了由地貌环境诱发的地域特性。

图 5.4 平原水网型破碎地貌

(图片来源：课题组绘制)

针对破碎地貌，传统乡土聚落表现出以单元为群体构成基本要素的应对智慧，进而沿一定的结构体系衍生而形成群体的空间形态，具有一定的启示意义。单元，可以灵活地融入破碎地貌中，且利于在各种模式下进行空间组合，衍生出不同的空间形态(表 5.2)。柯里亚曾说过：“这种重复的单元组合既赋予聚落整体以复杂多变的形象，又能因自然地理条件而异，具有可增长性与可变更性。”①而单元体量小、体积感弱的特点，一方面促成了“人居单元”与“地貌单元”的有机融合，避免了削山、填河等破坏性行为，有利于原有场地中空间脉络的延续；另一方面，在形体表现上也有益于建筑与自然环境的共融，是地貌特征直接、有效的表

① 王辉. 印度建筑师查尔斯·柯里亚[J]. 世界建筑，1990(6)：68－72.

达。在具体设计过程中,可以首先依据生活方式、社会网络等将 6～10 户组合成为一个基本生活单元①,再结合地形地貌构成聚落,形成"建筑单元—基本生活单元—聚落"的层级性空间场域,并逐级配置公共活动场所与服务设施。

表 5.2 以单元为构成要素的地貌适应策略示意

地貌类型	图例	示例
山地丘陵	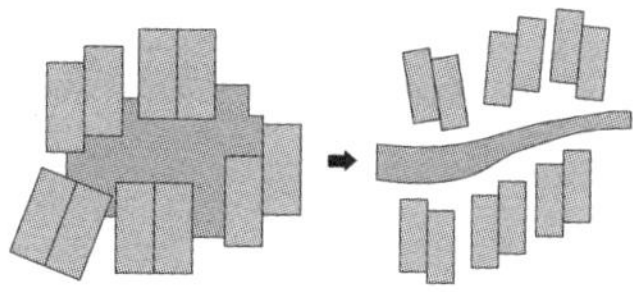	
平原水网	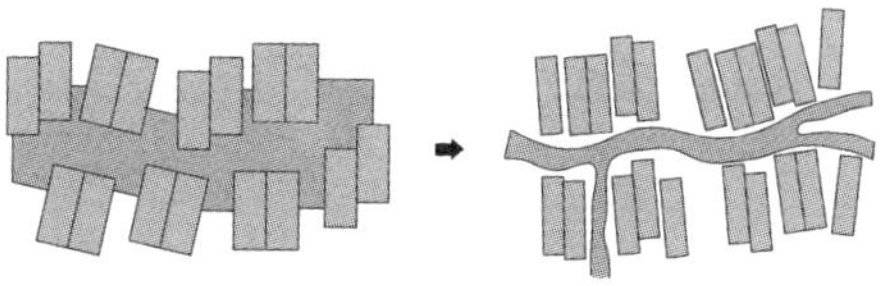	

(表格来源:课题组绘制)

5.2.2 群体建造与建筑节地

就建筑的节地性而言,群体的建造方式是重要的影响因素之一。在既有建筑中,常共享建筑墙体,采用邻里互助的营建模式。诚然,此类建造方式受到了当时历史背景、价值观念、建筑技术、材料等方面的制约,但这种"同山共脊"的拼合方式,节约了建筑用地,也有利于降低建筑的体形系数。例如,浙江省德清县张陆湾村的筒屋式民居是 20 世纪 70 年代协同互助的集体生活生产模式下的产物,联排筑屋的建造方式形成了集聚化的建筑整体形态(图 5.5),从而节约了建筑用地,释放更多的土地用于耕作产粮。

由此可见,拼合、叠合的建造方式有益于土地资源的节约利用。因而,在水平方向上,可以以双拼的形式代替传统的独立式住宅,引导和提倡邻里互助、共同营建。过去,受到传统观念的影响,不同户之间垂直方向上的叠合通常不被接受。而随着时代的改变,人们的观念亦产生了变化,城市住宅的建造方式在乡镇地区得到了广泛的接受与运用。因此,在垂直方向上,可以采用错叠式的建造方式,如单元沿山坡重叠建造,下单元的屋顶作为上单元的平台或室外庭院②(图 5.6),通过单元的上下错叠联结节约土地资源。

① "基本生活单元"的规模没有明确的界定,在大量实际调研的基础上,相关研究认为长三角地区"基本生活单元"的户数一般在 6～10 户,但有时也因地形的限制,规模会有所变化。引自范理扬. 基于长三角地区的低碳乡村空间设计策略与评价方法研究[D]. 杭州:浙江大学,2017: 79.

② 卢济威,王海松. 山地建筑设计[M]. 北京: 中国建筑工业出版社, 2001: 96.

图 5.5 张陆湾村筒屋集聚化的建筑整体形态

(图片来源:课题组拍摄)

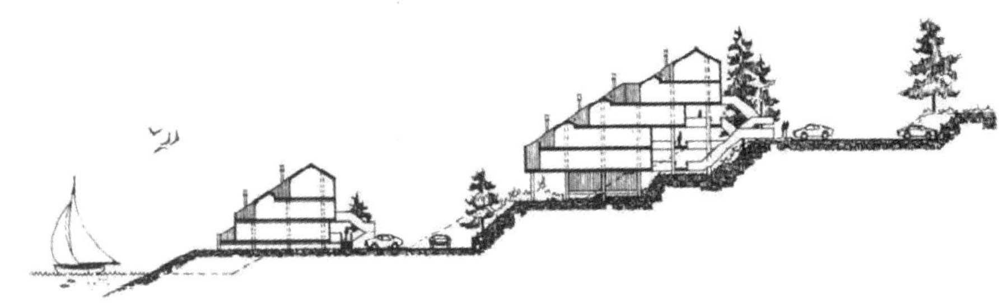

图 5.6 错叠式建造的剖面示意

(图片来源:卢济威,王海松. 山地建筑设计[M]. 北京:中国建筑工业出版社,2001:99.)

5.2.3 群体组织与自然通风

建筑群体的自然通风与其组织方式密切相关,合理的群体组织能在一定程度上优化通风效果。针对长三角地区夏热冬冷的双极气候特征,其群体组织应能在夏季引导气流穿越,同时在冬季阻挡寒风的侵袭。在应对的原理方面,通风与防风有着很大的区别①:① 从总体上看,要使建筑群体具有最佳的通风效果,必须依靠群体中的每个单体同时保持最大的风透性,若群体中的某一单体气流穿透能力下降,其产生的风影区会对整体的通风效果产生牵制作用。此外,群体良好的通风效果,还需通过建筑的朝向方位、布局方式、开口与路径设置、高度与长度组合等方面的合理安排来达成。② 相较于通风,防风则相对简单、容易。为阻挡不利的风进入群体空间,只要依靠最外层的界面形成防护屏障,就可以容易地达到避风节能的目的。这里的防护屏障可以是植物绿化,也可以是建筑围护结构。

因而,要使建筑群体实现最佳的自然通风,要从整体协调性原则出发,协调整体的通风与防风。为了达到这一目的,群体的设计策略可以从以下几方面入手:

一是朝向方位。群体朝向宜与夏季主导风向呈一定的角度,加大入射角相当于加大了通风间距,能够避免风影区的产生(图 5.7)。

① 吕爱民. 应变建筑:大陆性气候的生态策略[M]. 上海:同济大学出版社,2003:124.

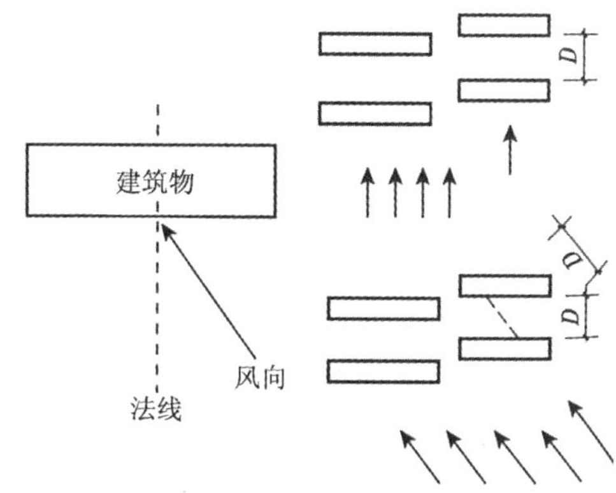

图 5.7　群体朝向与夏季主导风向呈一定的角度

（图片来源：杨柳．建筑气候学[M]．北京：中国建筑工业出版社，2010：192.）

二是布局方式。从通风的角度来看，错列式、斜列式相较于平行行列式、周边式更利于通风，能使建筑之间互相挡风较少。所以，群体中的建筑布局宜采取交叉错列式的布置方式(图 5.8)。

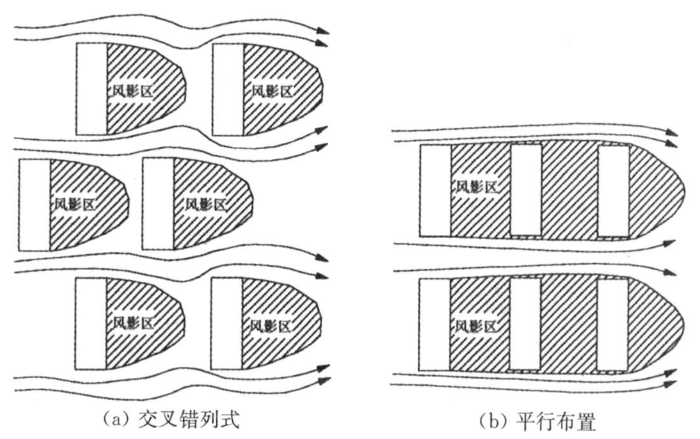

(a) 交叉错列式　　(b) 平行布置

图 5.8　交叉错列式布置与平行布置比较

（图片来源：杨柳．建筑气候学[M]．北京：中国建筑工业出版社，2010：193.）

三是开口与路径设置。在夏季主导风向上不宜采用过长的联排式建筑，且应在适当的位置设置通风口，有利于将夏季的南风纳入建筑群体中，这隐含了我国古代风水理论中“理气”“蕴能”的营建智慧(详见 2.1.2 节)。此外，设计有效的导风路径对促进群体内部的自然通风也十分重要。导风巷道的方向应与夏季主导风向一致或与河道水系相垂直，宜连续、流畅，且巷道两侧的界面宜平整以利于导风，从而使风能够深入到建筑群体内部。

四是高度与长度组合。依据长三角地区冬、夏季的主导风向(夏季盛行东南风或东风，冬季盛行西北风或北风①)，合理安排建筑高度与长度的组合关系。为兼顾夏季通风与冬季防风，宜在建筑群体的最北边布置长且高的建筑，在南边布置低矮且体量小的建筑，整体上从南至北呈现建筑高度与体量逐渐增大的渐进式变化。这样的组合方式，有利于阻挡北面的寒风，且益于冬季纳阳。此外，也可以通过设置墙、板或绿植等防护屏障来阻隔冷风的影响。

① 个别地区主导风向由地形风产生而略有不同，因而具体情况还需根据所处的地理位置来具体分析，详见 3.3.1 节。

5.2.4 群体布局与太阳辐射

群体的布局方式影响建筑对太阳辐射的获取。在长三角地区,冬季应尽可能多地获取太阳辐射,夏季应避免过多的太阳辐射得热。且在满足日照间距的基础上,出于节约用地的考虑,应尽量缩减单体建筑之间的间距。在具体布局规划中,可以从以下几方面入手:

1) 综合考虑冬夏季的太阳辐射,选择建筑的最佳朝向

建筑朝向是建筑群体布局的基础,由 Weather Tool 气候分析软件的最佳朝向分析①可得长三角地区部分城市的最佳朝向与最差朝向(表 5.3)。综合而言,建筑朝向宜在南偏东 30°至南偏西 10°之间。

表 5.3 长三角地区部分城市的建筑最佳朝向分析

城市	建筑朝向分析	城市	建筑朝向分析
上海	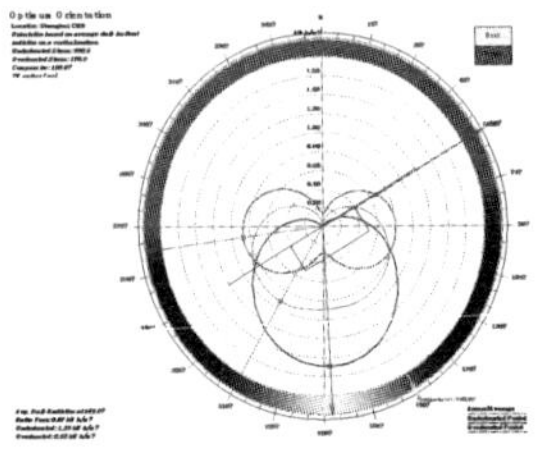 最佳朝向:150.0°(南偏东 30°) 最差朝向:60.0°(北偏东 60°)	杭州	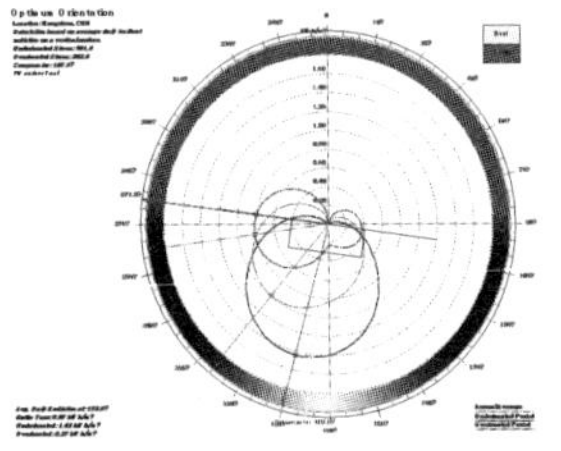 最佳朝向:187.5°(南偏西 7.5°) 最差朝向:277.5°(北偏西 82.5°)
南京	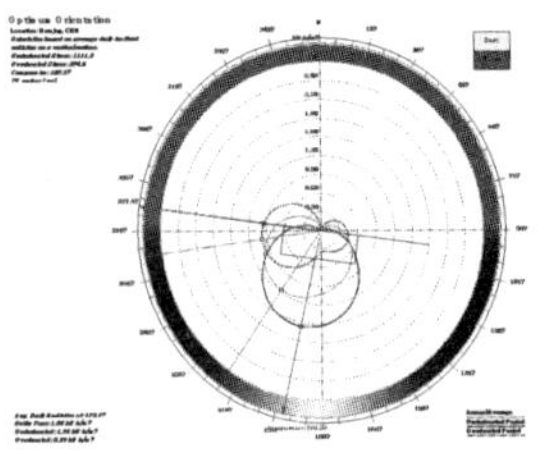 最佳朝向:187.5°(南偏西 7.5°) 最差朝向:277.5°(北偏西 82.5°)	苏州	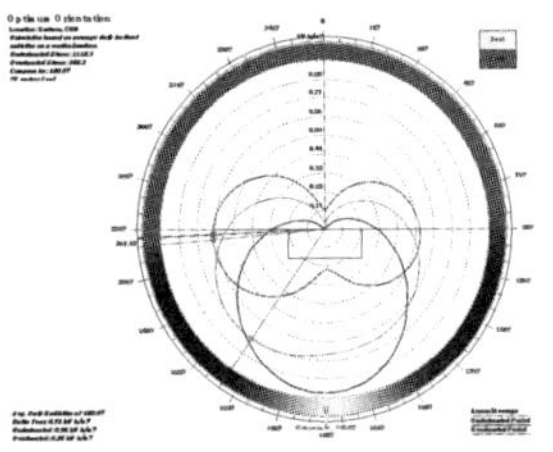 最佳朝向:180.0°(正南) 最差朝向:267.5°(南偏西 87.5°)
合肥	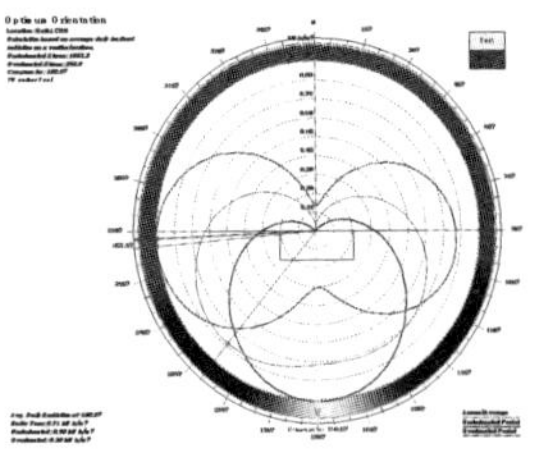 最佳朝向:180.0°(正南) 最差朝向:267.5°(南偏西 87.5°)	安庆	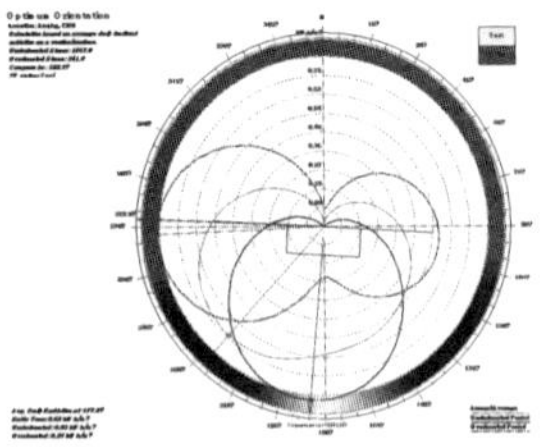 最佳朝向:180.0°(正南) 最差朝向:267.5°(南偏西 87.5°)

(表格来源:笔者自绘,图片由 Weather Tool 气候分析软件导出)

① 该软件中的最佳朝向,是指过冷时间里得到太阳辐射较多、过热时间里得到太阳辐射较少,二者权衡折中的一个方向。

2）利用地形高差，减小建筑间距

由于坡地建筑的阴影长度在相同情况下比平地建筑小，因此可利用该优势，在向阳坡宜采用平行于等高线的布置方式，在不利坡向宜采用斜交等高线的布置方式，以利于争取日照并减小建筑间距。

3）错位布置、板点结合，利用空隙争取日照

将前后平行布置的建筑上下或左右错开布置，利用山墙空隙获得更多日照。当板式、点式建筑结合布置时，点式布置在向阳一侧，板式布置其后，可利用点式建筑的空隙争取日照。

4）优化建筑形状，通过坡屋顶或退台等缩短日照间距

通过前栋建筑坡屋面或退台处理，可利用太阳高度角减小日照间距。同理，在东西两端做退台处理，也可通过太阳方位角的不同缩短日照间距。

5）控制街巷高宽比，促进群体得热和降温的平衡

街巷是群体布局中重要的设计元素。由于东西走向的街道相较于南北走向的街道更适合冬季采暖和夏季制冷的需求①。因而，群体中的街大多为东西走向，巷大多为南北走向，故民间有“横走街，纵走巷”之说。在设计中，“街宜宽”以承担主要的交通功能且利于建筑获取日照，“巷宜窄”以益于被动降温。4.1.4 节的研究已明确长三角地区既有建筑中的冷巷对建筑群体夏季的被动降温起到重要作用。其中，遮阳是冷巷发挥作用的重要因素。因此，巷道的设计目标之一是尽量减少地面与墙体的太阳辐射得热，这点可通过控制巷道的高宽比来实现。长三角地区在夏至日正午太阳高度角达到全年最大值，依据正午太阳高度角的计算公式（适用于当地纬度与直射点纬度在同一半球）：

$$H = 90^\circ - |\text{当地纬度} - \text{直射点纬度}|^\circ \tag{5.1}$$

计算可得，长三角地区夏至日正午太阳高度角为 83.5°（计算时，夏至日直射点纬度为 23.5°；由于长三角地区位于北纬 30°附近，故当地纬度取近似值 30°），即一年中太阳高度角的最大值为 83.5°。tan83.5°≈8.78，则当巷道高宽比约为 8∶1 时，巷道地面被阳光照射的时间极短，有利于巷内保持阴凉的环境。在实际设计中，可结合具体的建筑高度计算巷道适宜的宽度大小。

综上，将长三角地区地域性绿色建筑群体的被动式设计策略汇总为表 5.4。

① 杨柳. 建筑气候学[M]. 北京：中国建筑工业出版社，2010：185－188.

表 5.4　长三角地区地域性绿色建筑群体的被动式设计策略

设计因素	设计原则	设计策略	调节原理	环境参数
组构模式	以单元为群体的构成要素	以建筑单元作为群体构成的基本要素	适应破碎地貌，促进建筑与自然环境的融合	■生态环境 □土地资源 ■地形气候 ■环境融合 ■自然通风 ■太阳辐射
	逐级构成	将6～10户组合成为一个“基本生活单元”，形成“建筑单元—基本生活单元—聚落”的层级性空间场域		
建造方式	拼合、叠合式建造	在水平方向上，以双拼的形式代替传统的独立式住宅，引导和提倡邻里互助、共同营建	节约土地资源，降低体形系数	■生态环境 ■土地资源 ■地形气候 ■环境融合 ■自然通风 ■太阳辐射
		在垂直方向上，采用错叠式的建造方式，单元沿山坡重叠建造，利用下单元的屋顶作为上单元的平台或室外庭院		
空间组织	朝向方位	群体朝向宜与夏季主导风向呈一定的角度	兼顾夏季通风与冬季防风	□生态环境 ■土地资源 ■地形气候 □环境融合 ■自然通风 □太阳辐射
	布局方式	群体中的建筑布局宜采取交叉错列式的布置方式		
	开口与路径设置	在夏季主导风向上设置通风口，导风巷道的方向与夏季主导风向一致或与河道水系相垂直，宜连续、流畅，且巷道两侧的界面宜平整		
	高度与长度组合	宜在建筑群体的最北边布置长且高的建筑，在南边布置低矮且体量小的建筑，整体上从南至北呈现建筑高度与体量逐渐增大的渐进式变化		
建筑布局	综合考虑冬夏季的太阳辐射，选择最佳朝向	建筑朝向宜在南偏东30°至南偏西10°之间	促进冬季太阳辐射获取，抑制夏季太阳辐射进入； 节约土地资源	□生态环境 ■土地资源 ■地形气候 □环境融合 □自然通风 ■太阳辐射
	利用地形高差，减小建筑间距	在向阳坡宜采用平行于等高线的布置方式，在不利坡向宜采用斜交等高线的布置方式		
	错位布置、板点结合，利用空隙争取日照	将前后平行布置的建筑上下或左右错开布置。板、点结合布置时，点式布置在向阳一侧，板式布置其后		
	优化建筑形状，缩短日照间距	建筑采用坡屋面或退台处理		
	控制街巷高宽比，平衡群体得热和降温	群体中的“街”宜为东西走向，“巷”宜为南北走向		
		冷巷的高宽比宜为8∶1		

注：■表示具有关联性，□表示不具有关联性。

（表格表源：笔者自绘）

5.3 气候与建筑节能形态

在建筑群体设计的基础上，本节将在中观层面分别从气候、地貌两个方面切入探讨建筑基本单元营建的关键技术。

5.3.1 平面形态与热环境

1）体形控制

小的体形系数能够减少单位体积暴露于外界环境中的外表面积，减少建筑与外界气候热交换的“通道”。这对于减少夏季得热和冬季失热均十分有利，从而节约建筑能耗。由体形系数的定义可知：

$$f=\frac{F}{V}=\frac{HL+S}{HS}=\frac{L}{S}+\frac{1}{H} \tag{5.2}$$

式中：f 为体形系数；F 为建筑外表面积；V 为建筑所围合的体积；L 为建筑底平面周长；S 为建筑底平面面积；H 为建筑高度。

由此可得出：① 当平面形式确定时，体形系数与建筑高度成反比；② 当建筑高度一定时，建筑的平面形式几乎成了影响体形系数的唯一因素，这就使得对体形系数的控制常常转移到对平面形式的讨论上来。正如第 4 章(4.1.2 节)中所论述的，在常见的平面形式中，对于底面面积相同的建筑，圆形平面体形系数最小，正方形次之，矩形相较之下则体形系数偏大，且矩形的长宽比越大，体形系数越大。但矩形平面更能适应差异化的地形，且利于满足建筑内部功能布局的需求。在具体的实践中，若对平面形式的控制过于严格，会限制建筑创作的自由，弱化建筑形态的丰富性。因此，尽量规整建筑形体，减少平面形状中不必要的凹凸变化，即能控制体形系数在一个较低的水平。综合 5.2 节中对建筑群体设计策略的研究，长三角地区地域性绿色建筑在体形控制方面的策略可以基本沿用既有建筑的“在地营建智慧”，可归纳总结为以下四点：

① 集中建筑体量，可成片建造，形成一定的规模效应；

② 增加建筑高度，宜建二层或多层；

③ 共享建筑墙体，采用双拼或联排等共同营建的模式；

④ 规整建筑形体，选择尽量简洁的平面形式，减少不必要的凹凸变化，若采用矩形平面，宜选择长宽比较小的矩形。

此外，值得注意的是，体形系数不是衡量建筑体形适宜与否的唯一标准，还要结合该地区具体的气候条件，综合考虑建筑形体对太阳辐射的获取、屏蔽以及通风组织等各方面因素的权重。对于长三角地区，从冬季利用太阳能和减少失热的角度出发，建筑南向的外界面应尽量大，同时其他朝向的外界面应尽量小，从而实现得热增量化和失热减量化的统一。

2）气候缓冲区的设置

在 4.1.1 节的讨论中提到长三角地区既有建筑单元内呈现出丰富的空间层级，创造了建筑内部的气候梯度。由此得到启发：通过增加层级，可以减缓室外不利气候条件与室内舒适需求之间的冲突，从而达到“逐级调整，趋向舒适”的目的。因此，可以在室内主要空间与外界气候之间，结合具体的使用功能设置热环境的过渡空间——气候缓冲区。由于气候缓冲区与外界气候之间的温差小于室内主要空间与外界气候的温差，因而能有效减少外界面的热损失，从而增强主要空间的热稳定性。其中，南向的气候缓冲区还可以用于集热、储热，为附近的空间提供热量。

在既有建筑中，气候缓冲区的形式常表现为天井、檐廊、冷巷、备弄等。在现代地域性绿色建筑中，其常见形式有院落、檐廊、阳光间、门斗、屋顶间层等。

院落是建筑基本单元的构成要素，塑造了地域文化与生活空间的居住模式。按照院落所处位置、功能的不同，可分为前院、内院（天井）、后院。院落的组合构成了地域性建筑中丰富的空间层级（图 5.9、图 5.10），在气候上亦具有缓冲、调节的作用。

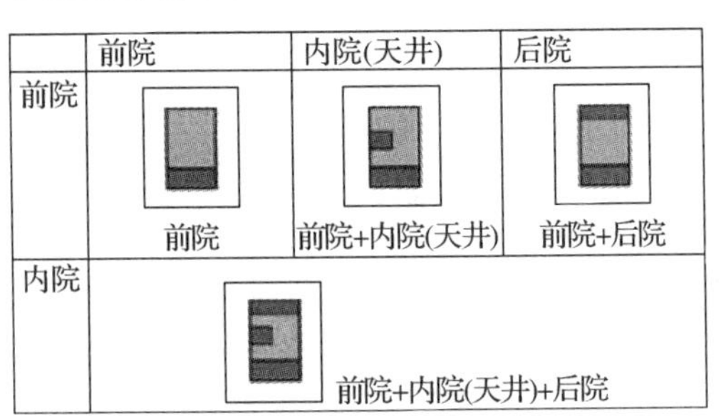

图 5.9 院落组合模式图

（图片来源：课题组资料）

檐廊是既有建筑中室内外的直接过渡空间。在现代设计中，可利用这一空间设置气候缓冲区，增强室内主要空间的热稳定性。结合实际使用需求，可设计为柱廊、可调节间层等多种空间形式。

(a)前院模式　(b)后院模式　(c)中院模式

(d)组合模式1　(e)组合模式2　(f)组合模式3

图 5.10 院落组合模式示例

（图片来源：王静. 低碳导向下的浙北地区乡村住宅空间形态研究与实践[D]. 杭州：浙江大学，2015：46.）

附加阳光间是南向气候缓冲区的常见形式，是改善冬季室内热舒适度的有效措施。冬季阳光间利用玻璃的温室效应可收集与储存太阳辐射热，夏季可打开门窗进行自然通风，是地域性建筑中常采用的可调节、可应变的气候缓冲空间。

冷巷是具有遮阳效果的窄巷道，良好的遮阳与自然通风使其成为建筑的气候缓冲区。而冷巷需通过结合自遮阳、墙地蓄冷、夜间通风三种技术策略发挥作用，当三者协同工作时，才能充分发挥冷巷的被动降温作用。因而，冷巷的设计要点包含以下三个方面：① 保证巷道具有良好的遮阳效果，减少太阳辐射得热；② 巷道两侧宜采用蓄热系数和比热容高且导热系数小的墙体材料（如钢筋混凝土墙、土坯墙、砖墙等）（表 5.5）或适当增加墙体厚度，从而提高热稳定性，延缓衰减温度波动；③ 建筑布局尽可能使冷巷获得夜间通风，使蓄冷体在夜间充分冷却、蓄积冷量。在具体的设计中（图 5.11），在建筑外部可以设置遮阳效果好的窄巷，并在两侧墙体上设置可开启的门窗，将预冷后的空气引入建筑内部；在建筑内部可以设置前后贯通的廊道与天井、院落相结合，以实现通风降温的目的。对于建筑内部的廊道，应在夜晚开启廊道两端的门窗，尽可能引入夜间通风冷却墙体结构，在白天则应减少与室外的热交换，充分利用蓄冷体进行降温。

除此之外，门斗、屋顶间层等也是有效的气候缓冲区，在此不一一赘述。概括而言，凡是与外界气候直接交接的面均可扩展成为适宜的气候缓冲区。在功能方面，气候缓冲区一般为对温度没有严格的要求或使用时间较短的空间，如楼梯间、储藏室、卫生间等。

表 5.5　常用建筑材料的热工参数

建筑材料类型	蓄热系数（周期 24 h）/[W/(m² · K)]	导热系数/[W/(m² · K)]	比热容/[kJ/(kg · K)]
钢筋混凝土	17.20	1.74	0.92
黏土砖砌体	10.63	0.81	1.05
空心黏土砖砌体	7.92	0.58	1.05
夯实黏土	12.95	1.16	1.01
建筑钢材	126	58.2	0.48
石膏板	5.28	0.33	1.05

（表格来源：中华人民共和国住房和城乡建设部. 民用建筑热工设计规范：GB 50176—2016[S]. 北京：中国建筑工业出版社出版，2016.）

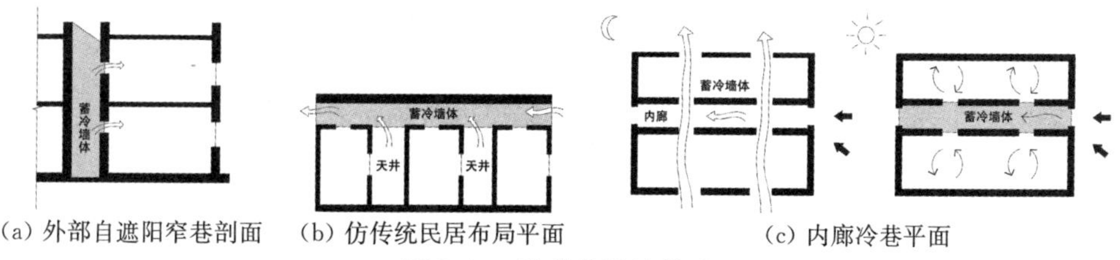

(a) 外部自遮阳窄巷剖面　(b) 仿传统民居布局平面　(c) 内廊冷巷平面

图 5.11　冷巷的设计策略

（图片来源：陈晓扬，郑彬，傅秀章. 民居中冷巷降温的实测分析[J]. 建筑学报，2013(2)：82 - 85.）

3）应变的平面

针对长三角地区夏热冬冷的气候特征，双极控制是绿色建筑营建的重要原则。空间形态的适应性变形有助于实现双极控制的目标，解决设计目的与设计手段在冬、夏季之间的矛盾。在平面设计上，可通过调整部分外界面的开放性来改变平面形态以适应气候的季节性变化，如 5.1.3 节中提到了美国气候学者巴鲁克 · 吉沃尼提出的“平面可变性”方案

(图 5.12),可归纳为平面形态的“外部完型”。同理,也可采用“内部完型”的方式,如建立动态调节的玻璃界面在冬季封闭建筑内部的天井等空间(图 5.13)。

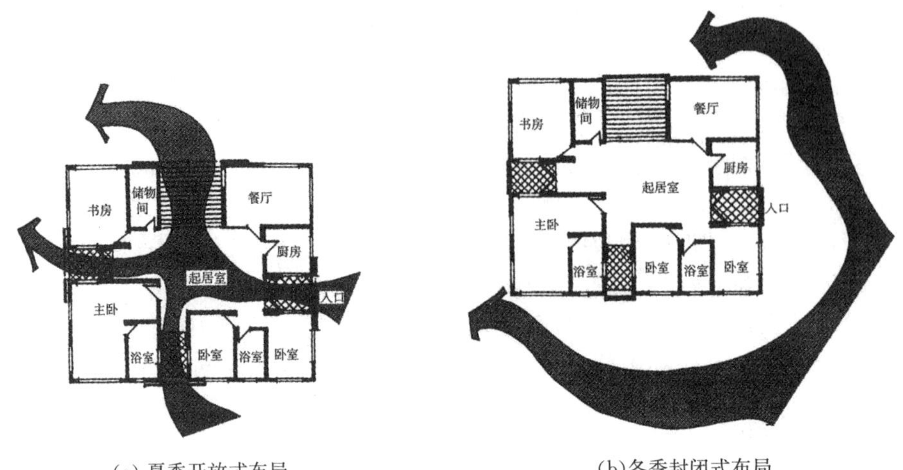

(a) 夏季开放式布局　　(b)冬季封闭式布局

图 5.12　平面形态的“外部完型”

(图片来源:吉沃尼. 建筑设计和城市设计中的气候因素[M]. 汪芳,阚俊杰,张书海,等译. 北京:中国建筑工业出版社,2011:41.)

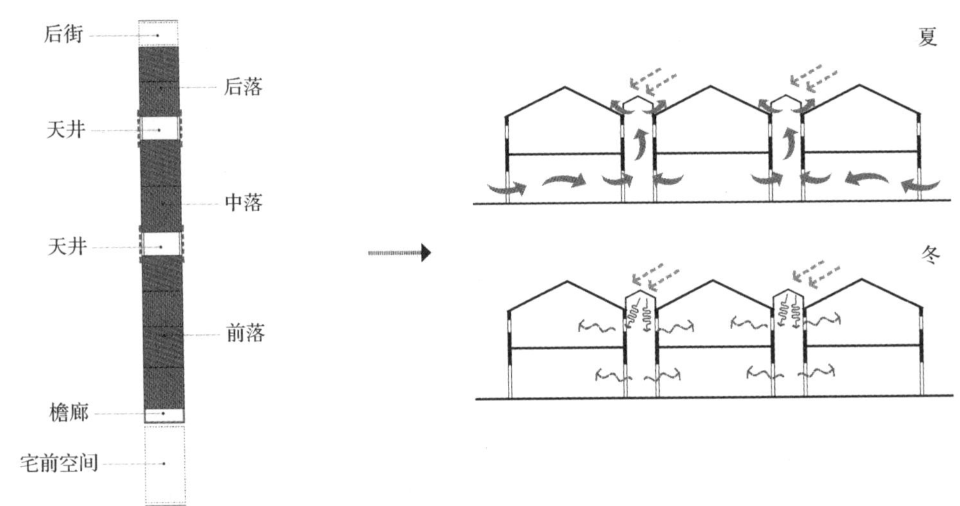

图 5.13　平面形态的“内部完型”

(图片来源:课题组绘制)

以浙江省张陆湾村的筒屋改造为例,原筒屋利用窄天井拔风加速室内空气流通,对室内自然通风起到良好的促进作用。但是作为联系房前屋后的过渡空间,存在遮风避雨以及冬季室内保温的需求。改造中,设计团队在天井加设玻璃屋面,在侧边设置可开启的高窗。夏季时,打开高窗,玻璃顶受太阳辐射加热,使拔风作用更加显著,进一步加速室内通风,将热空气排至室外。冬季时,关闭高窗,使平面“完型”,形成的温室效应有助于室内的保温蓄热。玻璃界面在不影响室内采光的前提下,既满足了使用需求,又降低了建筑能耗①。

---

① 王竹,郑媛,陈晨,等. 筒屋式村落的微活化有机更新:以浙江德清张陆湾村为例[J]. 建筑学报,2016(8):79-83.

5.3.2 剖面设计与风环境

由3.1.3节中的建筑气候分析可知，自然通风是长三角地区最主要的气候调节策略，能够提高约21%的舒适时间比。建筑中自然通风的效果往往与剖面设计紧密关联，比如合理的剖面设计能够有效引导建筑内部的气流，促进建筑的自然通风。

1）通风的诱导与控制

目前建筑中对自然通风的应用偏重于加强自然通风降温这一方面。但值得注意的是，除降温功效之外，换气也是自然通风的重要作用之一，且在长三角所处的夏热冬冷地区，自然通风策略有其适用的季节范围。在温和季节，建筑可利用自然通风加强建筑内部的通风换气，在带走内部热量的同时改善室内的空气质量。而在冬、夏季，极端冷热气候条件下启用空调时建筑需要抑制自然通风，从而减少通风对室内热环境的干扰，但过分密闭的空间又会造成新风不足，存在健康隐患或增加了机械新风系统产生的能耗。因而，自然通风策略的目标因季节差异分为诱导自然通风和控制自然通风。诱导与控制在全年中交替切换，建筑的通风率也随之在降温通风率与健康通风率之间切换：在温和季，最大限度地利用自然通风，争取高的通风率，达到降温的目的；在过渡季和空调季，控制自然通风，维持基本的健康通风率。

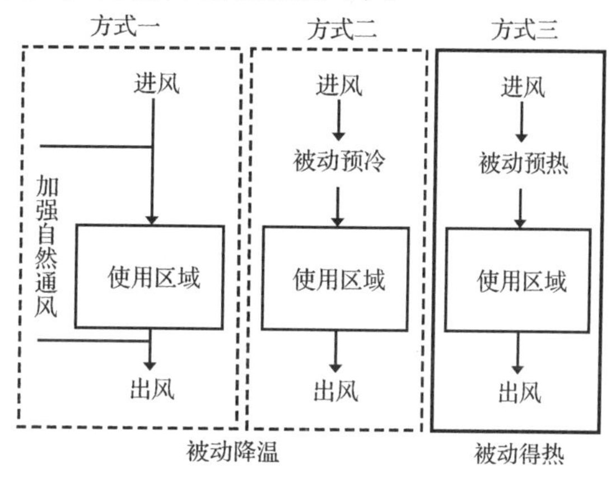

图5.14 被动节能自然通风的类型

（图片来源：陈晓扬，仲德崑.被动节能自然通风策略[J].建筑学报，2011(9)：34-37.）

自然通风与被动降温、得热方式相结合，能够解决空调季中换气与空调使用的矛盾，从而在满足健康通风的前提下减少新风对室内温度的干扰。东南大学陈晓扬等就此提出了被动节能自然通风的概念①，将其分为加强自然通风型、被动预热型、被动预冷型3种类型(图5.14)，并归纳了类型的季节适用模型。在该模型的基础上，本节结合长三角地区建筑气候分析中自然通风策略在各月的应用潜力，可以明确长三角地区建筑全年的通风状态以及各季节适用的被动节能自然通风类型(图5.15)。建筑全年的通风状态可分为8个阶段。阶段1、阶段5是空调季，此时关闭门窗抑制自然通风，但同时要维持基本的健康通风率。阶段2、阶段4、阶段6、阶段8是空调季前后的过渡季，此时不启用空调，关闭门窗利用围护结构的热缓冲作用尚能维持室内环境的热舒适，但同时也应保持基本的健康通风水平。阶段3、阶段7是温和季，此时打开门窗通风，建筑应尽可能地开敞，诱导自然通风带走室内的热量。需要注意的是，由于气象参数的不定常变化，以及在非采暖地区建筑中门窗、空调设备的启用是由使用者决定并随机控制的，因而在阶段4、阶段5、阶段6中，空调、

① 被动节能自然通风方式是利用清洁能源和建筑本身的特殊设计以自然通风为主的方式来改善建筑微气候的策略。引自陈晓扬，仲德崑.被动节能自然通风策略[J].建筑学报，2011(9)：34-37.

被动系统和直接通风降温也是交替进行的，例如人们会在夏季夜晚凉爽时关闭空调打开门窗来通风降温。所以，在阶段4、阶段5、阶段6中，通风量也在健康通风率与降温通风率之间切换，图中的虚线示意了这样的变化。就被动节能自然通风类型而言，被动预热型适用于冬季(阶段1、阶段2、阶段8)，被动预冷型适用于夏季(阶段4、阶段5、阶段6)，加强自然通风型主要适用于温和季(阶段3、阶段7)，在夏季的某些时段也适用。

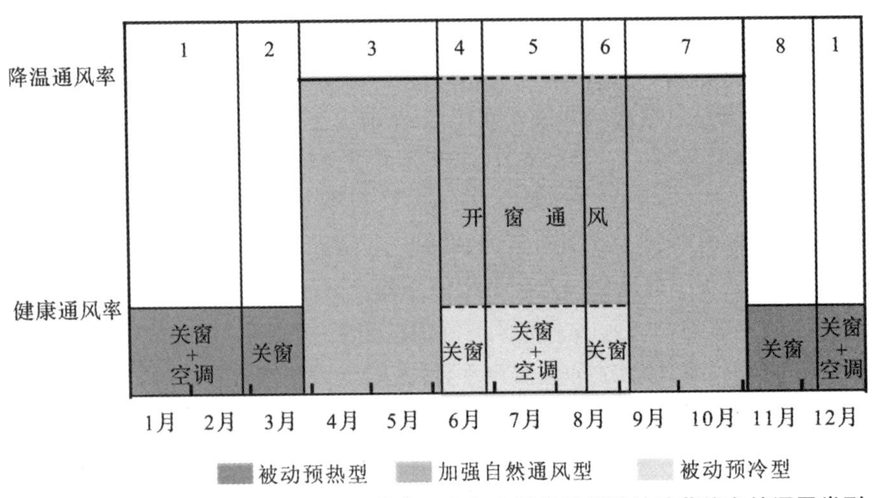

图5.15 长三角地区建筑全年通风状态示意与各季节适用的被动节能自然通风类型

(图片来源：根据长三角地区实际情况，笔者自绘.)

2) 腔体的设置

建筑的腔体空间是一个动态调节系统，作为承载风、空气、阳光的能量通道，其形态决定了建筑内部空间与环境自然要素进行能量交换的有效性①。表5.6概括了常见的建筑被动式腔体类型，腔体的设置有利于通风目标的达成。

表5.6 常见的建筑被动式腔体的类型

腔体类型	示例	原理	主要适用类型	通风目标
外部腔体	街巷缓冲	遮阳、诱导通风	主要适用于加强自然通风型	诱导自然通风
通风腔体	灰空间	遮阳降温		
	贯穿廊道	与外表皮连通的内廊、弄堂，利用风压通风		
	天井和中庭	利用风压、热压通风		
降温腔体	通风塔	利用烟囱效应拔风		
	蒸发降温腔体	水蒸发结合通风塔	主要适用于被动预冷型	控制自然通风
	蓄冷通风腔体	重质墙、板，白天蓄热，夜晚通风		
得热腔体	地下腔体	地道、地下室，利用土壤的蓄热特性		
	太阳能立面腔体	双重幕墙、特朗伯墙、附加温室，利用太阳能	主要适用于被动预热型	
	太阳能屋面腔体	屋顶温室，利用太阳能		
	地下腔体	地道、地下室，利用土壤的蓄热特性		

(表格来源：陈晓扬，仲德崑.被动节能自然通风策略[J].建筑学报，2011(9):34-37.笔者修改绘制)

① 林萍英.适应气候变化的建筑腔体生态设计策略研究[D].杭州：浙江大学，2010.

(1) 外部腔体与通风腔体:加强自然通风降温

建筑中外部腔体与通风腔体的设置,有利于诱导自然通风,使得在有利的气候条件下争取较高的通风率,排出建筑内热,达到降温的目的。自然通风最基本的原理有风压效应、热压效应两种。风压效应最优先考虑的是水平方向的穿越式通风,其次是单侧通风,在这方面,既有建筑中的内部弄堂与翼墙效应提供了良好的参考。风压通风的效果与外界环境的风速风向、建筑的平面布局以及立面的导风构件等紧密关联。当建筑进深较小时,只要有开口就能产生穿堂风,因此有的学者提出了“浅形平面”的概念以及“深度低于 14 m”的设计原则①。而当建筑进深较大时,贯穿建筑内部的横向腔体易于形成穿堂风(图 5.16)。

但由于风压效应必须依赖充足的风力条件来实现,而长三角地区静风率高(全年静风率约 30%),难以形成稳定的风压条件,因而仅仅依赖风压通风难以满足舒适需求。因此,热压效应成了长三角地区自然通风的主导方式。研究表明,热压效应的通风效率与高度差及温度差成正比,为了加强静风期的自然通风就需要制造高度差或温度差。在这方面已有较多的研究,在此将成熟的经验稍做总结,可归纳为:① 设置垂直贯穿的竖向腔体,如中庭、天井、楼梯间、通风塔等,利用高度差产生“烟囱效应”促进通风;② 设置外部腔体(如具有遮阳降温作用的各种灰空间)或是得热、降温腔体(如太阳能屋顶腔体),制造温度差以利于通风(图 5.16)。例如,将楼梯间与屋顶腔体结合设置,加热屋顶出风口处的空气,可以有效加强通风效果,图 5.17 表示了楼梯间与屋顶腔体组合的设计示意。

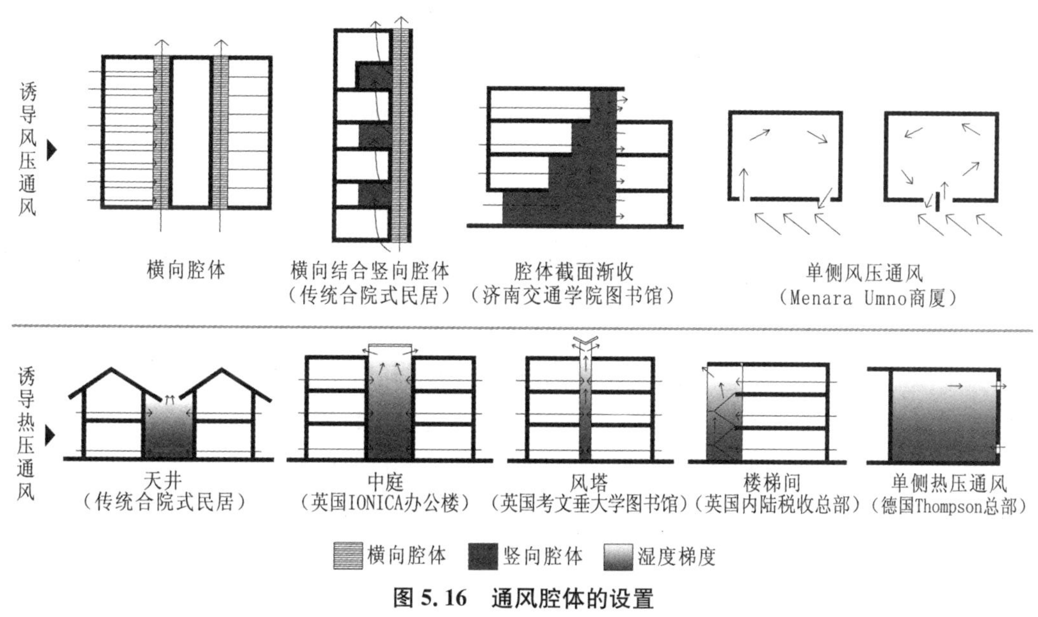

图 5.16 通风腔体的设置

(图片来源:陈晓扬,仲德崑.被动节能自然通风策略[J].建筑学报,2011(9):34-37.)

① 浅形平面,长条浅短之平面。“热湿气候区适合采用浅形平面、双向对流、导风板等风力通风设计。一般而言,单边开窗的空间纵深超过 6 m,双边开窗的空间纵深超过 12 m,即不利于自然风压通风。通常 12 m 通风极限的住宅深度,还可以在中间勉强配置一间机械通风的浴厕后成为 14 m。14 m 深度通常就是良好通风建筑的极限,超出 14 m 深的建筑物必须长期依赖空调换气设备方可维持其机能。”整理自林宪德. 亚洲观点的绿色建筑[M]. 香港:贝思出版社有限公司,2011:77.

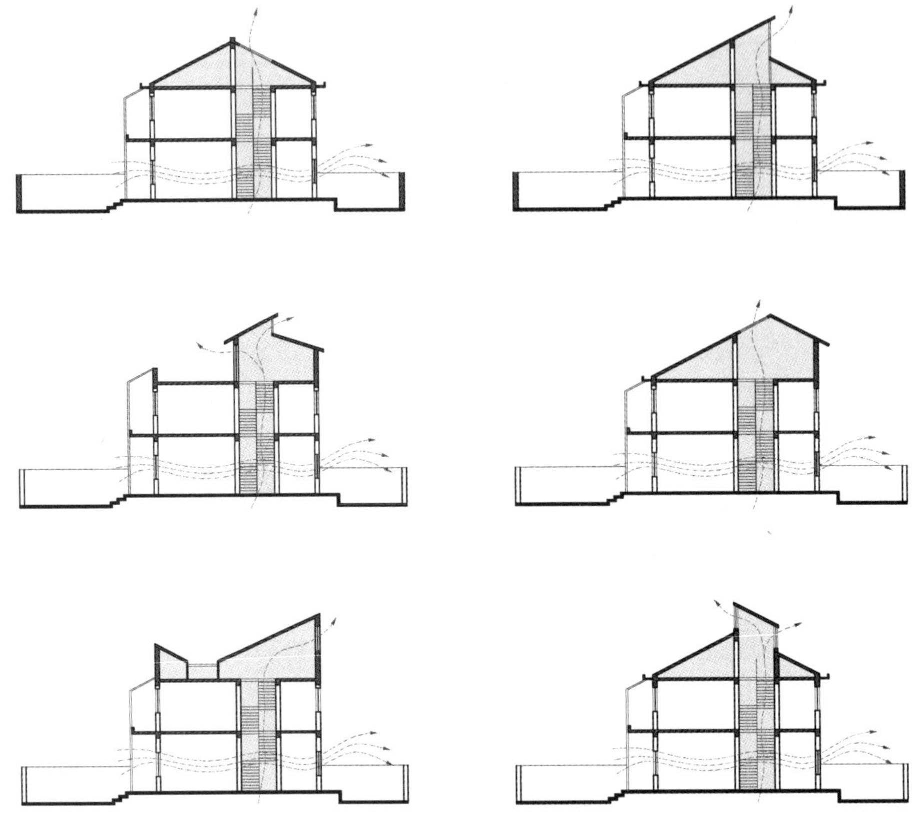

图 5.17 楼梯间与屋顶腔体组合示意

（图片来源：课题组绘制）

此外，“文丘里效应”在自然通风设计中也有较普遍的运用。根据伯努利定律，流速与压力成反比，气流通道变小，流速增加，压力变小，从而产生吸附作用，具有捕风的效果。利用这一原理，有利于将气流导入建筑内部，也能促进自然通风。例如，在普天信息中心上海总部科研楼的设计中，建筑内部的中庭采用上小下大的剖面形式，利用“文丘里效应”加强中庭的自然通风能力。同时，中庭顶部设置有可开启的天窗，利用太阳能加热空气可进一步强化自然通风的效果（图 5.18）①。值得一提的是，通常在建筑设计中，组织自然通风并非仅仅依靠单一模式，而是多种通风效应共同作用，以混合效应达到最佳的通风效果。因此，横向与竖向腔体的设置，使得风压与热压效应相结合，更有利于加强自然通风降温。

（2）降温腔体与得热腔体：结合热调节作用的自然通风

我国《夏热冬冷地区居住建筑节能设计标准》（JGJ 34—2010）②规定：采暖或空调时，建筑换气次数应为 1.0 次/h。对于我国常见的住宅，仅依靠门窗缝隙对流，换气次数可达到

① 张彤. 空间调节 中国普天信息产业上海工业园智能生态科研楼的被动式节能建筑设计[J]. 动感（生态城市与绿色建筑），2010(1)：82－93.

② 中华人民共和国住房和城乡建设部. 夏热冬冷地区居住建筑节能设计标准：JGJ 34—2010[S]. 北京：中国建筑工业出版社出版，2010.

图 5.18　普天信息中心上海总部科研楼的中庭设计与自然通风

(图片来源:张彤.空间调节 中国普天信息产业上海工业园智能生态科研楼的被动式节能建筑设计[J].动感(生态城市与绿色建筑),2010(1):82-93.)

0.5～1.5 次/h,就基本满足规定①。也就是说,一般情况下,在建筑外界面设置通风孔,即可达到健康换气的要求。但若通风孔直接连通使用房间与室外,则冬、夏季的空气渗透会对室内温度产生干扰,从而增加空调的能耗。而附加的降温或得热腔体能够对进入室内的空气进行预热或预冷处理,使得在不利的气候条件下,满足健康换气要求的同时减少新风对室内温度的影响。其工作原理为:通风孔设置在附加腔体的外侧,空气先进入包含冷、热媒的腔体中进行热交换,然后再将预处理后的空气送入室内。图 5.19 表示了几种结合降温腔体或得热腔体进行通风换气的工作原理。需要注意的是,建筑气候分析结果表明直接蒸发冷却会增加建筑室内的湿度,不适用于空气湿度大的长三角地区,因而蒸发降温腔体不宜在长三角地区使用。

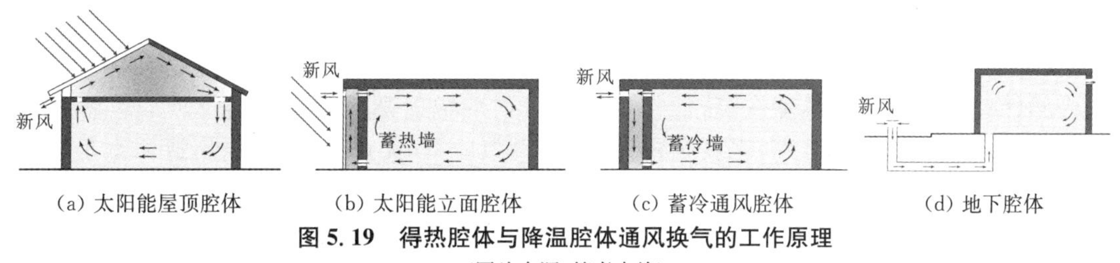

(a) 太阳能屋顶腔体　(b) 太阳能立面腔体　(c) 蓄冷通风腔体　(d) 地下腔体

图 5.19　得热腔体与降温腔体通风换气的工作原理

(图片来源:笔者自绘)

3) 应变的剖面

除平面可具有应变性的形态之外,剖面的应变性也使得建筑对气候的适应能力增强。无论是平面还是剖面的应变形态通常是通过可调节的界面要素得以实现的。在剖面设计中,通过墙体、楼板、屋面等分隔界面的调节,可以形成冬夏季不同的剖面形态。通过对建筑剖面的改变,能够适时地调整建筑防风与通风。受建筑师查尔斯·柯里亚设计的帕里克住宅的启发②,在长三角地区通过调整内界面的分隔方式,可形成应变的剖面形态适应夏热冬冷的双极气候特征(图 5.20)。冬季式剖面的室内主要空间呈倒三角形(图 5.20(b)),顶部开口大以获取更多的辐射热,屋顶腔体与楼梯间均密闭,形成了冬季良好的保温腔;夏季式

① 陈晓扬,仲德崑.被动节能自然通风策略[J].建筑学报,2011(9):34-37.

② 详见 5.1.3 节“形态:建构具有应变性的建筑形态”。

剖面呈正三角形(图 5.20(a)),上部开口小以减少太阳辐射得热,楼梯间利用热压效应促进通风,开启屋面的通风口,遮阳构件能够有效遮挡阳光,与此同时流动的空气不断带走屋顶间层内的热量,从而减少屋面吸收的辐射热。

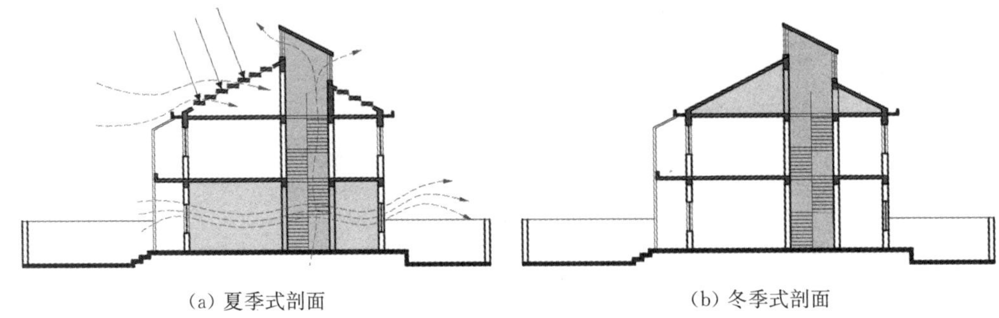

(a) 夏季式剖面　　(b) 冬季式剖面

图 5.20　长三角地区应变型剖面示意

(图片来源:笔者自绘)

5.3.3　自遮阳的形体设计

地区的气候特征不同,被动式设计的取向不同。结合建筑区划分和建筑热工设计分区对于不同地区建筑的设计要求,可以看出长三角地区设计的主要矛盾是夏季防热,同时兼顾冬季保温。因而,平衡自遮阳与自得热是绿色建筑形体设计的关键,且其中自遮阳比自得热更为必要。

1) 自遮阳形体的构成方法

建筑获得太阳辐射热的主要途径有两种:① 墙体等不透明的围护结构吸收太阳辐射热后表面温度升高,热量通过结构层传递到室内;② 太阳辐射通过透明玻璃进入建筑室内,使室内构件吸收辐射热而温度升高,但室内构件发射的辐射则基本不能透过玻璃再辐射出去①,从而导致室内温度升高,也就是常说的“温室效应”。无论是何种途径,遮阳都是阻断建筑得热的重要手段之一。

自遮阳形体,是指运用建筑形体的外挑与变异或利用建筑构件来屏蔽太阳辐射得热的设计技术。建筑通常根据太阳高度角与方位角及相关环境需求来塑造自遮阳的形体,以此调控、优化建筑室内的热环境。既有建筑中骑楼、檐廊等都是建筑形体自遮阳的良好范例。相较于各类附加的遮阳措施,形体自遮阳利于实现遮阳与建筑的一体化设计,具有“零增量成本”的优点。在地域性绿色建筑设计中,自遮阳形体常见的构成方法有:① 通过建筑体形的凹凸变化,尤其是利用体量的出挑、错位形成自遮挡;② 利用屋顶挑檐、外廊、阳台等构件出挑以及凸出墙面的墙体、构架、壁柱等构件形成自遮阳。

2) 遮阳时间的确定

长三角地区合理的遮阳设计应能够在夏季尽可能地阻挡太阳辐射,在冬季又不影响太阳光进入室内。因此,适宜的遮阳角度是设计把控的重点。在建筑方案设计阶段,可以根据

① 玻璃可以透过太阳辐射中大部分波长的光,而一般常温物体所发射的辐射(多为远红外线光)的透过率很低。引自刘念雄,秦佑国. 建筑热环境[M]. 2 版. 北京:清华大学出版社,2016:77.

一个地区需要遮阳的时间绘制该地区的遮影图，然后由遮影图得到某个朝向的水平遮阳角与垂直遮阳角，从而选择适宜的遮阳方式，并明确遮阳的角度与遮阳构件的尺寸①。

为了确保建筑全年遮阳的有效性，首先应确定需要遮阳的时间。研究表明，确定遮阳时间的方法有两种：① 平衡温度确定法；② 过热时间分析法。其中，过热时间分析法不针对具体的建筑形式，可用于分析一个地区的气候特征。因此，本节以长三角地区部分代表性城市为样本，采用过热时间分析法来确定长三角地区需要遮阳的时间②。现以杭州市为例，阐述具体的遮阳设计分析过程，杭州市典型气象年的平均温度值见表 5.7。

表 5.7 杭州市夏季典型日逐时温度 单位：℃

时间	4 月	5 月	6 月	7 月	8 月	9 月	10 月	11 月
6:00	13.0	18.2	22.1	24.9	25.5	21.5	16.5	9.9
7:00	13.4	18.7	22.7	25.5	26.1	21.8	16.7	9.9
8:00	14.2	19.4	23.6	26.3	27.2	22.7	17.4	10.8
9:00	15.4	20.4	24.4	27.4	28.2	23.8	18.6	11.8
10:00	16.6	21.3	25.5	28.4	29.4	24.8	19.7	12.9
11:00	17.7	22.3	26.4	29.2	30.3	25.5	20.7	13.9
12:00	18.8	23.2	27.0	30.0	30.9	26.0	21.8	15.2
13:00	19.8	23.7	27.6	30.5	31.5	26.5	22.3	15.8
14:00	20.2	24.2	27.9	31.0	31.7	26.8	22.7	16.2
15:00	20.1	24.5	28.0	30.9	31.0	26.8	22.8	16.2
16:00	19.5	24.4	27.8	30.4	30.6	26.7	22.2	15.7
17:00	19.0	24.0	27.3	29.8	30.0	26.2	21.3	14.7
18:00	18.2	23.4	26.7	29.0	28.9	25.5	20.3	13.8
19:00	17.3	22.5	25.8	28.2	28.2	24.8	19.6	13.2
20:00	16.7	21.7	25.0	27.6	27.9	24.3	19.1	12.7

[表格来源：笔者自绘，其中数据来源于 EnergyPlus 官方网站(https://energyplus.net/weather)，采用的气候数据为 CSWD 格式(中国建筑热环境分析专用气象数据集)]

夏热冬冷地区人体热舒适气候适应性模型③为：

$$T_n = 0.326t_0 + 16.862 \quad (16.5 < T_n < 27.8) \quad R = 0.907\,01 \tag{5.3}$$

式中：t_0为室外温度；T_n为热中性温度。

可知，杭州地区 4—11 月份的热中性温度分别为 22.2 ℃、23.8 ℃、24.9 ℃、25.8 ℃、

① 求得遮阳构件形式、尺寸的方法有计算法、图解法、软件模拟法、实验法等等。本书采用图解法。相较于常规的计算法，图解法以某一地区的气象统计数据为基础，结果更精准、全面。本书中所运用的方法最早由美国学者阿拉达尔·奥盖尔(Aladar Olgyay)和维克多·奥盖尔(Victor Olgyay)提出，可详见 1957 年出版的著作 *Solar Control and Shading Devices*。图解法能够在建筑方案设计初期对遮阳设计方式给出简单的定量判断。若需进一步获得更精确的结果，可设立实验房来检验遮阳装置的效果。

② 平衡温度确定法主要用于对不同类型的建筑进行有针对性的分析，而过热时间分析法不针对具体的建筑类型，可直接用来分析一个地区的气候特征。引自杨柳. 建筑气候学[M]. 北京：中国建筑工业出版社，2010：271.

③ 该线性回归方程为我国夏热冬冷地区人体热舒适气候适应性模型，引自茅艳. 人体热舒适气候适应性研究[D]. 西安：西安建筑科技大学，2007：95.

26.1 ℃、24.7 ℃、23.1 ℃、21.0 ℃①，且夏季的热中性温度上限值为 27.8 ℃。不同于以某一温度作为遮阳的临界温度，运用“人体热舒适气候适应性模型”计算、预测的不同气候情况下的室内舒适温度具有动态变化的特点，体现了人体对气候条件的适应能力。当逐时温度超过室内舒适温度时，则需要采取遮阳措施，在表 5.7 中将遮阳时间以阴影表示出来，由此可具体得出杭州地区需要遮阳的月份与时间。

3）遮阳角度的计算

将表 5.7 中各月份需要遮阳的临界时刻逐一绘制在该地区的太阳轨迹图中，得到遮影范围（如图 5.21 中的阴影部分所示）。由此可以求得各朝向水平或垂直遮阳的有效遮阳角，

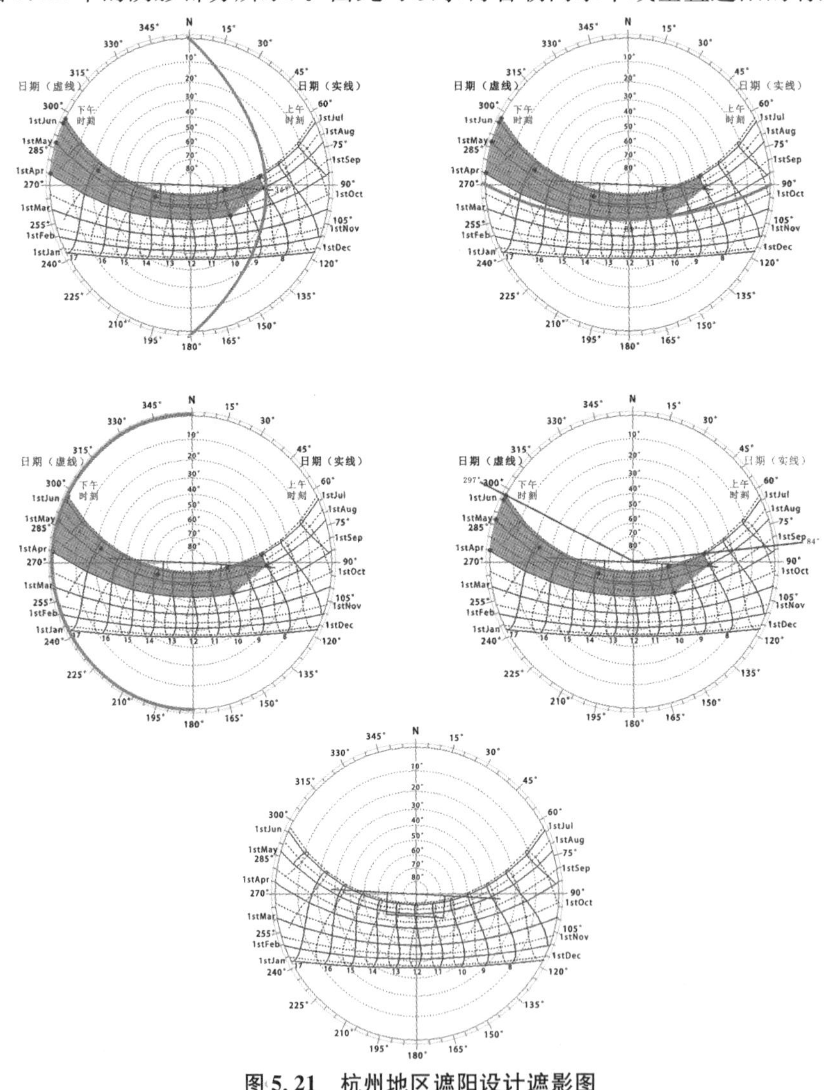

图 5.21　杭州地区遮阳设计遮影图

（图片来源：笔者自绘）

① 杭州地区 4—11 月份的室外平均气温分别为 16.3 ℃、21.2 ℃、24.8 ℃、27.5 ℃、28.2 ℃、24.1 ℃、19.1 ℃、12.6 ℃（数据来源于 EnergyPlus 官方网站），将其代入公式 $T_n = 0.326t_0 + 16.862$ 可得各月份的热中性温度。

进而可以为遮阳方式的选择以及遮阳构件尺寸的设计提供数值参考。针对水平式、垂直式两种最基本的遮阳方式，由图 5.21 可得，杭州地区南向宜采用水平式遮阳，这样能够有效遮挡夏季过量的太阳辐射，其垂直遮阳角为 63°，则体量或建筑构件水平出挑的长度 L 与遮阳底板至窗下沿的距离 H 的关系如式(5.4)所示；东向若采用水平式遮阳，其垂直遮阳角为 34°，则 L 和 H 的关系如式(5.5)所示，可采用凹廊等处理方法；西向夏季下午时刻太阳辐射量大，宜在整体上加强围护结构的防热性，且不宜开窗，若开窗宜采用挡板式等遮阳效果强的附加遮阳措施，或开窗转折一定的角度；北向的太阳辐射量最小，遮阳的目的是遮挡部分时间来自东北或西北向的斜向阳光，宜采用垂直式遮阳，其水平遮阳角为 6°(东北向)、27°(西北向)，则墙体、壁柱等垂直遮阳构件凸出墙面的长度 T 与构件至窗口另一侧的距离 S 的关系如式(5.6)、式(5.7)所示。

$$L \geqslant H/\tan 63° = 0.51H \tag{5.4}$$

$$L \geqslant H/\tan 34° = 1.48H \tag{5.5}$$

$$T_1 = 0.11S(\text{东北向}) \tag{5.6}$$

$$T_1 = 0.51S(\text{西北向}) \tag{5.7}$$

诚然，自遮阳形体产生的遮阳效果有限，因此在形体设计的基础上，可根据不同立面的日照情况采用辅助的遮阳措施，如固定式或活动式的外遮阳构件、绿化遮阳等。值得注意的是，本节对太阳高度角与方位角的计算同样适用于细部层面附加式遮阳构件的设计。

综上，将长三角地区地域性绿色建筑基本单元的营建模式与被动式设计策略汇总为表 5.8、表 5.9。

表 5.8　长三角地区地域性绿色建筑基本单元的营建模式

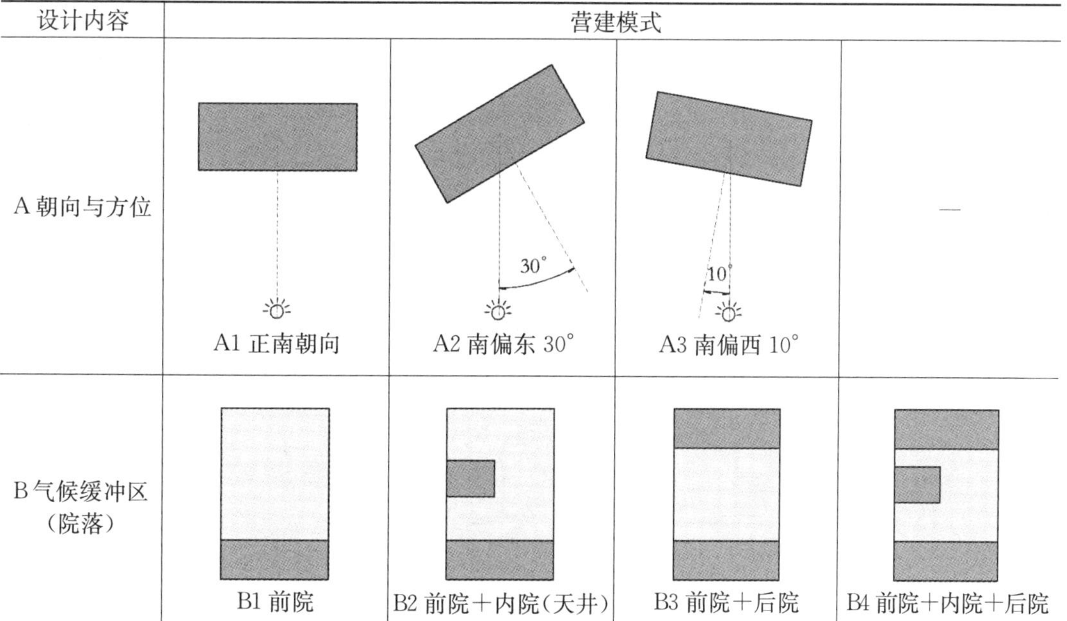

设计内容	营建模式			
A 朝向与方位	A1 正南朝向	A2 南偏东 30°	A3 南偏西 10°	—
B 气候缓冲区(院落)	B1 前院	B2 前院＋内院(天井)	B3 前院＋后院	B4 前院＋内院＋后院

续表

设计内容	营建模式			
B 气候缓冲区（檐廊、阳光间）	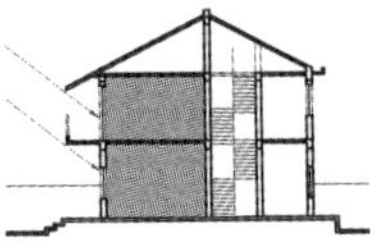 B5 檐廊	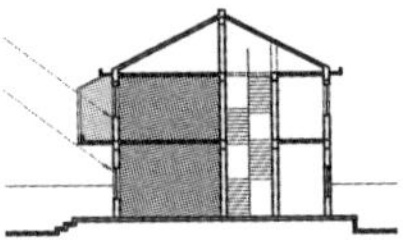 B6 阳光间 1	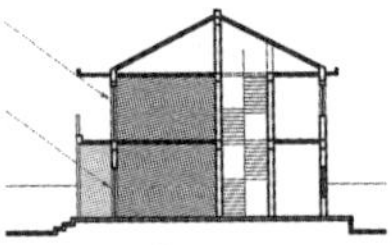 B7 阳光间 2	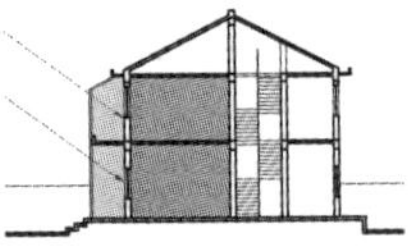 B8 阳光间 3
B 气候缓冲区（冷巷）	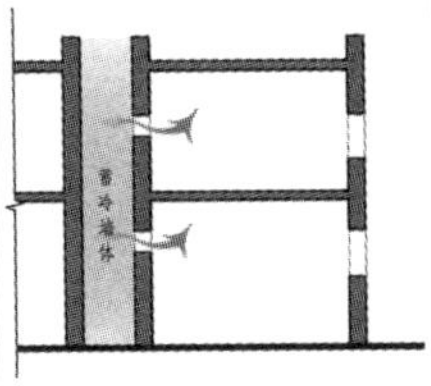 B9 外部冷巷	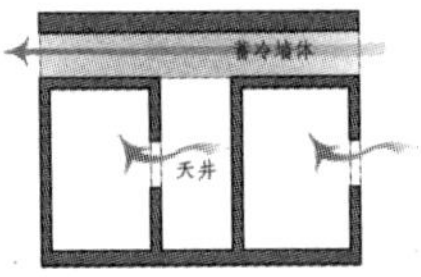 B10 内部冷巷	—	—
C 应变型平面	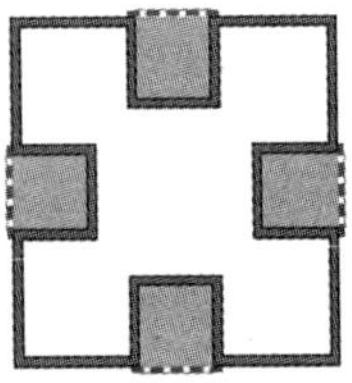 C1 平面外部完型	 C2 平面内部完型	—	—
D 通风腔体	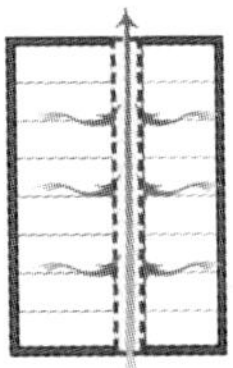 D1 横向腔体	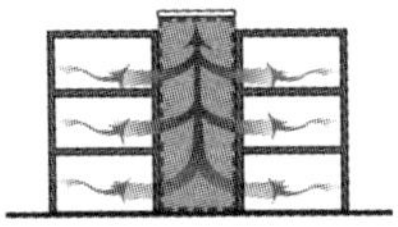 D2 竖向腔体	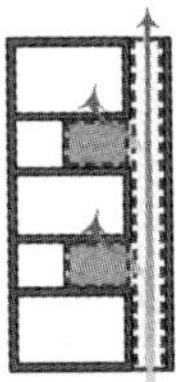 D3 横向+竖向腔体	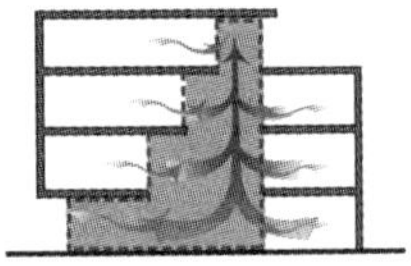 D4 变截面腔体
E 得热与降温腔体	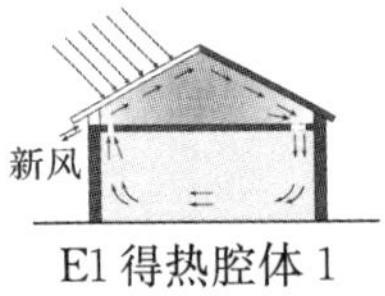 E1 得热腔体 1（太阳能屋顶腔体）	 E2 得热腔体 2（太阳能立面腔体）	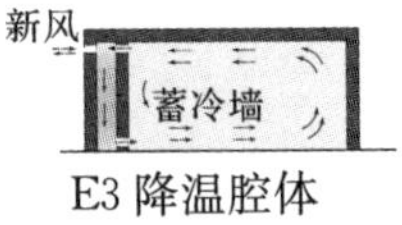 E3 降温腔体（蓄冷通风腔体）	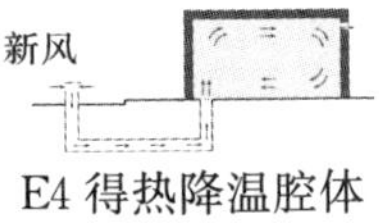 E4 得热降温腔体（地下腔体）
F 应变型剖面	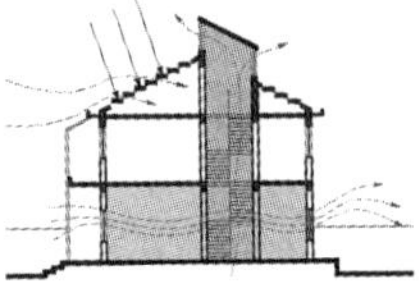 F1 应变型剖面（夏季）	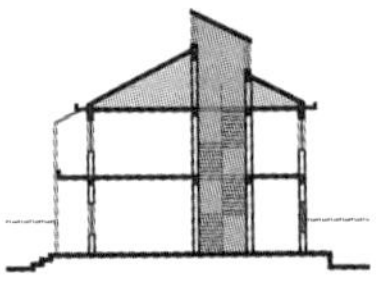 F2 应变型剖面（冬季）	—	—

（表格来源：笔者自绘）

表 5.9 长三角地区地域性绿色建筑基本单元的被动式设计策略

设计因素	设计原则	设计策略	调节原理	室内环境参数
平面设计	体形控制	集中建筑体量,可成片建造	抑制传导热与辐射热	■保温隔热 ■太阳辐射 □相对湿度 ■自然通风 ■自然采光
		增加建筑高度,宜建二层或多层		
		共享建筑墙体,采用双拼、联排等共同营建的模式		
		规整建筑形体,选择尽量简洁的平面形式,减少不必要的凹凸变化,若采用矩形平面,宜选择长宽比较小的矩形	“逐级调整,趋向舒适”:增加空间层级,减缓室外不利气候条件与室内舒适需求之间的冲突,增强主要功能空间的热稳定性	
	气候缓冲区设置	组合设置院落		
		与出入口设计结合,设置檐廊、柱廊等		
		南向布置附加阳光间		
		设置冷巷,具体设计方法:① 巷道应具有良好的遮阳效果;② 巷道两侧宜采用蓄热系数和比热容高且导热系数小的墙体材料或适当增加墙体厚度;③ 建筑布局尽可能使冷巷获得夜间通风		
		结合功能,布置厨卫、楼梯间、储藏室等辅助用房作为气候缓冲区		
	应变型平面	建立可动态调节的界面,对建筑平面进行适时的“外部完型”与“内部完型”	建筑形态适时应变,适应冬夏季不同的气候需求	
剖面设计	腔体设置	设置外部腔体,诱导通风	诱导、控制自然通风;满足健康通风换气的需求	■保温隔热 ■太阳辐射 ■相对湿度 ■自然通风 ■自然采光
		结合风压与热压效应,设置贯穿建筑内部的横向腔体以及中庭、天井、楼梯间等竖向腔体		
		应用“文丘里效应”,强化自然通风效果		
		设置降温腔体与得热腔体,对进入室内的空气进行预热或预冷处理(蒸发降温腔体不宜在长三角地区使用)		
	应变型剖面	通过墙体、楼板、屋面等分隔界面的调节,形成冬、夏季不同的剖面形态	适应冬夏季不同的气候需求	

续表

设计因素	设计原则	设计策略	调节原理	室内环境参数
形体设计	自遮阳	构成方法：① 通过建筑体形的凹凸变化，尤其是利用体量的出挑、错位形成自遮挡；② 利用屋顶挑檐、外廊、阳台等构件出挑以及凸出墙面的墙体、构架、壁柱等构件形成自遮阳	平衡自遮阳与自得热（抑制夏季太阳辐射热的进入，且不影响冬季太阳光进入室内）	□保温隔热 ■太阳辐射 □相对湿度 □自然通风 ■自然采光
		遮阳方式与遮阳构件尺寸的数值参考：① 南向，宜采用水平式遮阳，垂直遮阳角约为 65°，则体量或建筑构件水平出挑的长度 L 与遮阳底板到窗下沿距离 H 的关系约为 $L \geqslant 0.5H$；② 东向，若采用水平式遮阳，垂直遮阳角约为 35°，则 $L \geqslant 1.5H$，可采用凹廊等处理方法；③ 西向，宜在整体上加强围护结构的防热性，不宜开窗，若开窗宜采用挡板式等遮阳效果强的附加遮阳措施，或开窗转折一定的角度；④ 北向，宜采用垂直式遮阳，水平遮阳角约为 6°（东北向）、27°（西北向），则垂直遮阳构件凸出墙面的长度 T 与构件至窗口另一侧的距离 S 的关系约为 $T_1 = 0.11S$（东北向）、$T_2 = 0.51S$（西北向）		

注：■表示具有关联性，□表示不具有关联性。

（表格来源：笔者自绘）

5.4　地貌与实体构筑方式

地貌是与人居环境密切相关的物质条件，是地域性绿色建筑形成的根基所在，对建筑的地域性塑造具有重要意义。在以往对于绿色建筑的研究中，人们多侧重于关注建筑与气候环境的关系，而较少关注绿色建筑与地貌的关联性。在中观层面，地域性绿色建筑的营建应顺应、适应其所处的地貌环境。首先，需考虑基地的地形、土壤、水文等地貌因素，选择适合的建筑接地方式，使建筑与地貌相适应；其次，宜注重建筑顺应地貌走势，借助地形，通过合理的建筑布局积极适应气候环境；最后，应选择适宜的结构体系，获得利于地貌适应的技术支撑。

5.4.1　下垫面的柔性应变

下垫面作为人居环境所依托的底界面，对地域性绿色建筑的营建具有重要作用。在现代社会中，人们多倾向于将建筑安置于平地，也倾向于建筑与土地简单的硬性交接。下垫面的应变主要有两层含义：第一，在保持建筑主体空间不变的情况下，能够通过可变的下垫面形态来适应不同的地貌类型；第二，下垫面能够应对地貌一定程度的动态变化。而“柔性”是区别于硬性、刚性的交接方式，借由多种类型的缓冲空间，缓冲、协调建筑与土地的关系(图 5.22)。此时，建筑与土地的交接面可扩展为应变腔体，一方面针对长三角地区潮湿、多雨的气候特征，可以起到隔潮、通风以及基地找平的作用，另一方面也可作为储物等辅助功能空间。例如，建筑以架空的方式置于水上，架构高出水面旱季标高 2 m 至 3 m，建筑底面与水面之间形成夹层空间能够应对水文的动态变化，在丰水期水面抬升，人们可直接停船入室，在旱季人们则可将渔船停至夹层内，防止日晒。

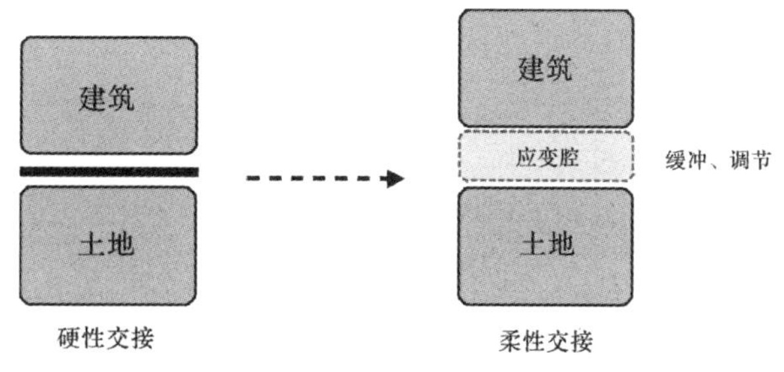

图 5.22 下垫面柔性应变的原理示意

(图片来源：笔者自绘)

以“适应”一词的概念理解建筑与地貌的适应关系，“适应”指有机体在发展过程中与自然之间相互协调的过程①。因而，对于建筑与地貌的适应，自然而然地一分为二：使地貌适应建筑，或使建筑适应地貌。前者包括挖方、填方等策略，适当改变地形地貌以适应建筑物；后者包括架空、悬挑等手法，通过建筑底界面的变化适应地形地貌。由地貌的成因可知，其具有一定的动态性，始终处于内外营力的共同作用中，不断地生成、生长与变化。因而，后者较前者而言，更具生态性，能够减少建造活动对原生生态系统的扰动。

长三角地区的既有建筑在长期适应地形地貌的过程中形成了丰富的下垫面形态，通过多变的形式巧妙地应对了不同的地貌类型。在山地丘陵地区，以“顺应山势、减少接地”为原则，通常采用构筑台地、吊脚、悬挑等方式来协调建筑与山体之间的关系；在平原水网地区，或以架空、出挑的方式向水争地、亲水而居，或通过构筑廊棚、骑楼等形式在建筑与水体之间形成空间的柔性过渡。这些既有建筑中针对地形地貌的营建智慧均可成为当代地域性绿色建筑接地方式的参照。因此，在现代地域性绿色建筑的营建中，应对坡地地形，常用筑台、挖方、吊脚等设计手法，尽可能保持地表的自然形态与原有的生物群落(图 5.23)；应对滨水地貌，可通过檐廊、架空、挑台等方式，灵活处理建筑与水体的关系(图 5.24)。在实际设计中，应根据不同的初始条件选择适宜的建筑接地方式或组合模式，使建筑与地貌相适应。

简化、还原以上多样化的建筑接地形态，可将建筑与土地的结构关系概括为三类原型：相切、相交、相离。结合长三角地区的气候环境，除常见的建筑与土地“相切”的结构关系之外，建构以下两类结构关系能够利于地域性绿色建筑的营建：① 竖向嵌入(相交)。建筑可以通过部分嵌入土地的方式，弱化建筑体量，形成形体的不完全消隐，节约土地资源的同时使建筑融于自然环境。这种方式能够利用土壤的热稳定性提升建筑对于外界气候的应变能力，增加建筑内部空间的舒适性。② 架空脱离(相离)。利用地形坡度设置架空层，使建筑与地貌有一定程度的相离，这种方式能够最大限度地将绿色环境还给自然，节约建筑用地。同时，这种方式能够利用空气流动降低室温，减少建筑的运行能耗。

① 曹珂，李和平，李斌，等.适应性视角下山地城市地形改造与场地设计方法研究[J].重庆工商大学学报(自然科学版)，2019，36(4)：101-109.

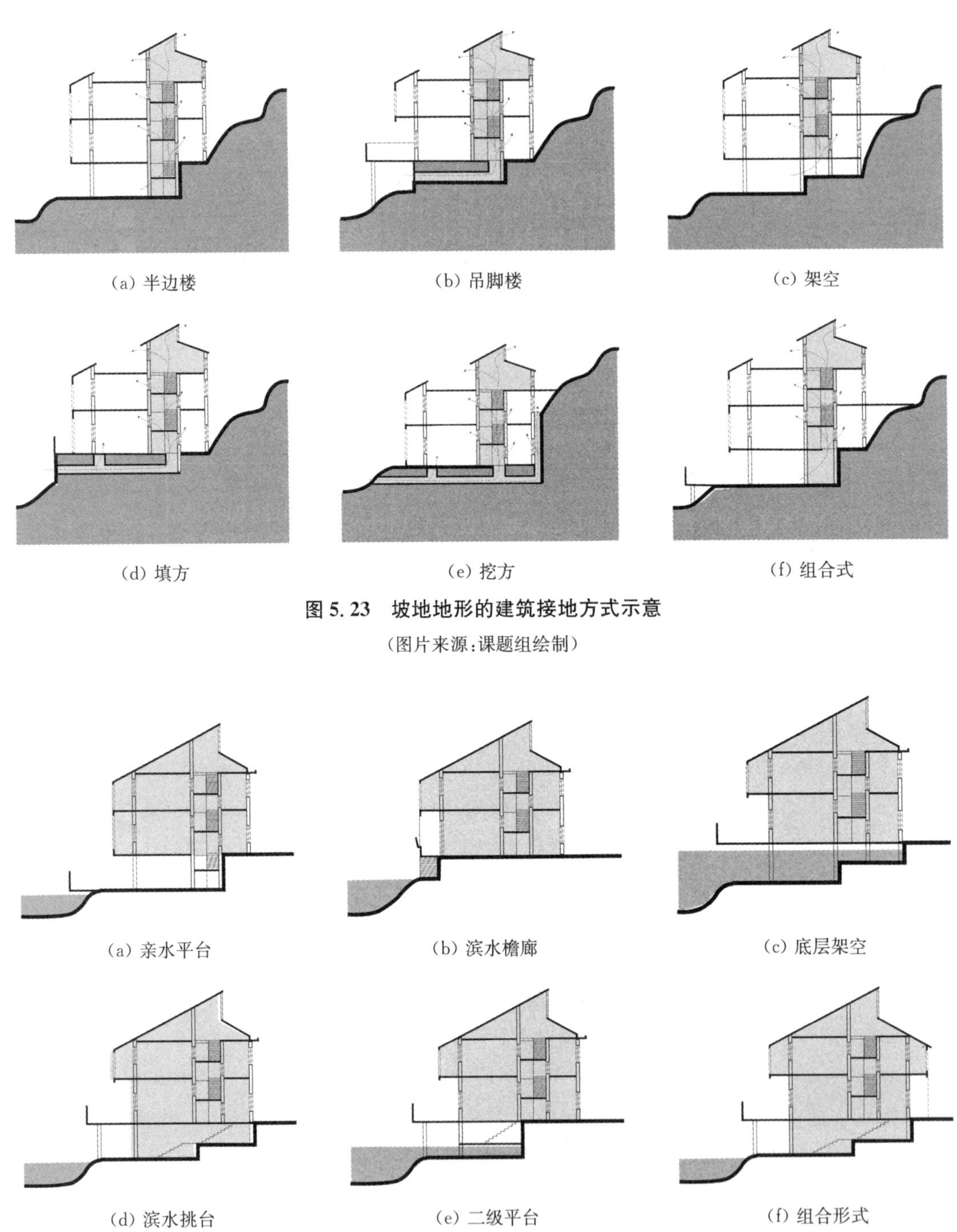

(a) 半边楼　(b) 吊脚楼　(c) 架空

(d) 填方　(e) 挖方　(f) 组合式

图 5.23　坡地地形的建筑接地方式示意

(图片来源:课题组绘制)

(a) 亲水平台　(b) 滨水檐廊　(c) 底层架空

(d) 滨水挑台　(e) 二级平台　(f) 组合形式

图 5.24　滨水地貌的建筑接地方式示意

(图片来源:课题组绘制)

5.4.2　地形因借的气候适应

"因借"是我国古代造园的首要技法,是依据所在地的地理、地形、地势设计园林,主张顺应自然、不违逆自然条件而建造。在地域性绿色建筑营建中，也可借助地形，通过合理的布局排布，形成对不利气候要素的主动化解以及对有利气候要素的积极纳入。本节以地形要素为切入点，研究长三角地区地域性绿色建筑如何通过顺应地貌、因形借势地布局来提升建筑适应气候环境的能力(表 5.10)。

表 5.10 地形因借的气候适应

类型	图例示意	具体措施
半围合防寒	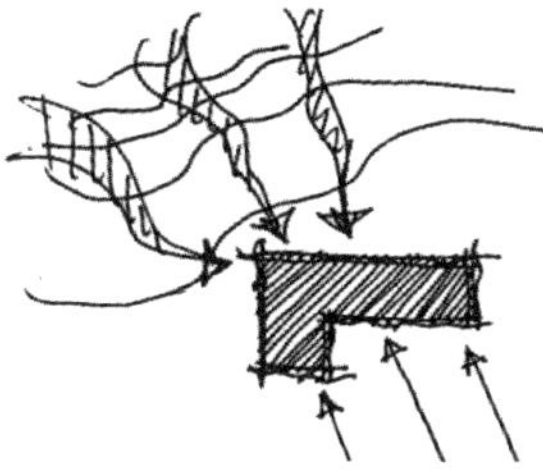	① 顺应自然：建筑顺应地貌走势，其体量、高度与自然山势相融合； ② 回应气候：采用半围合式的空间格局，形成防风向阳的内部空间，在遮挡冬季西北向寒风的同时能够将夏季的东南风导入建筑内部
分散通风	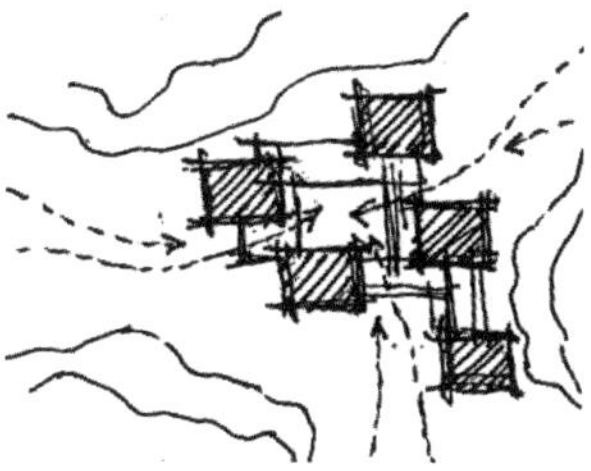	① 顺应自然：适度分散的布局呼应了地貌环境，自然从各个方向渗透进入建筑内部，使建筑与自然环境相互渗透、融合； ② 回应气候：对各个方向的气流具有疏导、分散的作用，通过自然通风带走建筑内部的热量
条状导风	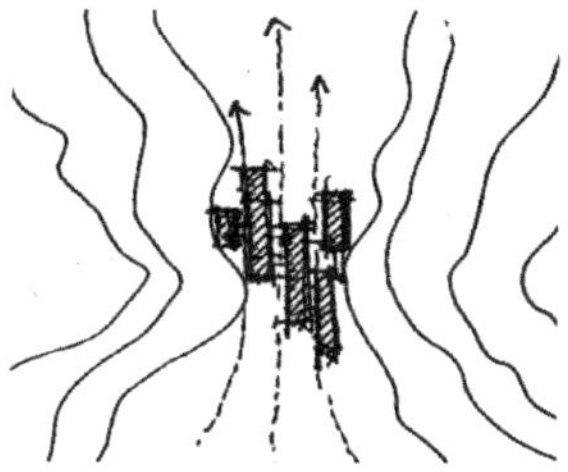	① 顺应自然：建筑顺应山谷地形走势，呈条状布局，建筑的空间属性回应了山谷内向性、线性的区位特征； ② 回应气候：条状布局利于引导夏季的凉风进入建筑内部，提高室内的舒适性

(表格来源：笔者自绘)

1) 半围合防寒

建筑顺应地貌形态，体量、高度与自然山势相融合，依据所在山体的走势采用半围合式的空间格局，形成防风向阳的内部空间，在遮挡冬季西北向寒风的同时能够将夏季的东南风导入建筑内部。

2) 分散通风

当基地处于比较平坦、开阔的地貌环境中，例如在冬少严寒、常年多大风的滨海平原地区，建筑可顺应地形采用适度分散的空间布局模式。分散的布局形式有利于对各个方向的气流进行疏导、分散，且有益于建筑内部空间与周边自然环境的相互渗透。

3) 条状导风

建筑所处的基地有时为带状空间，如山谷地带，此时受地形气候的影响，主导风向往往平行于山谷方向。建筑的空间格局可顺应山谷地形走势，通过条状布局引导夏季的凉风进入建筑内部，提高室内的舒适性。

此外，建筑顺应地貌、因形借势的布局模式，能够有利于建筑的空间属性与地貌的空间属性相吻合。例如，山谷的区位通常呈现内向、线性动态的特征，条状导风的布局模式所形成的空间意味也呈现出一定的线性动态感，回应了山谷的空间属性。又如，在山麓地带，基地呈现负阴抱阳的姿态，空间与景观视野均具有一定的方向性，建筑若采用半围合式的空间排布，所形成的空间意味亦与地貌的空间属性相契合。

5.4.3 结构体系的技术支撑

传统建筑的木框架结构体系因具有模数化、标准化的特点而具备灵活的可扩展性与可调整性，使其对不同的地形具有良好的适应能力。受此启发，在当代绿色建筑营建中同样可以在结构体系层面寻求利于地貌适应的技术支撑。

装配式建造是目前国家大力推广的营建方式，即采用标准化、模块化的设计方法和技术手段实现建造全过程的节能降耗，提高建筑的绿色性能。装配式结构体系在适应地貌方面具有一定的应用潜力，其优势主要在于以下两点：

第一，装配式结构体系与传统的施工方法相比，具有增速高效、节材节水、降低污染的特点，能够减少现场施工对生态环境的扰动。第 2 章从地貌学的角度阐释了长三角地区三种主体地貌类型的不稳定性：① 山地丘陵地区的地质极不稳定，容易因气候等外界条件的变化引起崩塌、滑坡等土体运动；② 平原水网地区由于水文的动态性，流水的持续作用可能会造成局部地貌的发展、变化；③ 在滨海岛屿地区，有限的资源条件和较小的生物容量导致岛屿的生态环境具有较强的脆弱易变性。而装配式结构体系在应对地貌的不稳定性方面具有突出的优势，有利于维持生态系统、人地系统的平衡与协调。例如，有学者提出了一种适应水域的绿色预制化木结构建筑，设计的主体单元由结构体、聚碳酸酯围护体、金属网墙体表皮、网格板景墙模块、波纹金属屋顶模块、太阳能模块、灌溉水系统构成（图 5.25），通过预制化各模块的相互搭接提供了在滨海水域适合海上农场农民耕作的构筑物，同时保护了湿地这一特殊的绿色生态系统①。

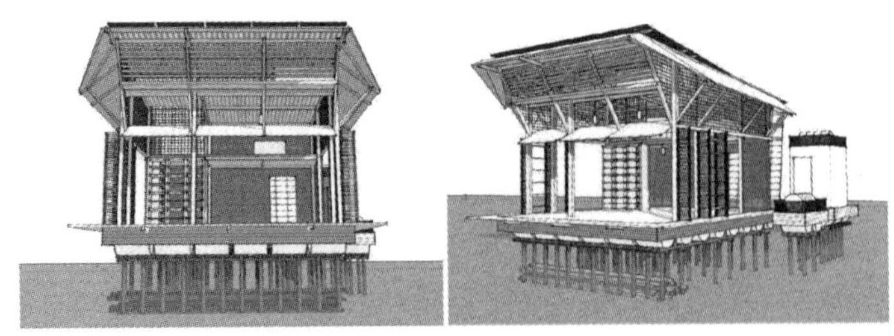

图 5.25 适应水域的绿色预制化木结构建筑

（图片来源：蒋博雅. 亚热带红树林湿地地区一种适应水域的绿色预制化木结构建筑[J]. 城市建筑，2019，16(25)：39－42.）

---

① 蒋博雅. 亚热带红树林湿地地区一种适应水域的绿色预制化木结构建筑[J]. 城市建筑，2019，16(25)：39－42.

第二，装配式结构体系具有模块化、标准化的特征，可通过模块单元的灵活组构弹性应对地形的各种变化。在设计中，可将预制化的模块作为基本的建造单元，通过多个模块单元的组合连接，形成一种便于安装、拆卸及重组再利用的建造体系，图 5.26 示意了单元体间主要的组合方式。模块单元由于具有灵活组构的特征，为建筑的接建、扩建、改造等提供了便利性，可依据不同的地形条件进行组合（图 5.27），以适应各种地貌类型。因此，应将“标准化”“模块化”融入绿色建筑设计的基本理念，在设计前期可先进行技术策划，将建筑平面柱网、立面构件、层高净高等进行模数化整合，提高标准化程度，为装配式结构设计提供应用基础。

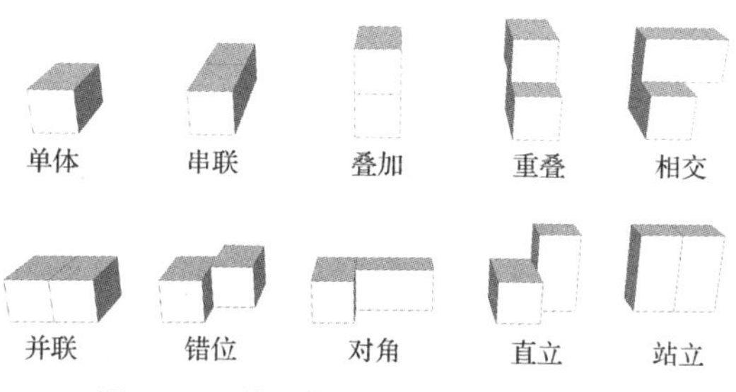

图 5.26 单元体间的组合方式示意

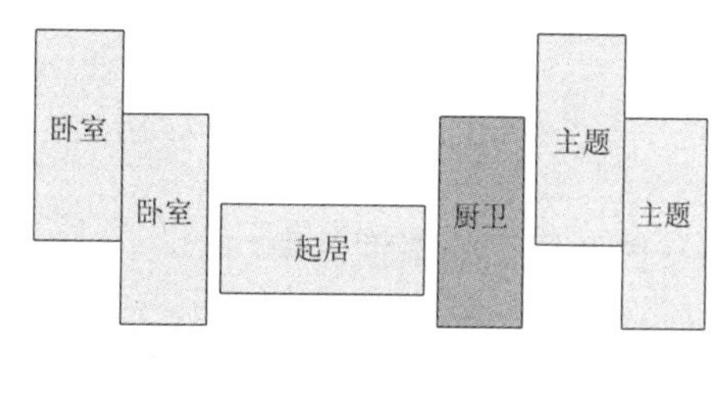

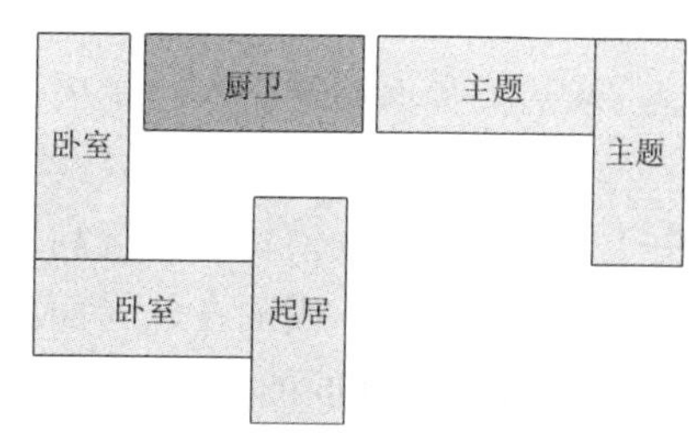

图 5.27 单元体在不同地形下的适应性组构

（图片来源：张娟，朱庆玲，万文杰. 基于装配式模块体系的居住建筑可持续设计研究[J]. 安徽建筑，2019，26(10)：178－180＋183.）

5.5 生物气候界面的建构

界面是指不同空间质地交接的面。建筑界面通常指围护结构的各部分，如门窗、屋顶、地面及墙面等，是一个建筑室内外热量交换、声音、光线、气流运动的过滤器与动态调节装置。本书采用“生物气候界面”而非“围护结构”，是因为二者在概念上有不同的侧重意义：生物气候界面，强调建筑界面是具有生物气候效应的膜结构（图 5.28），能够完成对有利与不利气候要素的智能选择与离析，适应外界环境，节约建筑物的运作能耗；而围护结构，更突出强调其对建筑空间的围合以及对不利气候要素的防护，弱化了建筑界面对气候资源主动适应的能力。事实上，建筑界面具有类似生物膜的选择透过性、可识别性、应变性、层次复合性、领域的可扩展性等基本属性①。

当前，建筑界面设计在建筑节能方面的作用举足轻重，由于新材料、新构造、新技术的应用，建筑界面的性能有了新的发展。在界面设计中，应尤其注意到建筑内外界面的属性差异以及对气候要素“防”“适”“用”的适时调整。此外，基于第 4 章所凝练的“在地营建智慧”，通过适宜的转译路径，结合新材料、新技术可以得出当代地域性绿色建筑生物气候界面的具体建构方法。

① 魏秦. 地区人居环境营建体系的理论方法与实践[M]. 北京：中国建筑工业出版社，2013：161－164.

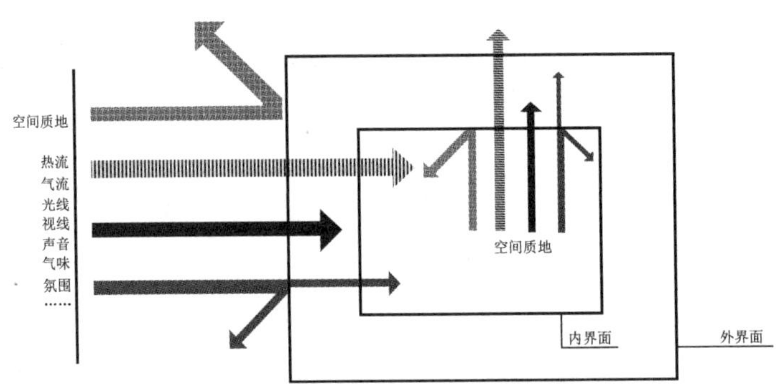

图 5.28 建筑界面的“膜效应”

（图片来源：吕爱民. 应变建筑：大陆性气候的生态策略[M]. 上海：同济大学出版社，2003：85.）

5.5.1 内外界面的属性差异

根据界面所处空间位置的不同以及功用的差异，建筑界面分为外界面和内界面两类。外界面是分隔室外自然气候与室内人工气候的界面，内界面是对建筑内部空间作进一步划分的界面。外界面的主要作用在于选择与离析气候要素，使有利的气候要素进入建筑内部，将不利的气候要素阻隔于建筑之外，从而创造舒适的室内气候环境，可以说外界面是建筑作为“气候过滤器”的意义体现；而内界面的主要作用在于划分建筑室内空间，并依据室内不同的功能需求对外界面渗透进入建筑内部的气候要素再次进行选择与离析，使得处于建筑内部的空间可以间接获取外界的气候资源。

由于外界面是对气候资源直接利用的界面，其大小和构造设计决定了建筑对外界气候资源利用的充分程度。因而在外界面的设计中，首先应注意外界面的大小应与其所包围的空间量相匹配，即外界面的大小应与内部空间所需求的资源量相对应。若外界面过剩，则从建筑体形系数的角度不利于建筑的保温隔热；但若外界面过少，将导致对外界气候资源无法进行充分的获取与利用，则需要通过设置内部天井、界面内凹等手段增加外界面大小或是通过人工机械措施加以补偿。设置内部天井以及界面内凹的手法其原理类似于蜂窝煤，多孔的结构形态扩大了煤球与空气的接触面，保证了相对于其体积有足够的表面积与空气充分接触，从而提高了燃烧的效率。

此外，外界面的设计还应注意适应建筑“内”“外”的需求：对“外”，由于不同朝向的外界面所应对的气候要素不同，同时，同一界面在不同季节、不同时间段所应对的气候要素也不同，这就要求不同朝向的外界面设计应具有差异性，且同一界面在不同季节、不同时间段应具备动态、可调整的适应能力；对“内”，由于不同功能的室内空间对气候要素的需求不同，使得外界面的设计应与其相对应的内部空间功能相适应。图 5.29 为新加坡绿色公共住宅项目达士岭组屋（Pinnacle@Duxton）的外界面设计，该住宅依据建筑的朝向与使用者的需求，采用了不同的遮阳手法，以供用户自主选择。

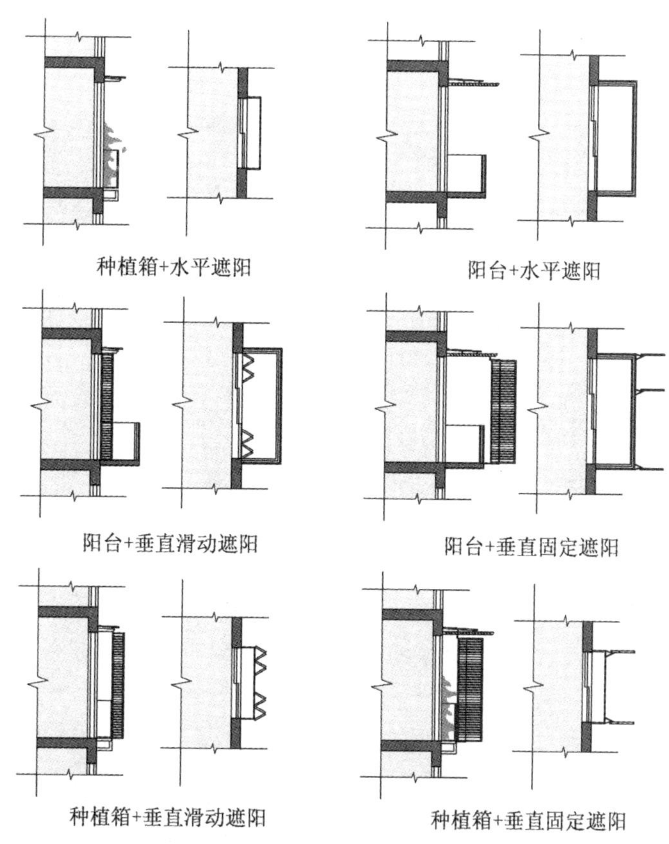

图 5.29 新加坡达士岭组屋外界面遮阳设计的差异性

(图片来源:笔者自绘)

由于内界面能够使大体量、大进深的建筑中处于建筑内部的空间间接获得外界的气候资源,因此从气候资源传递的角度,在满足室内功能需求的基础上,应尽可能地减少内界面的数量或者适当采用具有选择透过性的界面材料。在乡土民居中,常采用无隔断或简单分隔的单室空间,最大限度地将气候资源导入建筑内部。但这种多种功能混杂于一室的布置方式显然不能够满足现代人们对私密性的要求,所以一定程度的功能空间的分隔是必要的,单室走向多室是需求使然。而在现代建筑设计中,出于私密性、功能分区等需求,采取了过多不必要的内界面分隔,以至于内部空间难以获得气候资源,降低了空间品质,提高了建筑能耗。因此,在内界面设计方面,应在保证房间私密性、隔声等基本要求满足的基础上,对室内部分房间摒弃完全封闭的墙体分隔,适当采用灵活、透气的隔断。这种“分而不断”的布置方式,能有效减少对气候资源导入的阻碍。现代结构体系为内界面的灵活分隔提供了可操作性。例如,在新加坡达士岭组屋的户型平面设计中,预制的模块单元提供了灵活多样的内界面分隔方式(图 5.30)。

综上,外界面应首先具备封闭的属性,使得建筑室内具有不同于室外的微气候环境。在此基础上,外界面还应具备一定程度的渗透性,有选择地将有利的气候要素纳入建筑内部。

相较于外界面，内界面则更应具备开敞的属性，适度开敞的内界面能够使进入室内的气候资源得以传递和共享。

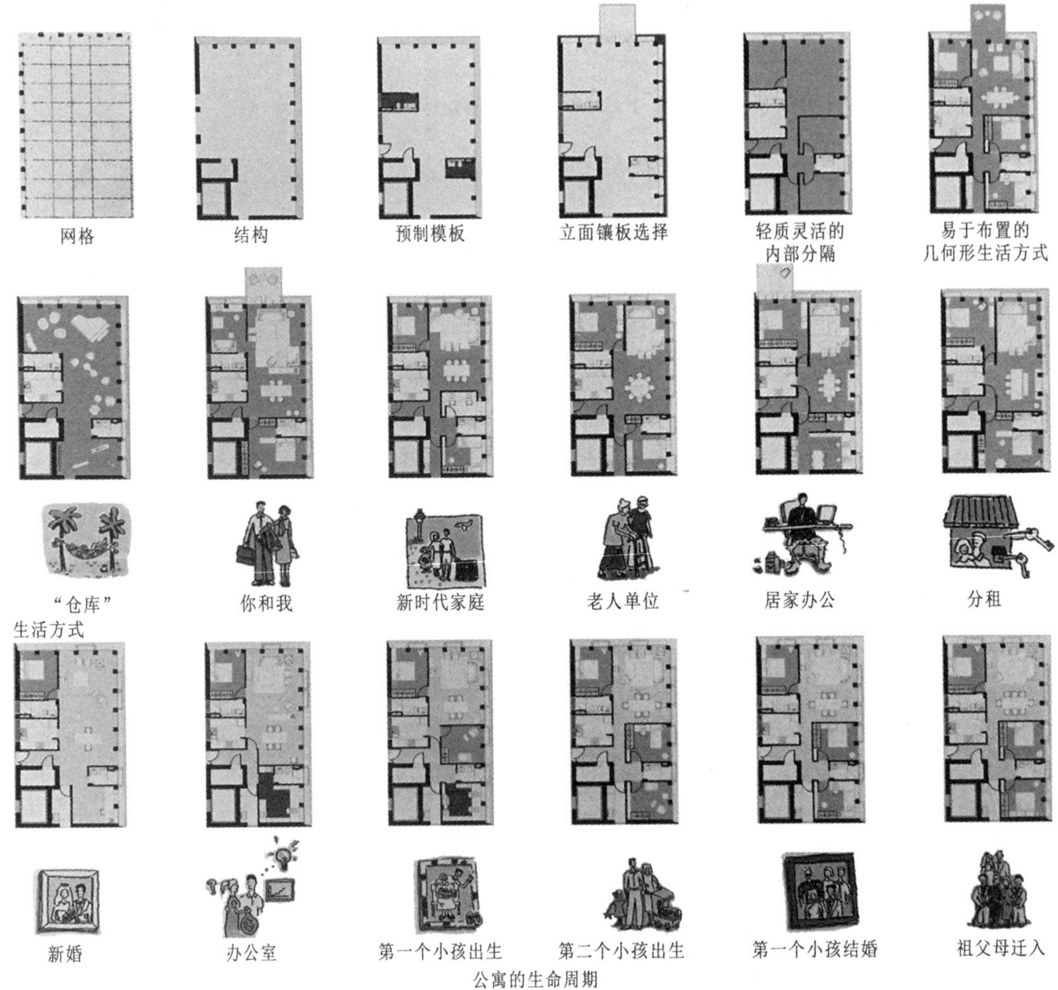

图 5.30 新加坡达士岭组屋户型平面中内界面分隔的灵活性

（图片来源：张天洁，李泽.新加坡高层公共住宅的社区营造[J].建筑学报，2015(6)：52 - 57.）

5.5.2 气候要素"防""适""用"的适时调整

在对气候要素的应对方面，建筑体形主要体现了建筑对气候的静态应对，而建筑的动态应对很大程度上需要通过界面的调控来实现①。《在建筑和城市规划中应用太阳能的欧洲宪章(1996 年)》中写道："建筑的外墙对光、热和空气的穿透以及墙体本身的通透程度必须是可调控的，能够根据当地气候条件的变化作出相应的调整。"如长三角乡土民居中所采用的地坪窗，在半窗下设置栏杆以及可拆装的挡板，当需要增大通风量时，取走挡板直接扩大

① 吕爱民. 应变建筑：大陆性气候的生态策略[M]. 上海：同济大学出版社，2003：84.

进风口的面积，展示了一种最简单的界面动态调控的方式。

在当代地域性绿色建筑中，界面对气候条件的变化应具备“顺时调适”的能力，应对方式可归纳为三个层级，即“防”“适”“用”。

“防”指防避，是建筑界面存在的初始意义和首要目的，主要指界面对不利要素的阻隔，如阻断热交换、遮蔽风雨等。

“适”指适应，是防避应对方式的补充与完善，主要指在一些无法有效防避的情况下，界面可通过一定程度的调整以适应某些气候要素。

“用”指利用，是建筑进化的体现之一，主要指界面对有利要素的主动利用，如对太阳辐射、风等气候要素在特定季节的主动利用能够有效提升建筑室内的舒适度。

由于气候始终处于动态的变化之中，且气候要素的有利与不利具有时空相对性，例如太阳辐射在冬季是有利要素，而在夏季却是人们防避的不利要素。因而，这必然要求界面的应对手段要作出适时的调整与转换。以马来西亚建筑师杨经文设计的海口 2 号大厦为例，建筑界面运用了类似鱼鳍的结构，通过“鳍”的开合控制，实现对风要素的“防”“适”“用”：当有强风作用时，关闭“鳍”，阻挡强风进入建筑内部，让风围绕建筑表面吹过；当建筑受到偏风作用时，开启一侧的“鳍”，关闭另一侧的“鳍”，以适应偏风对建筑的作用力；当有轻风作用时，打开两侧的“鳍”，使风顺其进入室内，从而提高室内环境的舒适度①(图 5.31)。

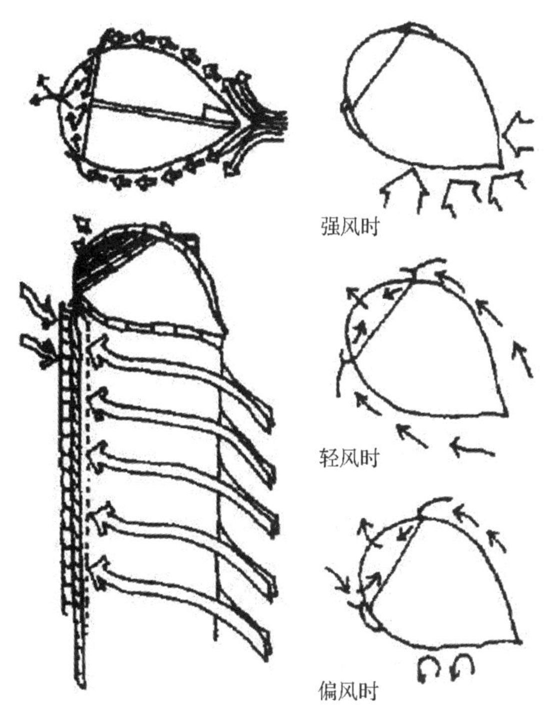

图 5.31　海口 2 号大厦中“鳍”的作用简图

(图片来源：吕丹. 高层建筑的生物气候学：杨经文设计理论研究[J]. 新建筑，1999(4)：72－75.)

5.5.3　生物气候界面的拓扑转换

根据建筑被动式设计的原理，以第 4 章中凝练的界面“在地营建智慧”为原型，结合长三角地区特定的转译语境，通过“结构模式拓扑转换”等转译路径，本节将具体探讨长三角地区地域性绿色建筑屋顶、墙体、地面、门窗等界面的被动式设计策略及其形态模型。

1）屋顶

屋顶界面作为主要的水平围护构件，是建筑夏季接收太阳辐射、冬季热量散失的主要途径之一。因此，屋顶的保温隔热性能至关重要，能够减缓室外气候波动对室内热环境的影

① 吕丹. 高层建筑的生物气候学：杨经文设计理论研究[J]. 新建筑，1999(4)：72－75.

响。由 4.1.5 节可知，既有建筑屋顶设计的“在地营建智慧”主要体现在以下三方面：① 在形式上，出于对屋面排水以及减少太阳辐射得热的考虑，通常采用坡屋顶的形式。② 在材料选用上，一般采用导热系数小、蓄热系数大的砖、瓦等材料，以提高屋顶的保温隔热性能。③ 在构造设计上，通过设置空气间层加强冬季保温与夏季通风隔热的效果，具体手法可归纳为两种方式。一是利用俯仰瓦之间的缝隙形成具有空气间层的双层屋面[图 5.32(a1)]；二是在屋顶与室内吊顶之间设置空气间层或直接利用阁楼为气候缓冲空间[图 5.32(a2)]。

在当代绿色建筑屋顶界面的设计中，仍须采用导热系数小、蓄热量大的建筑材料。在长三角地区，屋面材料的导热系数与热阻应满足夏热冬冷气候区的相关规定，即屋面导热系数 $K \leqslant 0.70\ \mathrm{W/(m^2 \cdot K)}$、热阻 $R \geqslant 1.43\ \mathrm{(m^2 \cdot K)/W}$①。除此之外，结合现代建筑材料与技术手段，通过“原型-转译”可形成以下具体的设计策略及形态模型：

(1) 屋顶与绿化

屋顶绿化能够利用植物的蒸腾作用调节微气候环境，同时遮挡太阳辐射，减少屋顶得热。此外，种植土壤的热惰性使屋顶具有良好的时滞效应，白天对热量有较好的衰减，夜间防止室内温度迅速降低，在室内温度控制上有“移峰填谷”的作用。在长三角地区采用屋顶绿化，尤其在山地丘陵地貌中顺应地形将屋顶与覆土绿化相结合，能够有效隔绝外界气候要素的干扰[图 5.32(b)]。

(2) 蓄水屋面

建筑气候分析结果(3.1.3 节)表明，建筑气候调节策略中间接蒸发冷却在长三角地区能够提升一定的舒适时间比。间接蒸发冷却主要指蓄水屋面、淋水屋面等做法②。其中，蓄水屋面利用水的蒸发作用带走热量，从而稳定屋面温度，同时利用水的热惰性，使屋面温度不产生急剧变化[图 5.32(c)]。但蓄水屋面的运用需尤其注意屋面防水防潮、荷载等要求，以及适宜的蓄水深度和定时的补水措施。

(3) 屋顶与遮阳构件

在屋顶设置遮阳构件能够有效遮挡太阳辐射，对长三角地区的夏季防热十分有益。遮阳构件的设计应根据不同季节太阳高度角的差异，在夏季尽量减少阳光进入，在冬季尽可能接受阳光照射[图 5.32(d)]。也可通过智能化系统动态调整遮阳构件的角度，控制不同季节和时间的阳光入射量。同时，屋面与遮阳构件之间形成了缓冲区，在减少屋面得热的同时提供了一个屋顶活动空间。

(4) 屋顶空气间层

通过在屋顶设置空气间层，上层表面遮挡阳光，同时利用风压或热压效应将间层内的热空气不断带走，从而降低屋顶内表面的温度，使通过屋顶传入室内的热量大幅度减少。设置空气间层是因为相较于液体、固体，气体的导热系数最小，因此空气间层具有高热阻性能，是良好的绝热体。通常在山墙、屋脊等处设置空气间层的通风口，冬季关闭通风口，密闭的空气间层形成了良好的保温腔；夏季开启通风口，流动的空气迅速带走间层内的热量，从而减

---

① 杨柳. 建筑气候学[M]. 北京：中国建筑工业出版社，2010：289.

② 间接蒸发冷却是指在建筑的表面利用太阳辐射使水蒸发而获得自然冷却的方法，如蓄水屋面、淋水屋面等，由 3.1.3 节的建筑气候分析可得，在长三角地区间接蒸发冷却能够增补约 8%的舒适时间比。

少了屋面对室内环境的热负荷。利用风压效应促进间层内的空气流动时，宜将进风口设置在夏季主导风向的正压区；利用热压效应排热时，有时也使用排风帽，并在风帽顶面涂上黑色，以加速间层内的空气向上流动。总体而言，屋顶空气间层的设置方式可归纳为两类：一是在屋面内设置空气间层，形成双层屋面[图 5.32(e1)～图 5.32(e4)]；二是利用吊顶或阁楼空间作为空气间层[图 5.32(e5)～图 5.32(e7)]。这两类设置方式在平屋顶、坡屋顶中均可采用。如在江苏省张家港双山岛生态农宅屋顶界面的建构中，清华大学设计团队综合运用了复合屋面、双层屋面与屋顶空间间层的设计手法(图 5.33)。

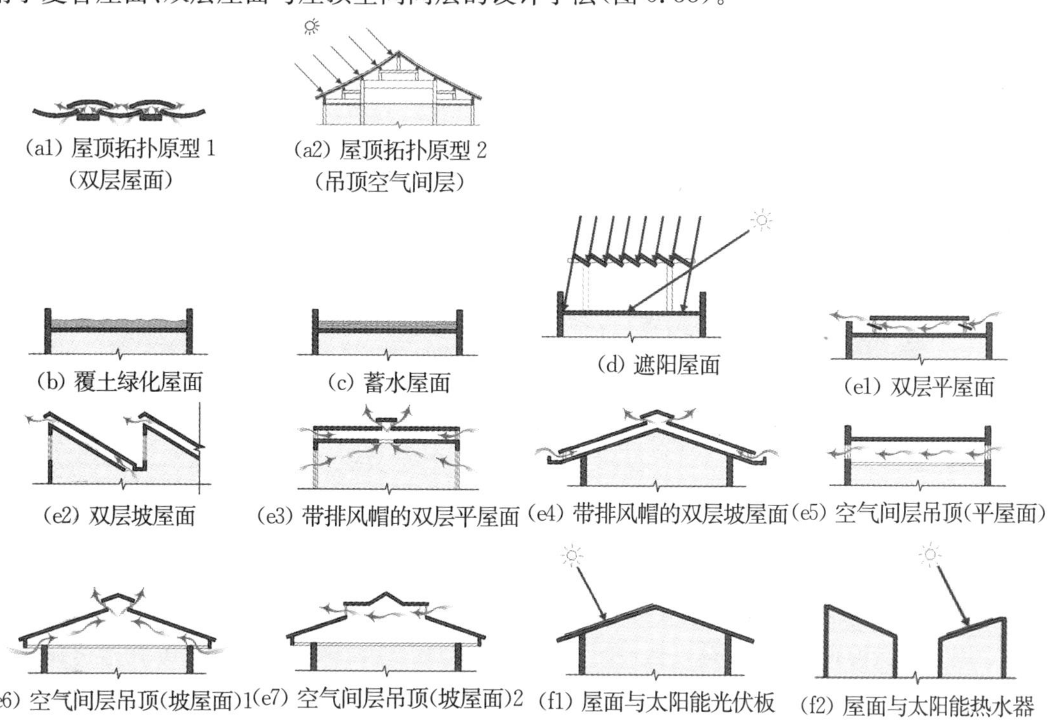

图 5.32　屋顶界面剖面形态的拓扑转换图

(图片来源：笔者自绘)

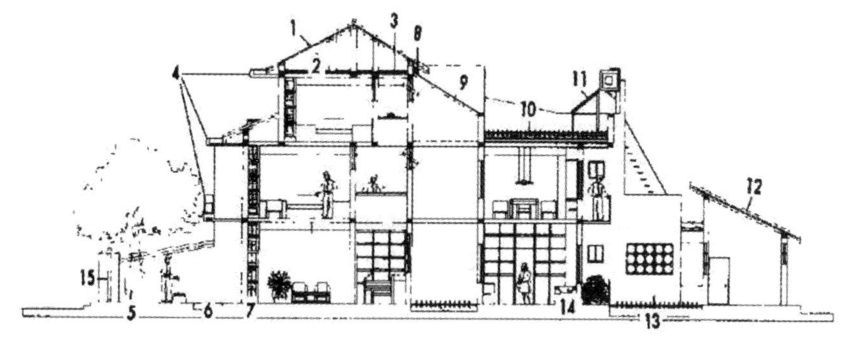

1—双层屋顶；2—空气间层；3—保温层；4—遮阴挑檐；5—院内乔木；6—门前草坪；7—水桶墙；8—薄膜卷帘；9—种植棚架；10—屋顶覆土；11—集热器；12—单坡屋顶；13—浮罩式沼气池；14—节柴灶；15—通风院墙

图 5.33　江苏省张家港生态农宅屋顶界面设计

(图片来源：宋晔皓，栗德祥.整体生态建筑观、生态系统结构框架和生物气候缓冲层[J].建筑学报，1999(3)：4－9＋65.)

(5) 屋顶与太阳能收集

屋顶界面具有接收太阳辐射多的优势，其界面设计可与太阳能收集相结合。图 5.34 为太阳能一体化复合屋面的构造示意，自下而上由混凝土屋面板、300 mm 空气间层、工字钢梁、可调节太阳能模板组成①[图 5.32(f1)]。此外，太阳能热水器在我国乡镇建筑中运用广泛，而既有建筑中的坡屋顶形式在和太阳能热水器结合的时候产生了“排异”现象：若在南向坡上安装太阳能热水器将无法避免地破坏地域性建筑的整体形象。巧妙地运用倒坡屋顶的设计手法，截取传统建筑剖面中屋顶、内院、排水系统的技术片段，能够与太阳能设备良好地结合，且有利于形成更大的南向立面以及集中式的雨水收集系统②[图 5.35、图 5.32(f2)]。

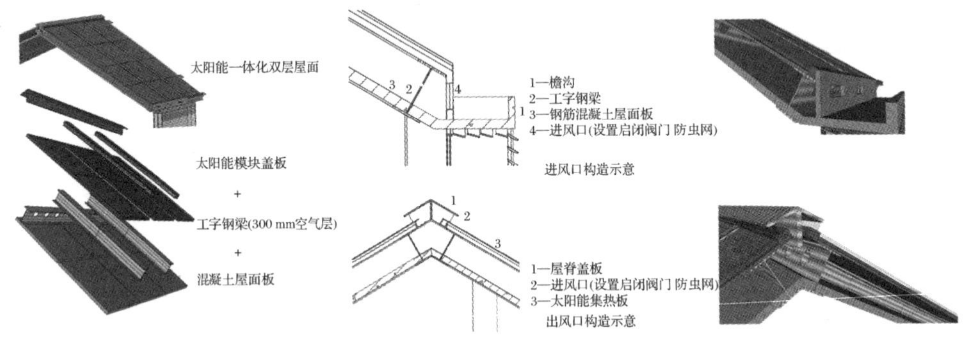

图 5.34　太阳能一体化复合屋面的构造示意

(图片来源：王静. 低碳导向下的浙北地区乡村住宅空间形态研究与实践[D]. 杭州：浙江大学，2015：54.)

2) 墙体

墙体面积在建筑外表面面积中占比大，是建筑室内外热量传递的主要途径之一。为了控制热量进出围护结构，墙体也应具有良好的保温隔热性能。相关评估表明，对于长三角地区，采用夹芯保温(0.38＜导热系数＜0.7)和外保温(0.24＜导热系数＜1.0)构造方式的饰面砖外墙具备地区气候适应性，使用低辐射(Low-E)中空玻璃(内填空气)(导热系数为 2.0)的玻璃幕墙也能满足保温需求③。此外，不同材料组合而成的复合墙体也可有效提升墙体的热工性能，结合既有建筑墙体设计的“在地智慧”，长三角地区地域性绿色建筑墙体界面可采取以下设计策略：

(1) 双层墙体

双层墙体结合自然通风设计，能够减少墙体的太阳辐射得热[图 5.36(b)]。一般内层采用砌体墙，外层采用轻质板材，内外之间形成空气间层，且顶部镂空。空气可由双层墙体的底部进入，顶部排出，从而将间层内的热量带走，有效提高了墙体的隔热性能。例如，在上海崇明陈家镇生态艺术展示馆的设计中，内层砌体墙体与外层穿孔铝板相结合形成双层墙。又如，在浙江安吉无蚊村小学改造中，设计团队利用当地的竹子制成百叶与砖墙构成双层墙(图 5.37)。据测定，夏季竹材的表面温度比内层墙体的表面温度要高约 10 ℃④(图 5.38)，

① 王静. 低碳导向下的浙北地区乡村住宅空间形态研究与实践[D]. 杭州：浙江大学，2015：53.
② 王竹，范理杨，陈宗炎. 新乡村“生态人居”模式研究：以中国江南地区乡村为例[J]. 建筑学报，2011(4)：22 - 26.
③ 谢晓晔，尤伟，丁沃沃. 基于传统绿色营建要义的外围护构造方式评估[J]. 建筑学报，2019(5)：78 - 83.
④ 范理扬. 基于长三角地区的低碳乡村空间设计策略与评价方法研究[D]. 杭州：浙江大学，2017：158.

起到遮阳隔热的作用。此外，长三角地区夏季高温多雨，缺乏防雨措施的墙面常易受潮剥落，竹制百叶也能防止墙体受雨水冲刷，增强墙体的耐久性。

(2) 墙体与绿化

墙体与绿化结合是一种简单易行的改善墙体热工性能的方式，主要体现在墙体表面的绿化形成遮阳，有效减少了墙体得热。另外，落叶植物的季节性变化可使墙体夏季有遮阳、冬季有日照，与长三角地区夏热冬冷的双极气候特征相适应。与此同时，绿化墙面也能起到优化建筑微气候环境的作用：绿叶表面吸收的太阳辐射被作为植物光合作用、蒸腾作用的能量，不会引起温度的升高，而是转变为植物生长所需的能量与环境中的"潜热"①，从而控制、调节了环境中的温度与湿度②。

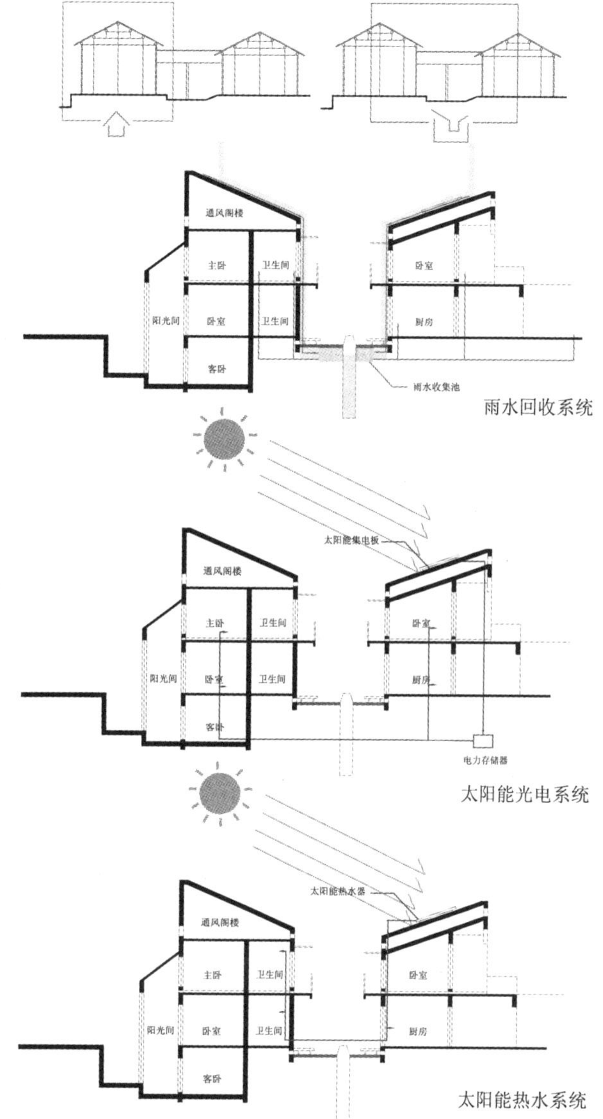

图 5.35 倒坡屋顶的形态生成与生态优势

(图片来源：王竹，范理杨，陈宗炎. 新乡村"生态人居"模式研究：以中国江南地区乡村为例[J]. 建筑学报，2011(4)：22－26. 笔者修改)

通常，墙体表面的垂直绿化可分为两种系统：透明系统与不透明系统[图 5.36(c1)、图 5.36(c2)、图 5.39]。就具体的构造方式而言，透明系统又称"支撑系统"(Support System)，通常采用搁架、网、索等引导植物在垂直表面上生长，主要适用于攀缘藤蔓类植物；不透明系统又称"载体系统"(Carrier System)，主要分为水平式与垂直式，通过框架、托盘、培养基等组合种植立体绿化，适用的植物类型更为广泛③。相关研究表明，在各朝向的墙体绿化中，西向的墙体绿化对改善室内热环境的效果最为明显。在实际运用中，可依据墙体类型、朝向以及使用者的不同需求，合理选择相应的绿化系统。

① "显热"与"潜热"是传热学中的基本概念，当热流由一个物体流向另一个物体时，可能引起物体温度变化，这种现象称为"显热"，是可感知或可测知的热；在另一种情况下，热流流动不引起温度变化，称为"潜热"。引自刘念雄，秦佑国. 建筑热环境[M]. 2 版. 北京：清华大学出版社，2016：73.

② 刘念雄，秦佑国. 建筑热环境[M]. 2 版. 北京：清华大学出版社，2016：156.

③ Chiang K, Tan A. Vertical greenery for the tropics[M]. Singapore: Centre for Urban Greenery and Ecology, 2009: 28.

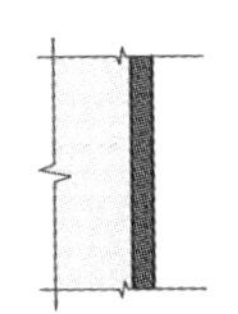
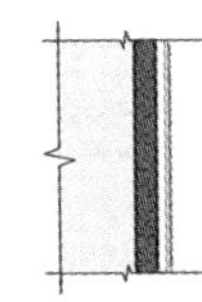
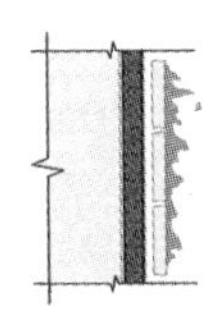
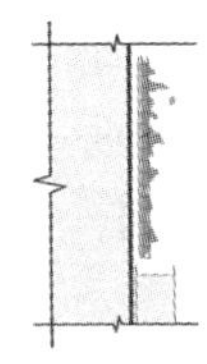
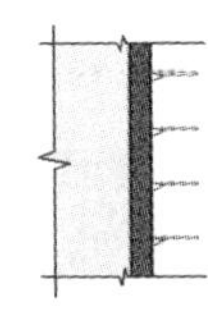
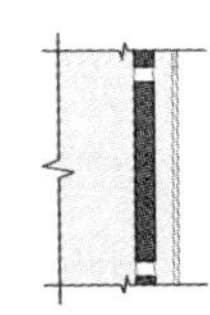

(a) 墙体拓扑原型　(b) 双层墙体　(c1) 墙体与变化(不透明系统)　(c2) 墙体与变化(透明系统)　(d) 墙体与遮阳构件　(e) 太阳能集热蓄热墙体

图 5.36　长三角地区墙体界面剖面形态的拓扑转换图

(图片来源:笔者自绘)

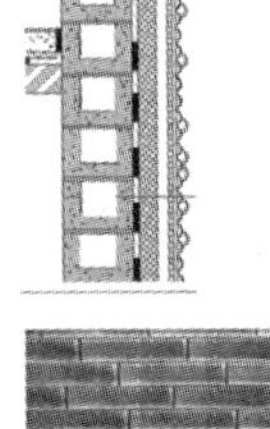

图 5.37　竹制复合墙面的实景与构造示意

(图片来源:课题组绘制)

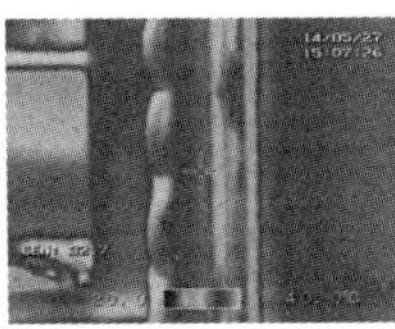

图 5.38　竹制复合墙面的热工性能

(图片来源:范理扬. 基于长三角地区的低碳乡村空间设计策略与评价方法研究[D]. 杭州:浙江大学,2017: 158.)

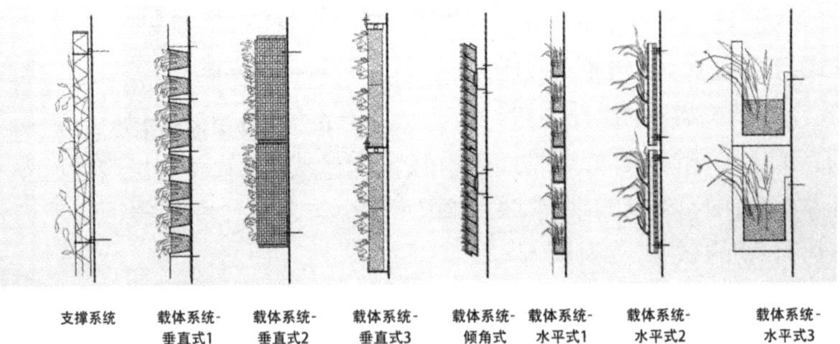

图 5.39　垂直绿化系统剖面构造图

(图片来源:Chiang K, Tan A. Vertical greenery for the tropics[M]. Singapore: Centre for Urban Greenery and Ecology, 2009: 35.)

(3) 墙体与遮阳构件

墙面与遮阳构件的结合也可减少墙体受到的太阳辐射,在得热较多的西向墙体上设置遮阳构件效果尤为显著[图 5.36(d)]。除实体墙面与遮阳构件结合之外,玻璃幕墙与遮阳构件的结合则更为常见，遮挡太阳辐射的效果也更加突出，在实践中对提高墙体热工性能十分有益。

（4）特朗伯墙

第3章中的建筑气候分析显示，在长三角地区被动式太阳能采暖可增补约6%的舒适时间比。特朗伯墙是一种运用较广泛的太阳能集热蓄热墙体。一般以砖石等蓄热系数大的材料作为蓄热媒介，在实体墙外表面涂以高吸收系数的无光黑色涂料，墙上设进出风口，并在集热墙的外侧设置密闭玻璃（[图5.36(e)]。在冬季，白天在太阳辐射作用下集热墙吸热并向室内传导供热，同时玻璃与集热墙之间的空气不断加热上升，通过实体墙的上下风口与室内空气形成自然循环，提供对流供热；夜晚集热墙所储存的热量继续向室内放热。在夏季，为了避免过度得热，特朗伯墙应具有良好的通风与遮阳。此时，可关闭集热墙的上风口，开启外侧玻璃上部通向室外的风门，使空气间层中的热空气排至室外，同时可设置遮阳板或遮阳百叶遮挡阳光的直射。墙体与太阳能收集相结合，使墙体节能从单纯的保温隔热转向对太阳能的主动利用。

3）地面

地面作为建筑界面的一部分，不仅起支撑作用，其热工性能对室内热环境也有很大的影响。良好的地面构造设计能够提高室内舒适度并利于节约建筑能耗。

（1）架空地面

架空地面指通过支撑架、龙骨等使地板面层与结构层之间形成空气间层[图5.40、图5.41(b)]。其原理仍然是利用空气导热系数小的特性，通过空气间层有效阻隔热量的传导，并起到防潮隔潮的效果。同时，架空的空间也可布置各种管道及线路，用于改善建筑室内的热环境。

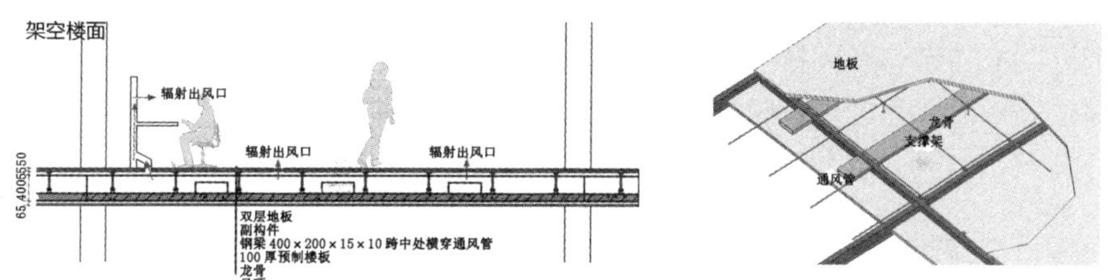

图5.40 架空地面

（图片来源：王静. 低碳导向下的浙北地区乡村住宅空间形态研究与实践[D].杭州：浙江大学，2015：59.）

（2）蓄热地面

为了增强地板的蓄热性能，可选取石材等蓄热系数大的建筑材料作为地面材料，以强化空间在冬季的采暖保温作用[图5.41(c)]。冬季白天，尽可能让太阳光进入室内，使地面吸收太阳辐射热，在夜晚地面释放所储存的热量，对室内温度具有良好的调节作用。

（3）地源热泵

由于温度波在向地层深处传递过程中出现衰减与延迟，深约1.5 m处的地层温度不再受气温日变化的影响，更深处的土壤则达到了一个比较稳定的数值，可视为恒温层①。这为冬季利用地热、夏季利用地冷提供了条件。通常，地下2～3 m土层的温度能够作为夏热冬冷地区很好的冷热源，以空气或水为媒介，将其送入地下埋管系统进行冷却或加热，再送入

① 刘念雄，秦佑国. 建筑热环境[M]. 2版. 北京：清华大学出版社，2016：218.

建筑内部空间。地源热泵技术运用了这种“以地球作为冷热源”的原理，将其与地板界面设计相结合[图 5.41(d)]，能有效应对长三角地区夏热冬冷的气候特征①。

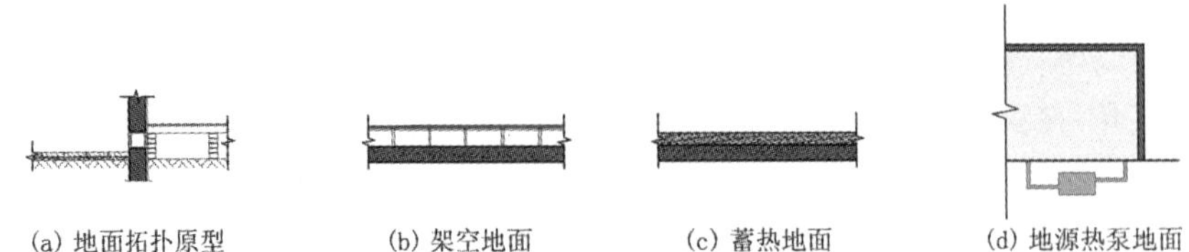

图 5.41 长三角地区地板界面剖面形态的拓扑转换图

(图片来源：笔者自绘)

4) 门窗

门窗界面自身的透薄特性使其成为建筑获得光线、建筑室内外热量交换的主要途径。门窗的温室效应是造成建筑室内夏季温度过高的主要原因之一；相反，在冬季，恰可利用该原理收集太阳辐射热，从而提高室内的舒适度。总体而言，长三角地区门窗界面的设计重点在于门窗的保温隔热、控制太阳辐射量的进入、诱导自然通风等方面。

(1) 双层窗

为了减少门窗界面的传导热损失，可采用双层复合窗。双层窗的内外层玻璃上下均设有可开启的排气口，且内置可调节的百叶，可通过人为控制实现百叶整体收放或叶片旋转。通过简单的界面构造，实现门窗界面在不同季节、不同时段的动态调整。在冬季，白天将百叶收起以最大限度地获取太阳辐射热，或将百叶倾斜相应的角度，在遮挡外界视线的同时不妨碍阳光进入室内。此时，将内层玻璃上下排气口打开，间层内被阳光加热的空气与室内形成气流循环，提供对流供热。夜晚，关闭排气口，通过密闭的空气间层有效防止室内热量的散失。在夏季，白天关闭排气口，将百叶窗调整到相应角度，从而遮挡太阳辐射进入建筑内部；夜晚将外侧玻璃的上下排气口打开，利用双层玻璃间的空气对流散热②[图 5.42、图 5.43(b)]。

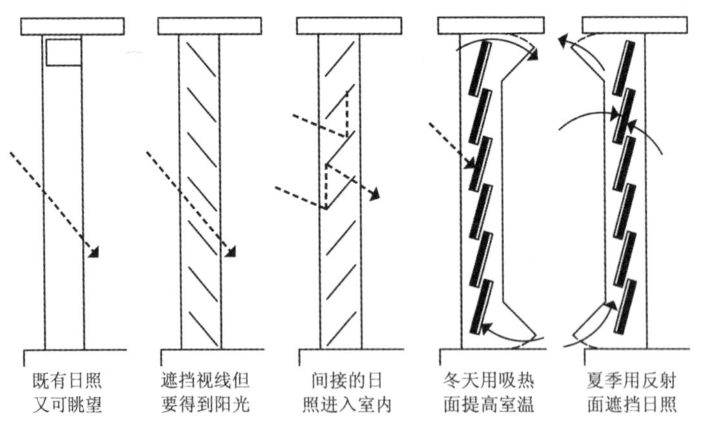

图 5.42 双层复合窗的工作原理

(图片来源：魏秦. 地区人居环境营建体系的理论方法与实践[M]. 北京：中国建筑工业出版社，2013：165.)

① 在临近水体的基地，也可因地制宜地采用水源热泵技术，例如上海世博演艺中心设计。

② 魏秦. 地区人居环境营建体系的理论方法与实践[M]. 北京：中国建筑工业出版社，2013：165.

（2）窗与绿化

窗与绿化的协同作用主要有三方面的益处：① 景观效益，拉近人与生态环境的距离，软化硬质景观，与此同时减少视线穿透，增加内部空间的私密性；② 环境效益，调节微气候，提高空气质量；③ 经济效益，防止建筑表面受雨水侵蚀，为内部空间起到一定的隔热、隔音、挡雨的作用。可见，绿植除美化环境、净化空气之外，还能在一定程度上改善门窗界面的热工性能[图 5.43(c)]。在长三角地区，可在建筑南向种植落叶型植物，夏季绿叶可遮挡阳光，冬季叶片脱落可使阳光毫无遮挡地进入建筑内部。

（3）窗与遮阳构件

控制通过门窗的太阳辐射得热主要包括三个方面：① 窗的朝向与大小；② 玻璃的选择；③ 遮阳设计。其中，遮阳是最有效的控制方法。相关实验结果表明，内遮阳的遮阳效果远不如外遮阳，无论是建筑室内温度绝对值还是温度场分布，外遮阳均具有明显优势①。因此，从长三角地区夏季防热的角度考虑，室外遮阳构件是门窗界面必要的构成要素。但由于长三角地区要兼顾冬夏两种极端气候条件，遮阳构件在夏季提供有效遮挡的同时不应影响冬季白天对太阳能的直接利用。

门窗遮阳构件的基本形式有五种：水平式、垂直式、综合式、挡板式、百叶式。由于太阳运行轨迹的差异，不同的朝向与方位都有其适用的遮阳方式。由 5.3.3 节的遮阳分析可知，长三角地区建筑南向宜采用水平式遮阳为主[图 5.43(d1)，图 5.43(d2)]，东西向宜采用垂直式遮阳为主[图 5.43(d3)]，北向建议以综合式遮阳为主[图 5.43(d4)]。遮阳构件的材料一般宜选用浅色且蓄热系数小的轻质材料或金属板。值得注意的是，紧靠墙设置的遮阳构件在遮挡阳光的同时，自身吸收太阳辐射热而温度提升，此时遮阳板通过对流热传导与长波辐射向室内传递二次热辐射，且易造成遮阳板下部有热空气滞留。因此，可将遮阳板做成百叶式或格栅式等非实体构件，一方面减少构件自身的储热量，另一方面利于板下热空气的逸散，也可减少对室内通风、采光的影响。

（4）窗与反光板、导风板

若将遮阳板适当下移，可成为反光板。反光板一般设置在南向窗口，将太阳光反射至室内顶棚，再经顶棚的二次反射进入室内深处，从而使整个房间的光线分布更均匀[图 5.43(e)]。在不影响视线的前提下，反光板的位置应尽可能地低，以反射更多的光线进入室内。室外反光板的长度与建筑朝向相关：在南偏东或偏西 20°的范围内，其长度应是上部窗户高度的 1.25～1.5 倍；在南偏东或偏西 20°的范围之外，其长度应是上部窗户高度的 1.5～2.0 倍②。

此外，可根据风的方向与风速状况，在窗外设置导风板，或在设计遮阳板等构件时，使之兼顾导风的功能，导风板能够诱导建筑风压通风，改变空气的流动路径，提高通风效率。

（5）窗与被动式太阳房

在南向门窗外附加阳光间，利用阳光间的温室效应，有利于冬季提高室内温度，降低采暖能耗[图 5.43(f)]。其工作原理为：冬季白天，阳光透过大面积的玻璃窗，使整个阳光间处

---

① 李保峰，李钢．建筑表皮：夏热冬冷地区建筑表皮设计研究[M]．北京：中国建筑工业出版社，2010：111.

② 杨柳．建筑气候学[M]．北京：中国建筑工业出版社，2010：266.

于集热状态，当其温度高于室内温度时，打开门窗，使阳光间与室内形成空气循环，提供对流供热；冬季夜晚，关闭门窗，阳光间成为密闭的保温腔体，提高了门窗界面的绝热性能。夏季，打开阳光间的活动窗，可将其中的热量及时排至室外。

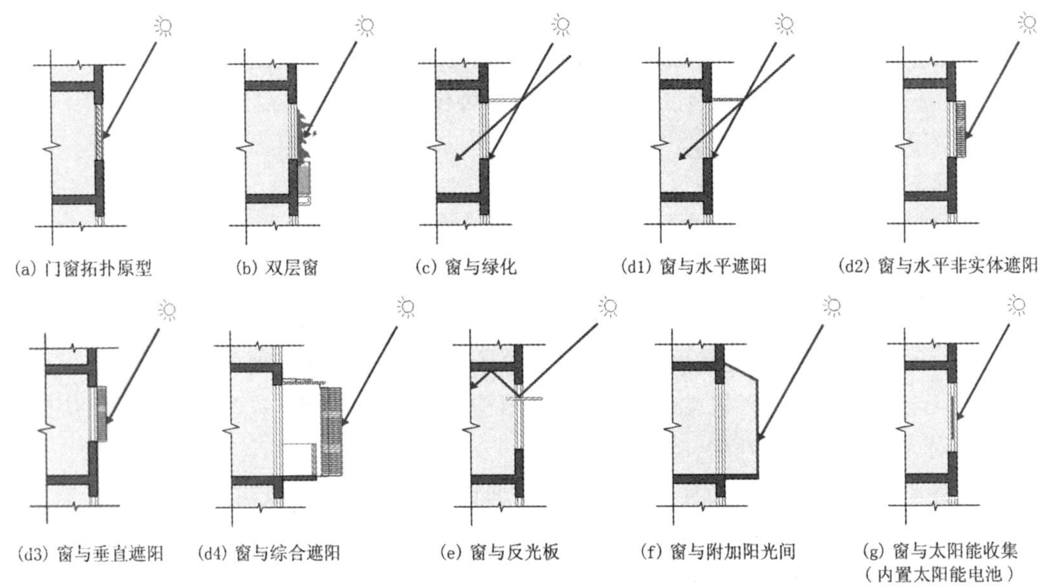

图 5.43　长三角地区门窗界面剖面形态的拓扑转换图

(图片来源：笔者自绘)

(6) 窗与太阳能收集

门窗界面也可成为收集利用太阳能的场所。新加坡-伯克利可持续能源研究计划的研究成果“太阳能窗户”①，将太阳能收集系统与建筑门窗界面设计相结合，是建筑门窗利用可再生能源的新型技术。通过玻璃打印技术，可定制出内置太阳能电池的门窗[图 5.43(g)、图 5.44]，具有成本低、操作简单、可产量丰富等特点，实现了太阳能光伏建筑一体化，同时兼顾了建筑遮阳等问题。

图 5.44　太阳能窗户样品

(图片来源：笔者自摄)

此外，值得关注的还有东南大学张彤教授团队提出的“被动热包被”界面设计手段②，通过连通屋顶、墙体、地面的空气间层形成包裹建筑的整体界面。其原理是将南部空气间层内的太阳得热通过管道或空间传输至北部(图 5.45)，午前东部所得的热量传输至西部，午后则反方向传输。冷热空气经由屋顶、墙体、地面的空气间层形成循环体系，使建筑整体受热均匀。在夏季，打开包被空间的

① Priyadarshi A, Haur L J, Murray P, et al. A large area (70 cm^2) monolithic perovskite solar module with a high efficiency and stability[J]. Energy & Environmental Science, 2016, 9(12):3687 - 3692.

② 肖葳. 适应性体形绿色建筑设计空间调节的体形策略研究[D]. 南京：东南大学，2018：54.

排气口，则形成了整体通风冷却的循环系统(图 5.46)。

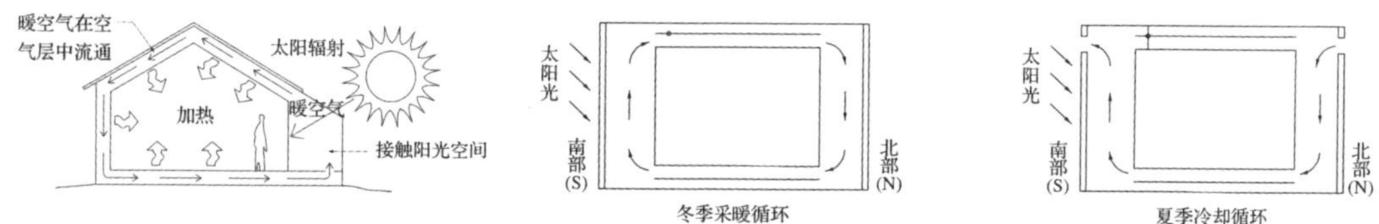

图 5.45　被动热包被的工作原理示意　　**图 5.46　被动热包被的冬季采暖循环与夏季冷却循环**

(图片来源：肖葳. 适应性体形绿色建筑设计空间调节的体形策略研究[D]. 南京：东南大学，2018：54.)

综上，在当代地域性绿色建筑界面设计中，由于材料与构造技术的进步，界面能够对不同气候因素做出更好的阻隔、渗透、交换的生态性回应；另一方面，界面被赋予了更多新内容，在满足传统功能的基础上，成为利用可再生能源的场所，尤其与太阳能的收集紧密关联。在具体的运用中，应根据使用需求、结构形式、施工条件等因素选择一种经济适用的构造技术。将上述长三角地区地域性绿色建筑生物气候界面的拓扑转换群与被动式设计策略汇总为表 5.11、表 5.12。

表 5.11　长三角地区生物气候界面形态的拓扑转换群

类型	营建模式				
A 屋顶界面	A1 覆土绿化屋面	A2 蓄水屋面	A3 遮阳屋面	—	—
	A4 双层平屋面	A5 双层坡屋面	A6 带排风帽的双层平屋面	A7 带排风帽的双层坡屋面	—
	A8 空气间层吊顶(平屋面)	A9 空气间层吊顶(坡屋面)1	A10 空气间层吊顶(坡屋面)2	A11 屋面与太阳能光伏板	A12 屋面与太阳能热水器
B 墙体界面	B1 双层墙体	B2 墙体与绿化(不透明系统)	B3 墙体与绿化(透明系统)	B4 墙体与遮阳构件	B5 太阳能集热蓄热墙体

续表

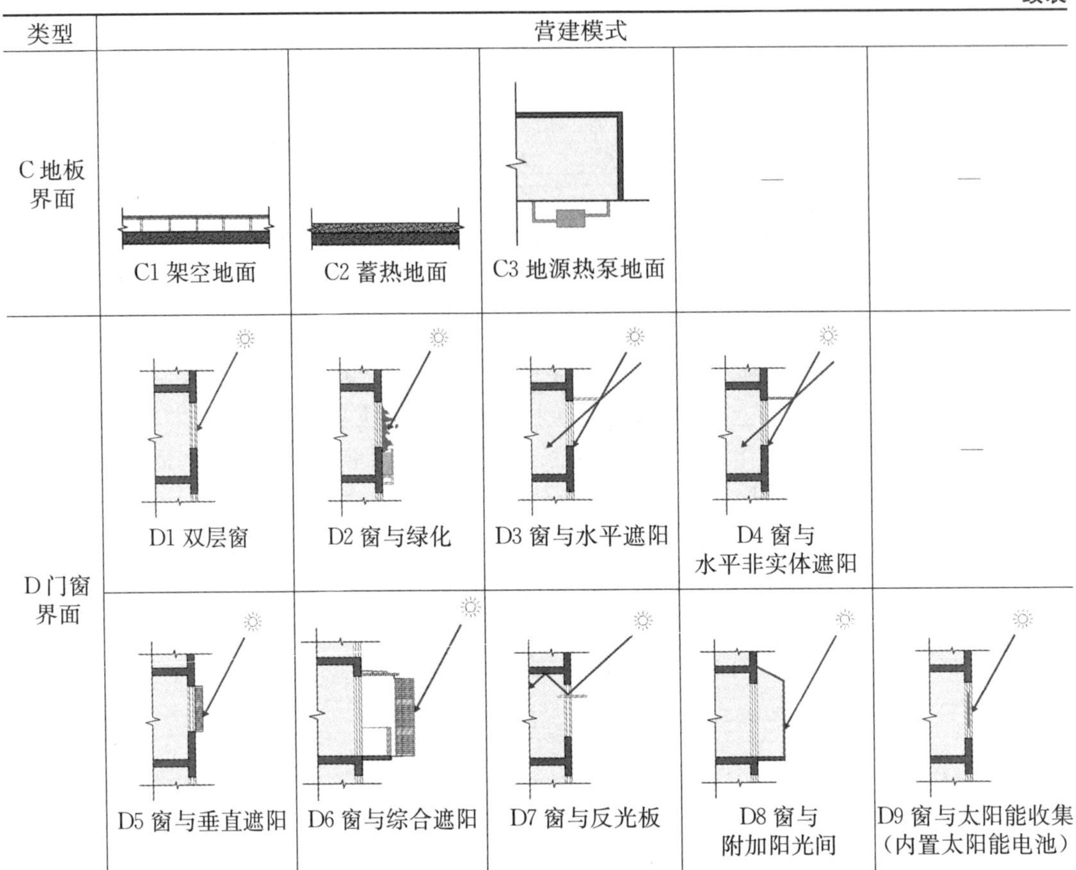

类型	营建模式				
C 地板界面	C1 架空地面	C2 蓄热地面	C3 地源热泵地面	—	—
D 门窗界面	D1 双层窗	D2 窗与绿化	D3 窗与水平遮阳	D4 窗与水平非实体遮阳	—
	D5 窗与垂直遮阳	D6 窗与综合遮阳	D7 窗与反光板	D8 窗与附加阳光间	D9 窗与太阳能收集（内置太阳能电池）

（表格来源：笔者自绘）

表 5.12　长三角地区地域性绿色建筑生物气候界面的被动式设计策略

设计因素	设计原则	设计策略	调节原理	室内环境参数
屋顶界面	屋顶与绿化	屋顶覆土种植绿化，在山地丘陵地貌中可顺应地形将屋顶与覆土绿化结合	遮挡太阳辐射，利用土壤热惰性	■保温隔热 ■太阳辐射 ■相对湿度 ■自然通风 □自然采光
	蓄水屋面	屋面蓄水并及时补水	利用水的蒸发作用和水体热惰性	
	屋顶与遮阳构件	根据不同季节太阳高度角的差异，设计遮阳构件的角度或采用智能控制系统	遮挡太阳辐射	
	屋顶空气间层	在屋面内设置空气间层形成双层屋面，或利用吊顶、阁楼空间作为空气间层	抑制传导热	
	屋顶与太阳能收集	采用太阳能一体化复合屋面，也可运用“倒坡屋顶”的设计手法，使屋面与太阳能设备较好地结合	太阳能利用	

续表

设计因素	设计原则	设计策略	调节原理	室内环境参数
墙体界面	双层墙体	内层采用砌体墙，外层采用轻质板材，内、外层墙之间形成空气间层	抑制传导热	■保温隔热 ■太阳辐射 □相对湿度 □自然通风 □自然采光
	墙体与绿化	墙面垂直绿化（透明系统与不透明系统）	遮挡太阳辐射	
	墙体与遮阳构件	墙体外设置遮阳构件		
	特朗伯墙	以砖石等蓄热系数大的材料作为蓄热媒介，在集热墙的外侧设置玻璃	围护结构的蓄热性，太阳能利用	
地面界面	架空地面	通过支撑架、龙骨等使地板面层与结构层之间形成空气间层	抑制传导热，通风降湿防潮	■保温隔热 □太阳辐射 ■相对湿度 ■自然通风 □自然采光
	蓄热地面	选取石材等蓄热系数大的建筑材料作为地面材料	围护结构的蓄热性	
	地源热泵	运用地源热泵、水源热泵技术	以地球为冷热源	
门窗界面	双层窗	采用双层复合窗	抑制传导热	■保温隔热 ■太阳辐射 ■相对湿度 ■自然通风 ■自然采光
	窗与绿化	在建筑南向种植落叶型植物，夏季遮挡阳光，冬季使阳光进入建筑内部	遮挡太阳辐射	
	窗与遮阳构件	依据不同的朝向选择适用的遮阳方式及遮阳角度	遮挡太阳辐射	
	窗与反光板、导风板	一般在南向窗口设置反光板，将光线反射进入室内深处，室外反光板的长度是上部窗户高度的 1.25～2 倍，也可结合设计导风板	自然采光，诱导通风	
	窗与被动式太阳房	在南向门窗外附加阳光间	抑制传导热损失，太阳能利用	
	窗与太阳能收集	门窗内置太阳能电池	太阳能利用，遮挡太阳辐射	

注：■表示具有关联性，□表示不具有关联性。

（表格来源：笔者自绘）

5.6 本章小结

本章首先针对能源、资源、形态三个方面在总体上提出了相应的营建对策，进而分别从建筑群体（宏观）、基本单元（中观）、界面设计（微观）三个层面探讨了基于“气候—地貌”特征的长三角地域性绿色建筑营建策略与方法。在宏观层面，围绕群体构成与地貌适应、群体建造与建筑节地、群体组织与自然通风、群体布局与太阳辐射四个方面归纳了地域性绿色建筑的群体设计策略；在中观层面，分别从气候、地貌两个方面切入探讨建筑基本单元营建的关键技术，包括平面与剖面设计、自遮阳的形体设计、下垫面的柔性应变、地形因借的气候适应、结构体系的技术支撑等；在微观层面，强调建筑内、外界面营建的属性差异，注重界面对气候要素“防”“适”“用”的适时调整，并通过拓扑转换的方式生成当代地域性绿色建筑生物气候界面的具体建构方法。

6 实证研究——浙江德清张陆湾村地域性绿色建筑的营建

德清县位于浙江省北部，地理位置优越，交通便利，生态环境良好，其在地域性绿色建筑营建方面的先发优势能够对浙江省乃至长三角地区建筑的可持续发展产生重要作用。本书选取德清县张陆湾村作为研究案例，立足于该地区特定的气候与地貌特征，同时把握社会经济、历史文化等方面的因素，挖掘和提炼既有建筑中相对稳定的、优良的生态语汇，通过原型的转译与发展，建立适宜的地域性绿色建筑的营建方法与技术支持。

6.1 地域环境解析

6.1.1 "因地而异"的自然气候与地形地貌

张陆湾村属于典型的亚热带季风气候，受太平洋季风影响，气候温暖湿润、四季分明，年平均气温为 13～16 ℃，年平均降雨量为 1 379 mm。其中，春季、夏季雨水多，以东南风为主；秋季、冬季以西北风为主，气候寒冷且雨量稀少。

张陆湾村地处长三角地区杭嘉湖平原的水网地带，村内河湖交错，水漾交织，鱼塘星罗棋布(图 6.1)，属于典型的平原水乡地区，呈现突出的破碎地貌特征。村域面积达 3.88 km^2，拥有水田 1 873.4 亩(约 1.25 km^2)、桑地 319 亩(约 0.21 km^2)、鱼塘 448.05 亩(约 0.30 km^2)、林地 651.6 亩(约 0.43 km^2)。受地形地貌限制，建筑多以环状或带状分布于水体周围，村落整体的空间布局组织自然、有机，人居单元与地貌单元高度契合，水漾、农田、村庄交织相融，形成了人地共生的生态格局(图 6.2)。

图 6.1 张陆湾村的自然风光

(图片来源：课题组摄制)

图 6.2 张陆湾村整体空间布局

(图片来源:课题组绘制)

6.1.2 “因时而异”的社会与经济

张陆湾村近年来经济发展迅速,2015 年实现集体经济总收入 114 万元,村民人均收入 25 038 元。如今,张陆湾村的产业结构以农业和加工业为主,已初步形成了农产品种植业、淡水鱼鲜等特色养殖业,实行农业园区化,现代农业的发展建设已初见成效。木材加工、钢琴配件加工等特色产业也颇具规模。此外,随着乡村休闲旅游业的发展,依托周边洛舍漾的旅游开发项目(图 6.3),张陆湾村开始实行以乡村旅游、互动体验为核心,以美丽乡村、滨水休闲为特色,多产联动的发展模式。

从区位和整体村庄风貌来看,张陆湾村具有发展乡村旅游的先天优势:一是距离上,其毗邻长三角都市圈,易吸引城市中产阶层的消费需求;二是空间上,其生态景观风貌完整,生态资源优势突出，村庄布局基本呈现出原有的村落风貌，纵横交错的水网，使张陆湾村呈现“桥街相连、民居依水筑屋、依河成街”的江南水乡典型的空间风貌，并使之具有丰富而细腻的乡村空间；三是物质要素上，农田、湖漾、村舍、古桥等乡村特色元素丰富，为乡村意象①的恢复与重塑奠定了重要基础②。

图 6.3　张陆湾村旅游开发项目区位示意图

（图片来源：课题组资料，笔者修改绘制）

6.1.3　“因例而异”的历史缘由

张陆湾村是在 2001 年村级区划调整过程中，由原张家湾村和陆家湾村合并而成。20 世纪六七十年代，在村党支部书记的带领下，全村干部群众积极响应毛主席“农业学大寨”的号召，发扬艰苦奋斗的大寨精神，轰轰烈烈地开展了农田水利基本建设和大规模的土地平整改造运动，成了当时全县乃至整个浙江省“农业学大寨”的一面旗帜。全村遵循“以粮为纲，全面发展”的方针，进行了村庄和农房改造，把木结构的房屋统一改造成钢筋水泥结构的农房，形成了颇具特色的集聚化“筒屋式”的建筑风貌，以释放土地用于造田种粮。当时《人民日报》曾报道并赞扬了陆家湾大队连年增产增收的先进事迹。村内至今依然保留了“农业学大寨”时期的标语和墙绘，将其作为历史的印证与文化的传承（图 6.4）。

---

① 乡村意象是指从旅游者的角度对乡村性的感知进行抽象，是乡村在长期的历史发展中在人头脑中所形成的“共同心理图像”。这种意象一旦形成，便具有相对的独立性与稳定性，会驱动人们去验证脑海中的乡村意象并获得相应的感受。

② 王竹，郑媛，陈晨，等. 筒屋式村落的微活化有机更新：以浙江德清张陆湾村为例[J]. 建筑学报，2016(8)：79－83.

图 6.4　张陆湾村“农业学大赛”墙绘及标语

（图片来源：笔者自摄）

6.2　建成环境现状分析与原型提炼

6.2.1　筒屋式民居

特殊的自然环境、历史文化背景下产生了张陆湾村独特的建筑形式。村内现存的民居大多建于 20 世纪 70 年代，因其门面窄小、纵深狭长、形似竹筒，故别名“筒屋”。每个筒屋都是一户完整的生活单元，面宽仅一开间，约为 3.6 m，纵深长短各异，但一般在 20 m 以上。通常多个筒屋联排拼合组成一个邻里单元，少则 3～5 户，多则达 20 余户。

以今天的视角来看，筒屋的营建智慧并没有随着时代的变迁而消失暗淡，其突出的特点仍然值得延续与发展。

1）有序的空间格局

每个筒屋的内部空间通过天井的分隔，大致可划分为前落、中落、后落三部分。前落一般为厅堂、过厅等半公共空间，中落为餐厅、厨房等半私密空间，后落则为储藏、养畜等辅助功能。各落房间通过一条前后贯通的廊道相联系，从南至北形成了“宅前空间—檐廊—前落—天井—中落—天井—后落—后街”的空间格局，布局分明，坐落有序（图 6.5）。

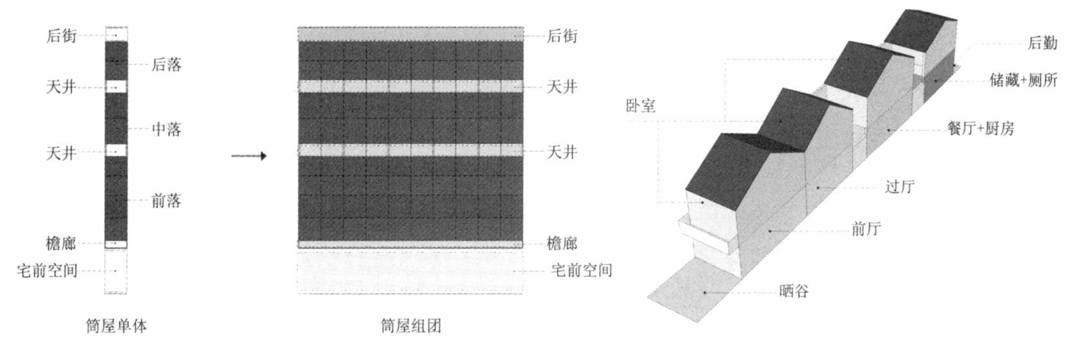

图 6.5　筒屋基本空间格局

（图片来源：笔者自绘）

2）紧密的邻里关系

这种同山共脊的拼合方式使相邻几户之间的联系十分紧密。邻户在天井院落里常可隔墙攀谈，共用的分户墙也形成了“邻里之间风险共担、休憩相关”的心理意识。群体所形成的连续的檐下空间，又为整个邻里单元提供了一个共享的交往场所，统一了个体与群体的关系。

3）高效的营建方式

联排筑屋的建造施工需要几户人家合作互助同时完成，这使得营造过程变得节材而高效。相同的建筑层数与层高，以及分户墙的共同建设、使用和维护，使个体利益和群体利益相互依托，与当时协同互助的集体生活生产模式相适应。

4）一定的生态节能性

集聚化的整体形式能够充分利用土地，从而释放更多的土地用于耕作产粮，体现了节材节地的优点（图 6.6）。除此之外，筒屋还具有一定的防晒与通风的节能特性。例如，前后贯通的廊道可迅速将室内的热空气排至室外，而天井所形成的“拔风效应”加速了内部热空气的流动。

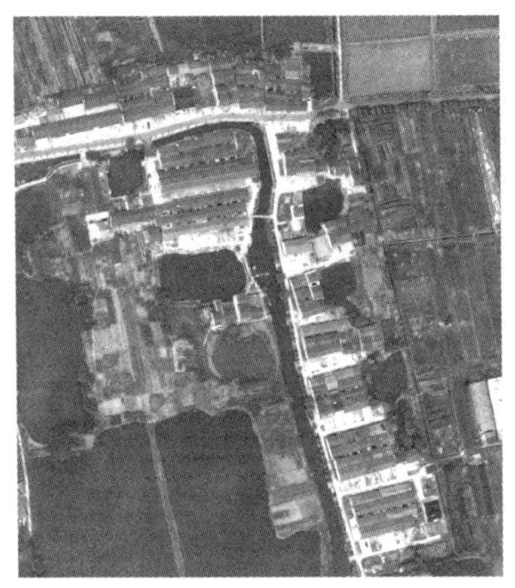

图 6.6　筒屋集聚化的整体形式

（图片来源：课题组资料）

6.2.2　筒屋室内热工环境实测①

本章以筒屋式民居作为实测对象，对其冬季、夏季的室内外空气温湿度、室内平面及天井典型位置的风速风向进行现场测试，通过了解筒屋在极端气候条件下的室内热工环境来综合了解筒屋在气候适应能力方面的优势与缺点，进一步验证、明确天井在组织自然通风、控制太阳热辐射方面的有效性和局限性。笔者所在课题组于 2018 年 8 月、2018 年 12 月分

① 浙江德清张陆湾村筒屋室内热工环境实测是“长三角地区基于气候与地貌特征的绿色建筑营建模式与技术策略”子课题研究的重要内容之一，主要由浙江大学课题组张红虎老师团队组织实施与完成。

别完成了筒屋夏季、冬季的热工环境测试，下文以夏季的实测(2018 年 8 月 5 日—2018 年 8 月 11 日)做具体阐述。

1）测试内容

① 测试南北两个天井垂直高度方向上的温度、湿度以及风速情况。

② 测试主要房间室内热舒适度水平。

③ 测试筒屋从前门到后门各典型位置的风速及风向情况。

④ 测试阁楼的温湿度水平。

⑤ 同步测试室外温湿度及风速风向水平。

2）测试时间及工况

① 8 月 5 日 14:00—8 月 6 日 14:00，门窗关闭状态下，连续 24 小时监测，无室外气象站。

② 8 月 8 日 13:00—8 月 9 日 13:00，门窗开启状态下，连续 24 小时监测，无室外气象站。

③ 8 月 9 日 17:00—8 月 10 日 17:00，门窗开启状态下，连续 24 小时监测，增加室外气象站监测，前后门处风向监测换成陶瓷轴承。

④ 8 月 10 日 17:30—8 月 11 日 9:30，门窗关闭状态下，夜间连续 16 小时监测。

3）测点分布

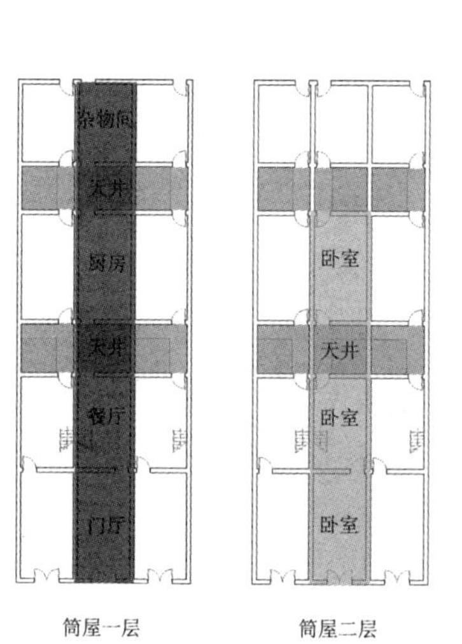

图 6.7 筒屋测试范围

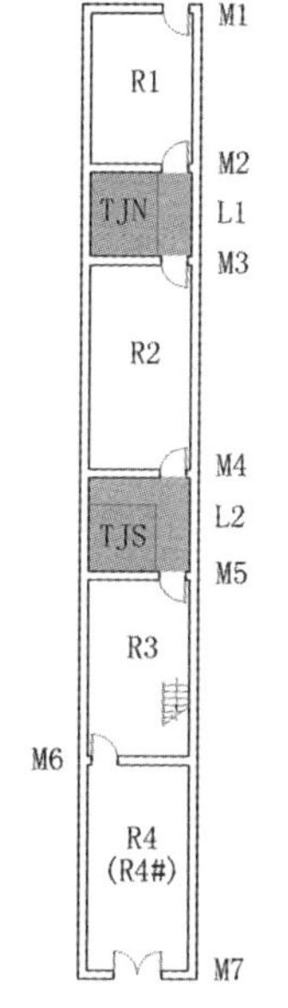

测量部位	测试指标	测量仪器
R1	风速v_1	JTR07B
R2	热舒适度 IAQ_1	JT-IAQ-50
R3	热舒适度 IAQ_2	JT-IAQ-50
R3#	热舒适度 IAQ_3	JT-IAQ-50
R4	风速v_8	JTR07B
GL	温湿度 T_{GL}、Φ_{GL}	Testo174H
L1	风速v_9	JTR07B
L2	风速v_{10}	JTR07B
TJN	风速 v_2, v_3, v_4	JTR07B
	温湿度 $T_{TJN,1}$、$T_{TJN,2}$、$T_{TJN,3}$、$\Phi_{TJN,1}$、$\Phi_{TJN,2}$、$\Phi_{TJN,3}$	Testo174H
TJS	风速 v_5, v_6, v_7	JTR07B
	温湿度 $T_{TJS,1}$、$T_{TJS,2}$、$T_{TJS,3}$、$\Phi_{TJS,1}$、$\Phi_{TJS,2}$、$\Phi_{TJS,3}$	Testo174H
室外	温湿度 T_e、Φ_e	Testo174H
	风速v_e、风向 *Dir*, e	戴维斯小型气象站
	太阳辐射强度 I_e	JTR05
M2	风速$v_{e,1}$, 风向 *Dir*, 1	YGY-FSXY1
M5	风速$v_{e,2}$, 风向 *Dir*, 2	YGY-FSXY1

图 6.8 测点分布与测试指标

(图片来源：课题组绘制)

4）测试结果

(1) 逐时温度监测

8 月 9 日 17:00—8 月 10 日 17:00，在门窗开启的条件下，连续 24 小时监测的测试结果如图 6.9、表 6.1、图 6.10 所示。

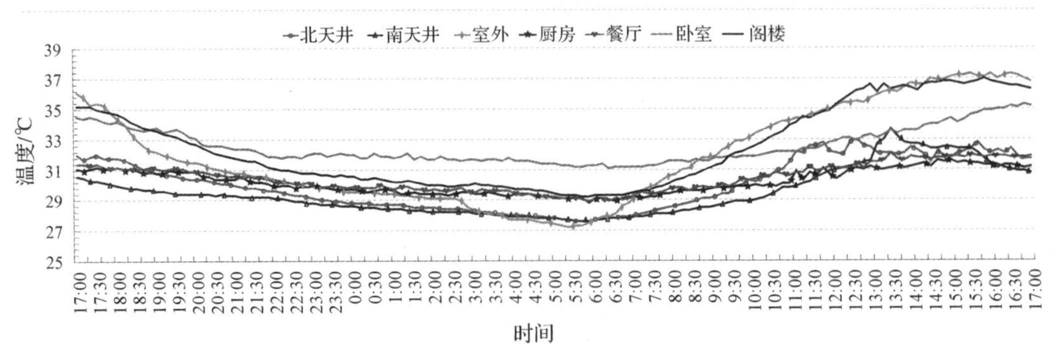

图 6.9　距地面 1.5 m 处各测点温度逐时监测结果比较示意

（图片来源：课题组绘制）

表 6.1　温度统计表

测试点	最大值/℃	最小值/℃	平均值/℃
室外	37.30	27.20	31.96
北天井(距地面 1.5 m)	33.00	27.60	30.03
南天井(距地面 1.5 m)	33.70	27.60	29.47
厨房	31.60	28.80	30.19
餐厅	32.10	28.90	30.45
卧室	35.30	31.10	32.58
阁楼	37.00	29.20	32.48

（表格来源：课题组绘制）

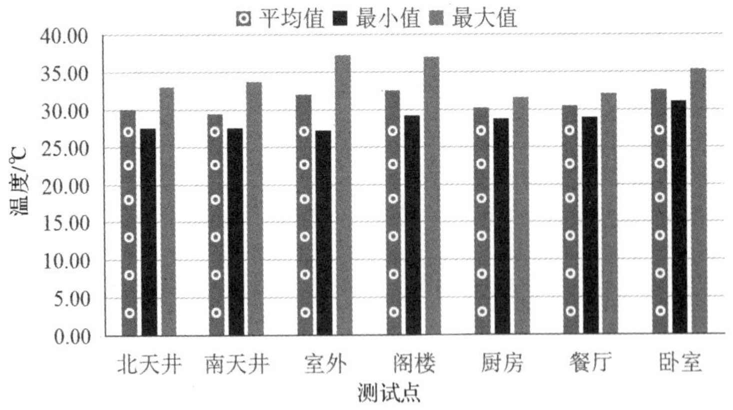

图 6.10　温度统计结果比较

（图片来源：课题组绘制）

(2) 逐时风速监测

对通风水平进行逐时统计和分时段统计，分别统计两种条件下的全天风速平均值和最大值。测试结果如表 6.2、图 6.11～图 6.14 所示。

表 6.2 风速监测表

测点		最大值/(m·s⁻¹)	最小值/(m·s⁻¹)	平均值/(m·s⁻¹)
北天井	距地面 1.5 m	0.13	0.00	0.01
	距地面 3.0 m	0.11	0.00	0.01
	距地面 4.5 m	0.13	0.00	0.02
南天井	距地面 1.5 m	0.08	0.00	0.00
	距地面 3.0 m	0.01	0.00	0.00
	距地面 4.5 m	0.14	0.00	0.01
储藏间		0.34	0.00	0.09
北走廊		0.43	0.00	0.11
南走廊		0.28	0.00	0.07
厨房		0.11	0.00	0.01
餐厅		0.73	0.00	0.09

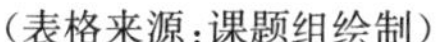
(表格来源:课题组绘制)

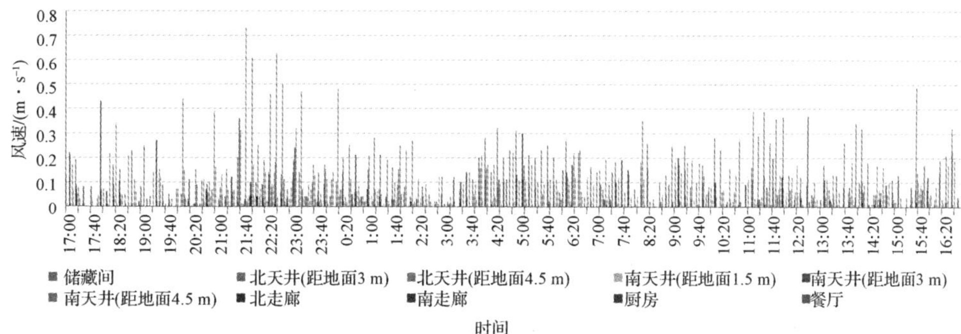

图 6.11 风速逐时监测结果比较

(图片来源:课题组绘制)

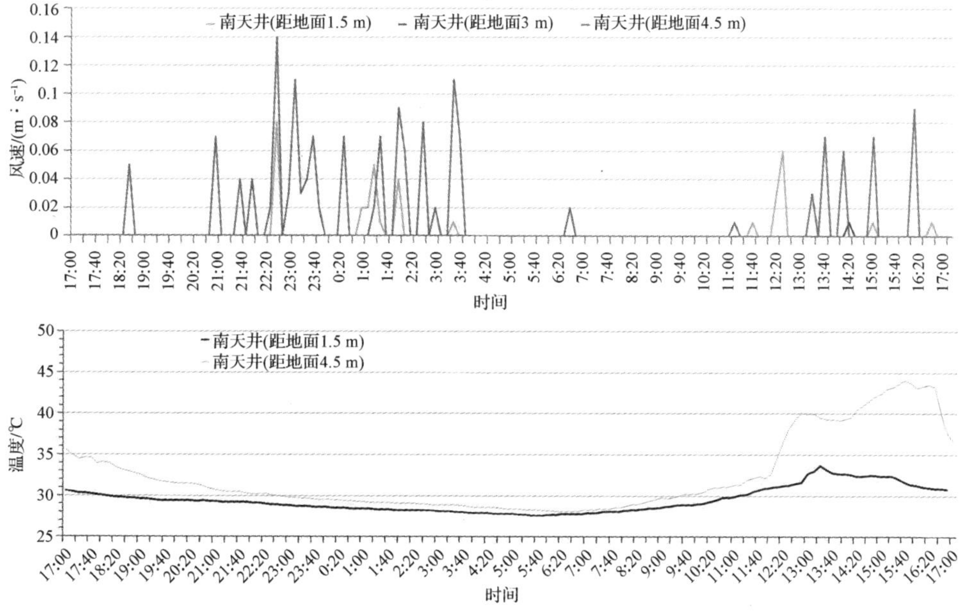

图 6.12 南天井垂直方向风速分布与垂直方向温度统计结果

(图片来源:课题组绘制)

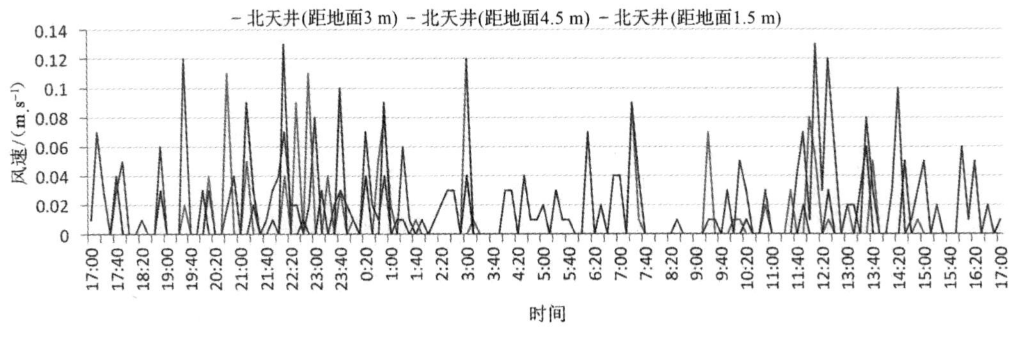

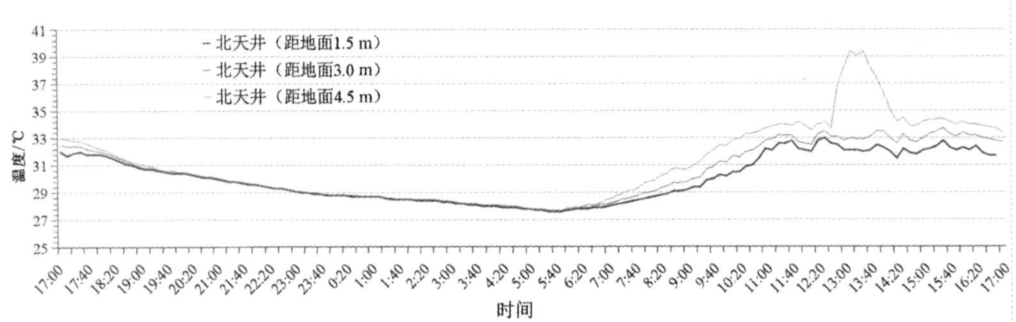

图 6.13　北天井垂直方向风速分布与垂直方向温度统计结果

（图片来源：课题组绘制）

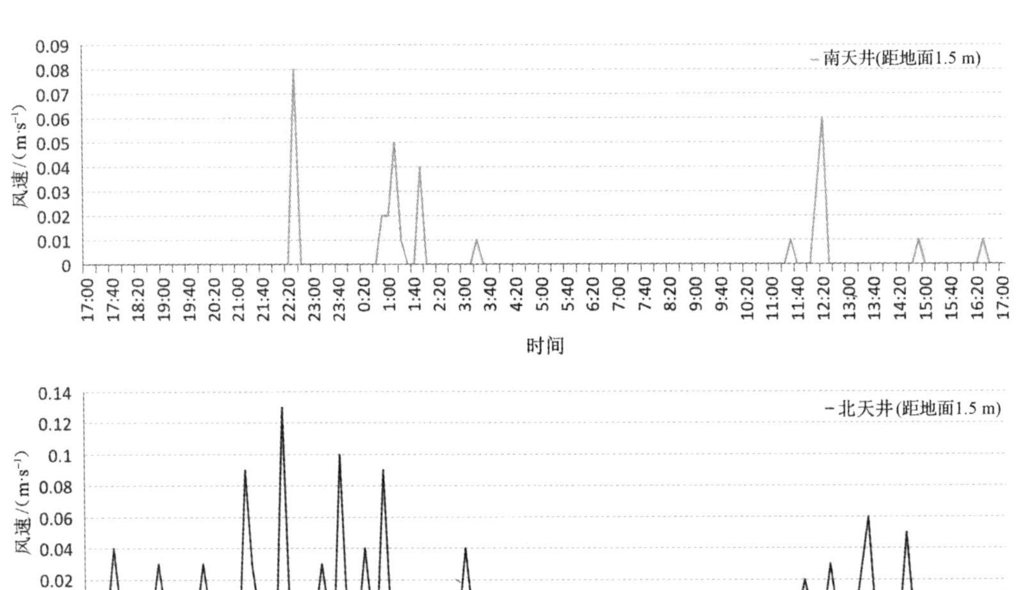

图 6.14　南天井、北天井逐时风速分布图(距地面 1.5 m)

（图片来源：课题组绘制）

5）分析与结论

对夏季、冬季筒屋的室内热工环境实测数据进行分析，可得到以下结论：

① 从图 6.9 可以看到，当天室外最高温度达 37.3 ℃，阁楼的温度波动与室外温度波动相似，但平均温度高于室外温度。导致此现象的根本原因在于筒屋维护结构轻薄，屋顶无保温隔热措施，且阁楼不通风，使聚集的热空气难以排至室外，故使得室内热舒适性较差。因此，围护结构的保温隔热性能是设计的重要因素之一。

② 以距地面 1.5 m 处各测点通风情况来看，在门窗开启的情况下，傍晚 17:00 到凌晨 2:00—3:00 之间，室内以穿堂风为主，风向由北向南，风速逐渐减弱。天井内垂直方向上风速变化均出现先降低再升高的现象。距地面 1.5 m 处全天几乎无风，较高位置处风速略高。从温差变化上来看，白天垂直高度的温差明显高于夜间。紧邻南北天井的走廊和厨房、餐厅等测点的室内平均风速均呈现白天高于夜间的现象，由此可以推测，白天天井受热压效应的影响较大，具有一定的拔风作用。

③ 筒屋内天井尺度小，冬季太阳高度角较小，使得太阳光难以直接照射到天井底部，从而导致冬季天井内气候潮湿、阴冷，进而影响建筑室内的热舒适性。

综上，筒屋的实测研究验证了筒屋的气候适应性与一定的局限性，有利于在设计实践中辩证地看待筒屋的在地营建智慧，有选择性地转译与发展既有建筑的生态原型。

6.2.3 现存问题分析

综合张陆湾村的现场调研与村民访谈，可将其现存问题主要归纳为以下 3 点：

① 由上述的分析可知，筒屋是气候、地貌等自然因素与特殊的经济产业、历史背景共同作用的产物，虽呈现出一定的在地营建智慧，但狭长形的空间形态难以满足现代建筑功能空间的布局以及村民对于方正规整户型的需求，集聚化的组织模式也不再适应现代经济产业的发展变化。

② 由于社会变迁引起村民价值观与审美取向的变更，近年来的新建农房虽主体建筑结构良好，但建筑整体风貌不佳。农房外墙的材料以涂料或贴面砖为主，房屋色彩的明度和彩度较为繁杂，且在细部装饰方面使用了大量的欧式元素（图 6.15）。整体上，建筑风貌不协调，呈现出一种无根的状态。

图 6.15 建筑整体风貌不协调

（图片来源：笔者自摄）

③ 新建农宅忽视了对气候、地貌的在地应对。随着生活水平的提升,许多村民通过安装空调与电暖设备提高居室内的舒适度,从而造成了建筑能耗的迅速增加。而旧有农宅又多为砖混结构、预制多孔楼板、单层玻璃窗,且屋顶无保温隔热措施、构造简单,不能满足相关建筑节能设计规范的要求,室内环境舒适度较差。

6.3 现代地域性绿色农居营建方法

张陆湾村的规划设计拟在村域的中部新建农居组团,将其用于安置 40 户的拆迁农户。建设基地东临大面积的水漾,西靠村内的主要道路,地块呈东西窄(约 50 m)、南北长(约 240 m)的狭长形(图 6.16),本节将把第 4 章、第 5 章所提炼的"在地营建智慧"与建立的营建策略运用于张陆湾村现代绿色农居的设计实践中。具体的营建过程包含群体的构成与组合、宅院基本单元的建构、建筑风貌的传承与创新三方面。

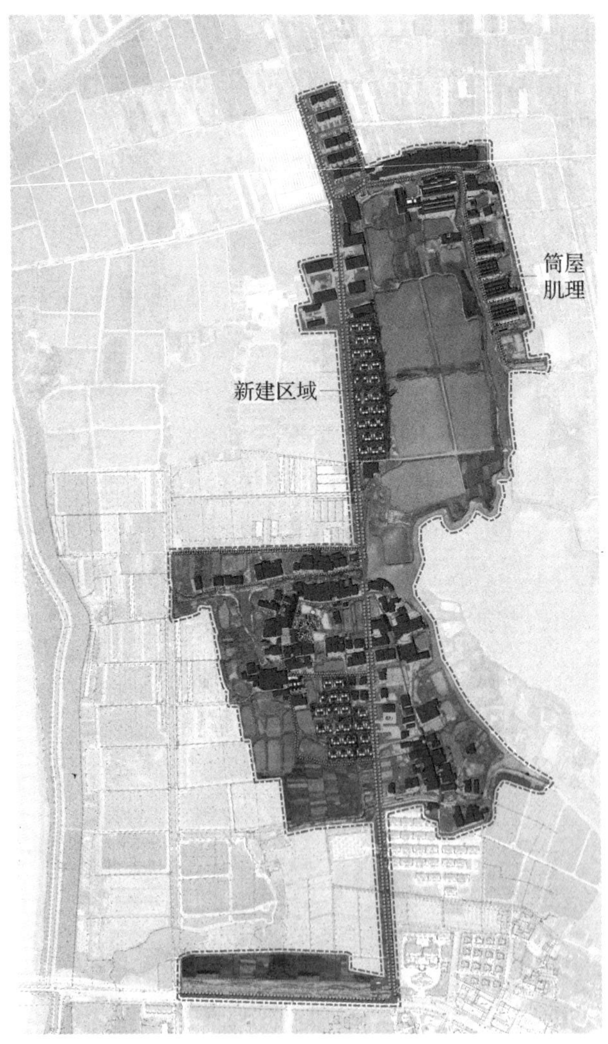

图 6.16 张陆湾村新建农居组团地块

(图片来源:课题组绘制)

6.3.1 群体的构成与组合

1) 群体的构成元素:宅院基本单元

由 4.2.2 节可知,长三角地区既有建筑常以单元作为群体构成组合的基本单位,这样的构成模式有益于适应各种地形地貌以及与自然环境的融合。在张陆湾村,筒屋式民居狭长形的“竹筒”单元是筒屋群体组合的基本单位,是宅院基本单元的初始原型。而如此狭长的空间形式,已不能适应现代的生活方式,也不能满足村民的精神需求。因而,通过对原型单元的转译与重构形成了新的宅院单元的基本形式。

新的基本单元与原型单元具有类似的拓扑结构关系,延续以天井为中心的组织形式(图 6.17),保留天井作为宅院基本单元内最为重要的气候调节器。同时,适当增大天井的尺度大小,改良原有筒屋中天井尺度小的弊端,并将原本的宅前空间与后街分别转化为前院与后院,形成“前院—房屋—天井—房屋—后院”的空间格局。新的基本单元面宽增大、进深缩短,形体更为方正,有利于功能房间的合理布局,满足了村民对中正规整户型结构的偏好,也有益于降低建筑体形系数。

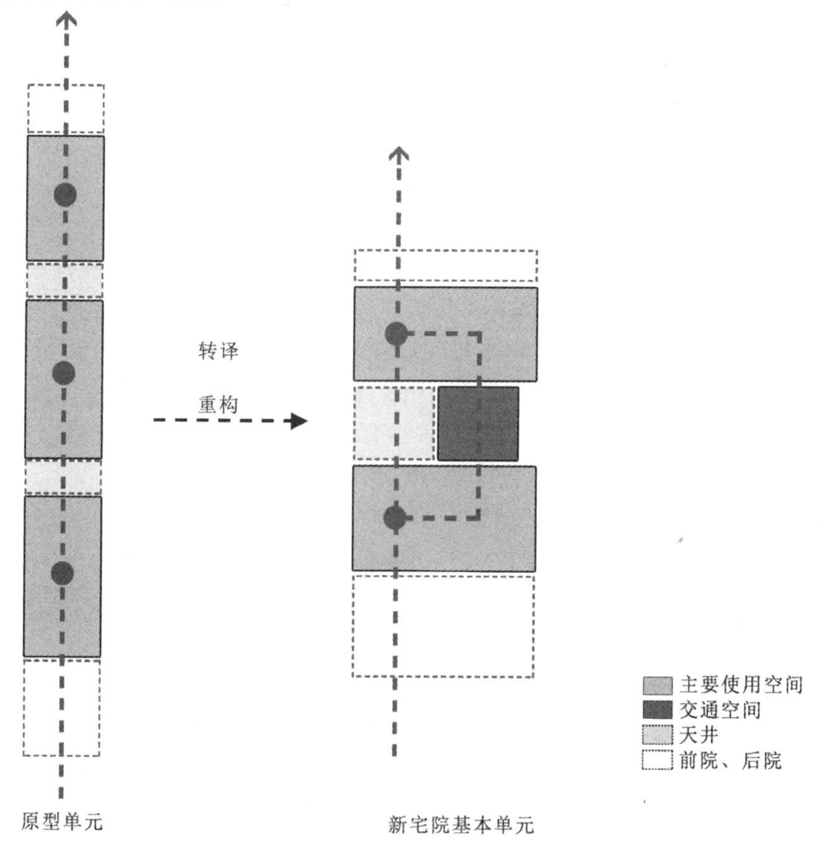

图 6.17 宅院基本单元的转译与重构

(图片来源:笔者自绘)

2) 群体的组合模式:整体的规模效应与冷巷的被动降温

在宅院基本单元确定之后,可从现状的地形与环境着手考虑群体的组合模式。笔者所在课题组首先将宅院基本单元进行两联或三联拼合(图 6.18)。一方面,满足了村民希望与亲戚或原有邻居合并建造的需求,延续了原有的邻里文化和社会关系网络;另一方面,这种同山共脊的拼合方式,共享了部分建筑墙体,能够有效减少建筑暴露在外界气候中的外表面积,也有助于更加集约地利用土地资源。

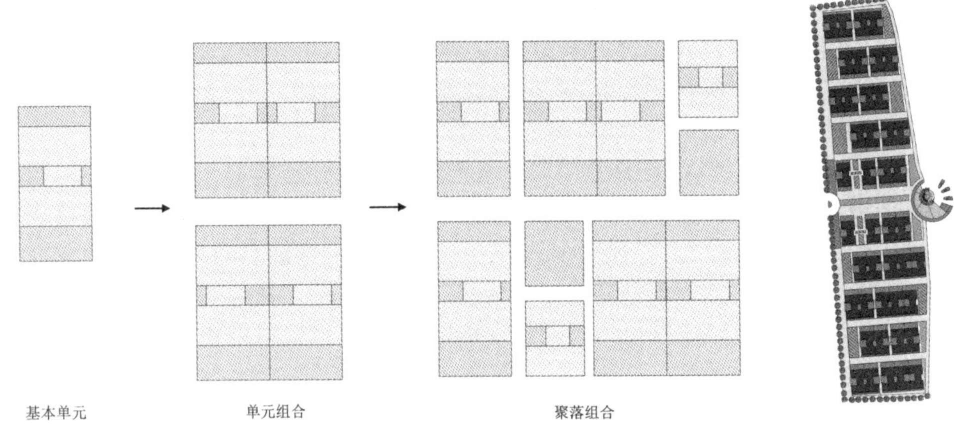

图 6.18　群体组合模式示意图

(图片来源:课题组绘制)

进而,在群体布局方面,尽可能集中建筑体量,形成一定的规模效应,这有利于在夏季形成互惠遮阳的模式并降低建筑群体的体形系数(详见 4.1.1 节)。在设计中,通过组团的错动排布形成一些大小不同的开放空间,以引发村民多样的活动与交往。横街与纵巷设计相结合,形成了在道路系统构架下的更细化层级的微循环空间网络,在满足现代车行需求的同时,延续了传统的巷道空间,构建出丰富的公共与秘密的活动场所(图 6.19)。其中,巷道的巷的被动降温作用。为此,建筑的整体布局与朝向尽可能使巷道充分获得夜间通风,冷却墙设计不仅是满足交通功能的需求或是在形式层次上体现传统情怀,更重要的是能够发挥冷体结构;巷道的高宽比控制在 1∶8 左右,使其具有良好的遮阳效果,减少地面与墙体得热;巷道两侧适当增加墙体厚度,提高蓄热性能,同时在墙体上设置可开启的窗户,将巷道内预冷的空气引入建筑内部,从而达到被动降温的目的。

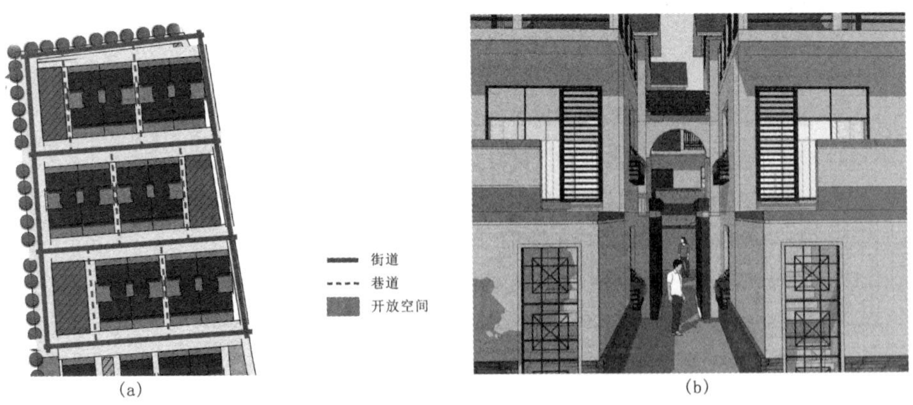

图 6.19　街巷空间设计示意

[图片来源:图(a)为笔者自绘,图(b)为课题组绘制]

此外，在地貌适应方面，采用间隔型的处理方式。建筑与水体保持一定的间距，通过局部滨水公共空间的设置作为建筑的延伸空间与水体产生联系，达成空间的柔性过渡。因此，设计尽量保留滨水的自然边界，仅在基地邻近水漾的一侧，结合张陆湾村乡村休闲旅游规划中游船的动线，设置滨水公共空间与水埠码头。

6.3.2 宅院基本单元的建构

1）空间层级的划分：设置气候缓冲空间

通过对村民现状与实际需求的调查研究，宅院基本单元的设计共三层，面宽为二至三开间，进深约 15 m。新建农宅基本单元的样板如图 6.20 所示，底层布置车库、储藏室等辅助功能空间，二层为公共活动层，设有客厅、餐厅、厨房等，三层为卧室等私密空间。在垂直交通

图 6.20 宅院基本单元营建样板

（图片来源：课题组绘制）

设计方面，建筑中部为宅院基本单元的交通核心，也可在前院加设楼梯直达二层。而屋面形式以坡屋面为佳，并留有一定的可灵活扩展的空间供村民自主划分与利用。

结合建筑的功能布局，将门厅、阳光间、柱廊、屋顶间层等附属功能房间设置为气候缓冲空间(图6.21)。这些灰空间不仅作为室内与室外的过渡，也起到了缓冲外界极端气候、减小室内温度波动、诱导组织通风的作用。从而，通过空间层级的划分，在宅院基本单元内创造了气候梯度，逐级调整，使主要功能房间达到舒适度最优。

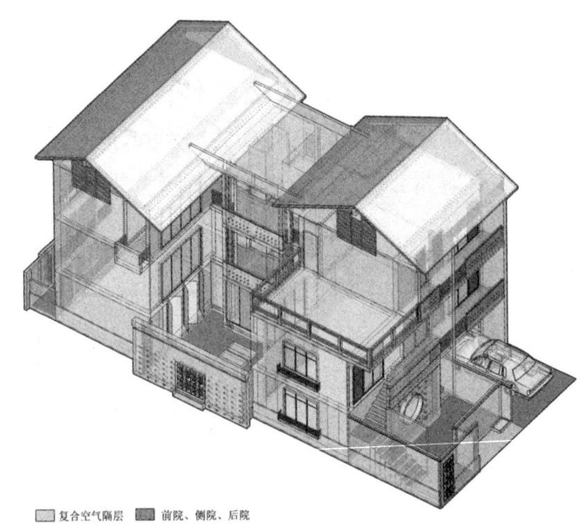

图6.21　宅院基本单元内的气候缓冲空间示意

(图片来源：王静. 低碳导向下的浙北地区乡村住宅空间形态研究与实践[D]. 杭州：浙江大学，2015.)

2) 气候要素的离析：采用复合建筑界面

天井的设置使建筑外界面的大小适当增加，因而建筑能够更充分地获取与利用外界气候资源。在宅院基本单元的营建中，外界面的设计尽可能具有封闭的属性与一定程度的选择透过性，兼备阻挡不利气候要素与纳入有利气候要素。而单元内的内界面尽可能开放、灵活，一方面供村民依据自身的使用需求灵活分隔室内空间；另一方面，使进入室内的有利气候有素能够在整体空间内共享与传递。

此外，“以界面的层次复合离析气候要素”是长三角地区既有建筑“在地营建智慧”对现代地域性绿色建筑营建的启示之一。因而，在新建农宅的设计中尽量采用复合材料的墙体、屋面以及可调节的遮阳门窗，以实现对不同气候要素的阻隔、渗透与交换。

3) 生态技术的融入：利用场地设计要素

为更加有效地改善室内热舒适度，也可以以乡土和谐性、经济适用性为指导原则，适当融入生态适宜性技术。例如，在庭院内布置储水水池或排水明沟，种植绿量大的植物，循环使用收集的雨水，也能利用水体的蒸发降温作用以及植物的蒸腾作用调节宅院的小气候环境，形成一套简单的节水、温控系统。

6.3.3　建筑风貌的传承与创新

1) 生态内核：地域风貌的诱发机制

地域性建筑风貌的展现最初源于对气候、地貌等自然环境的在地应对，这种应对经过长期的积累形成了村民的建造经验，并随着时间的推移固化为内部空间营建与外部形态塑造的认知图式。因而，生态内核是地域性建筑风貌的根本诱发机制，由生态内核的传承可达成建筑风貌本质性的传承与创新。过往众多的实践研究表明，地域性建筑风貌的传承不能是过去某一时期传统形态的简单复制和移植，基于气候与地貌特征的营建更是要通过生态原型的转译、传承，从而达到地方性再造与本土文化传承的目的，使该地区建筑风貌的本质特征在历时性建造中得以延续。在新建农宅的设计中，融入张陆湾村既有建筑“高效的营建方式”“一定的生态节能性”等在地营建智慧，是建筑风貌传承的基础(图 6.22)。

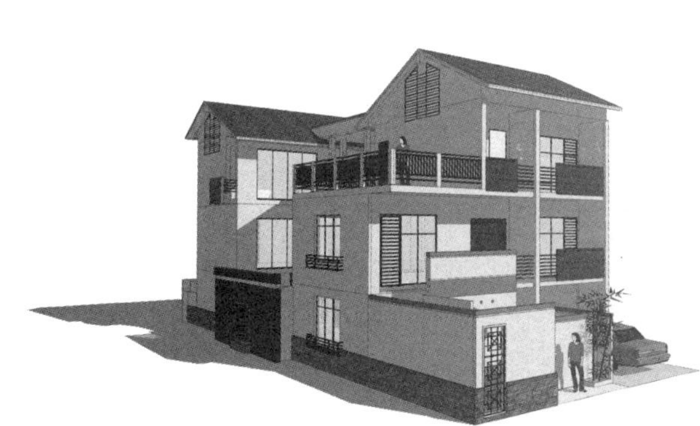

(a)单体透视图

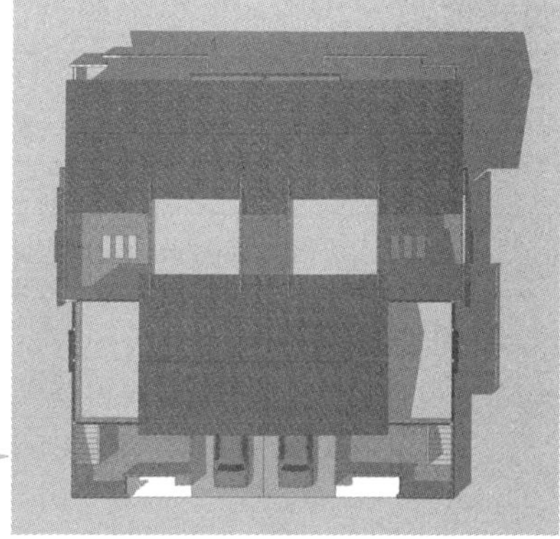

(b)俯视图

(c)东西立面图

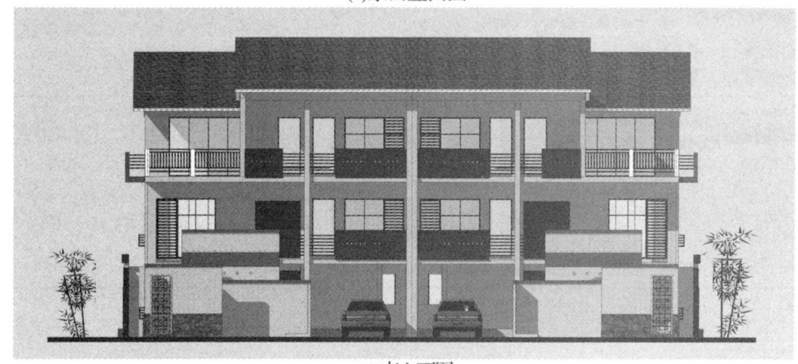

(d)南立面图

图 6.22 现代绿色农居的营建风貌图

(图片来源：课题组绘制)

2）控制导则：整体形态的统一把控

在生态内核传承的基础上，可进一步通过制定控制导则来协调、把控整体的建筑风貌。建筑整体的风貌是大量构成要素在营建中积累的结果，虽然局部本身不足以形成地域风貌特征，但微小的汇集所涌现出的宏观特征是不容忽视的①。设计通过对张陆湾村既有建筑的屋顶、墙体、细部等的色彩与材质研选，提取出与村庄整体风貌及自然环境相融合的元素，归纳、总结形成了图解及导则（表 6.3）。例如，在营建中毛石、砖石、毛竹等地域性材料的运用，能够体现出一定的地方性。需要说明的是，制定导则的目的不在于强制地给出某种固定的营建样式，而是以整体风貌协调为目标，在满足村民需求的基础上，对村民的自主建造给予一定的控制建议。

表 6.3　整体控制导则

要素	图例	营建导则
屋顶		① 建议使用与自然环境相融合、与传统建造方式相适合的坡屋顶形式 ② 建议采用黑灰色系的屋顶材料，如沥青瓦、黏土瓦等
墙体		① 宜采用中高明度、低彩度的墙体材料，推荐使用白色或米色的真石漆涂料。避免过多品种的材质与装饰 ② 基本色、辅助色、点缀色主次清晰、搭配和谐
门窗		① 宜采取传统或简洁形式，色彩、材料与整体色调相协调 ② 玻璃宜采用低彩度的颜色
栏杆		宜采用简洁的形式与颜色，不宜使用烦琐或某种特定风格的样式
院墙		① 院子必须有一定的界定，且围合为半虚半实的状态，从而有内外渗透的关系 ② 建议采用地方材料，如石墙、篱笆墙、砖砌墙等

（表格来源②：笔者自绘，其中图片来源于课题组项目资料）

① 王韬. 村民主体认知视角下乡村聚落营建的策略与方法研究[D]. 杭州：浙江大学，2014.

② 营建导则的内容参考陈晨. 浙江德清张陆湾村的有机更新策略与设计实践[D]. 杭州：浙江大学，2015：63. 以及王韬. 村民主体认知视角下乡村聚落营建的策略与方法研究[D]. 杭州：浙江大学，2014：196。

6.4 本章小结

本章以浙江德清县张陆湾村为例，结合前5章的研究成果，从气候与地貌的视角提出现代地域性绿色农居的营建方案。首先，从“因地而异”的自然气候与地形地貌、“因时而异”的社会经济、“因例而异”的历史缘由三个方面解析张陆湾村的地域环境，把握转译的语境。进而，对筒屋式民居中所蕴含的在地营建智慧进行提炼，并结合筒屋室内热工环境实测与现存问题分析，明确转译的中介，将其作为方案形成的基础。最终成果体现在中观和微观两个层面。中观层面通过新基本单元的确立和单元的拼接、组合，形成整体的规模效应。微观层面通过空间层级的划分、气候要素的离析与生态技术的融入，建构宅院基本单元。此外，在建筑风貌传承上，提出通过“生态内核”的传承能够使地域风貌的本质特性在历时性建造中延续。并在此基础上，通过控制导则的制定，实现整体形态的统一把控。

7 结语

绿色建筑是建筑行业践行可持续发展理念的重要领域,"绿色"已被写入国务院发布的建筑基本方针之中。我国绿色建筑发展至今已经取得了丰硕的成果,但与此同时,在对绿色建筑的理解与认知上"重指标、重技术"的问题日益突显。这种问题产生的原因是长久以来绿色建筑的设计与评价主要由暖通与机电专业来主导。此外,以指标数值为导向的评价标准更使得人们忽视了绿色建筑营建的本源。因此,现阶段绿色建筑的发展亟须对当下以全项指标和技术控制为导向的绿色建筑认知误读进行纠偏,厘清绿色建筑的概念和本质。

国家科技部从 2017 年开始组织实施"十三五"国家重点研发计划项目"经济发达地区传承中华建筑文脉的绿色建筑体系"研究,以期推动建筑技术与地域文化的对接融合。气候、地貌是建筑文脉重要的策动要素(1.1.2 节),既有建筑中应对气候、地貌的"在地营建智慧"所形成的技术原型,构成了地域建筑文化中最为恒定的内核。以气候与地貌为视角研究地域性绿色建筑的营建,能够有益于对绿色建筑本质的认知,推动地域文化与绿色技术的对接融合,且对创造地域特征鲜明的绿色建筑具有重要意义。

诚然,气候、地貌不是影响地域性绿色建筑营建的唯二因素,绿色建筑的发展还受到不同地域的经济水平、社会文化、物质资源等多种因素的制约与影响,本书并非否定其他相关因素的作用,而是强调绿色建筑营建"在地"的重要性。基于文脉传承的绿色建筑一定是"在地"的绿色建筑,必然离不开气候、地貌两个关键要素。在以往的研究中,人们多侧重于关注气候或地貌单一要素与地域性绿色建筑营建的作用关系,将气候、地貌视为相互关联、相互作用的综合因素的研究较少。在本书中,气候、地貌两条线索有时并行,有时交织,本书对气候、地貌交叉视野下的地域性绿色建筑营建策略的建构逻辑及其内在作用机制进行了探讨。

7.1 概括与总结

本书立足于长三角地区,通过定性与定量的融贯研究,建立了基于"气候—地貌"特征的地域性绿色建筑营建策略与方法。其中,更注重在定性研究中从建筑师的视角对结果背后的逻辑与机理等进行研判,以期对绿色建筑研究中学理诠释的瓶颈有所突破。主要的工作内容概括总结如下:

1) 架构基于气候与地貌特征的地域性绿色建筑营建策略研究的框架与方法

本书架构了如何针对特定地区,以气候、地貌为抓手,开展地域性绿色建筑营建策略研究的框架与方法。书中通过"认知框架—地域环境—在地智慧—营建策略—实证研究"五个方面架构了整体的研究框架(图 7.1),通过"分析—提炼—转译—建立—评价"五个步骤逐层推进生成地域性绿色建筑的营建策略,为特定地区基于气候与地貌特征的地域性绿色建筑营建策略的研究提供了可参考的整体框架与方法。

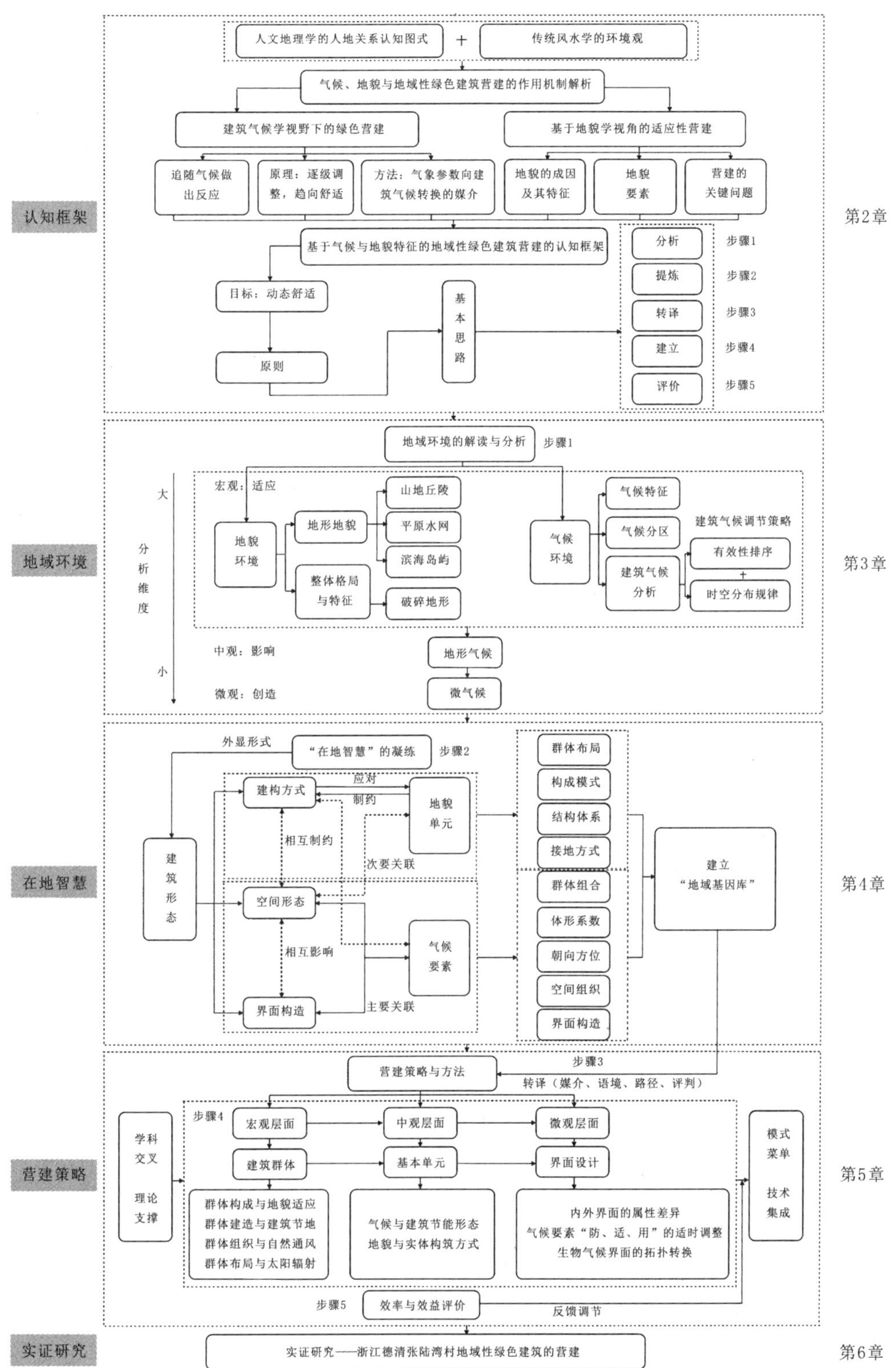

图 7.1　基于气候与地貌特征的地域性绿色建筑营建策略研究的整体框架

（图片来源：笔者自绘）

2) 建构基于气候与地貌特征的地域性绿色建筑营建的认知框架

本书试图提出一种有利于系统把握气候、地貌与地域性绿色建筑营建之间作用机制的认知框架。本书运用人文地理学的概念、原理和方法，通过人地系统的建构，尝试从系统的构成要素、组织结构、作用关系三个方面来认知气候、地貌与地域性绿色建筑营建的作用机制。在地域性绿色建筑的营建过程中，要把建筑营建系统的机能节律与所处地域环境的时间节律科学合理组织，以最大限度地利用资源环境因子，达成与气候、地貌相协调的地域性绿色建筑营建的目标。

3) 凝练长三角地区既有建筑的“在地营建智慧”，建立“地域基因数据库”

本书对长三角地区地方性既有建筑的在地营建智慧进行了系统的挖掘、研选，基于大量的文献调查与实地调研，从建构方式、空间形态、界面构造三个方面凝练了长三角地区既有建筑应对气候、地貌的“在地营建智慧”，并在此基础上归纳、建立了长三角地区绿色建筑营建模式的“地域基因数据库”。

4) 提出地域性绿色建筑营建智慧的“原型-转译”机制

本书运用语言学中转译的概念和方法，围绕着媒介、语境、路径、评判四个方面，对既有建筑的“在地营建智慧”向当代地域性绿色建筑营建策略演进、发展的转译机制进行诠释。指出转译的媒介为原型，转译的语境包括自然气候与地形地貌、社会环境与技术工艺、典型个案因素，并结合具体实例探讨了三种可能的转译路径：实体要素的变更（要素本质特性不变，改变材料与建构方式）、比例尺度的变换（技术原理不变，改变设计的比例尺度）与结构模式的拓扑转换（结构关系不变，改变构筑的方式与形态），以促进传统技术经验的传递与继承，使根植于地域自然环境特点的建筑本质属性在历时性建造中得以延续。

5) 建构长三角地区基于气候与地貌特征的地域性绿色建筑营建策略与方法

针对长三角地区特定的建筑气候特征、地形地貌类型，本书从宏观（建筑群体）、中观（基本单元）、微观（界面设计）三个层面提出并建构了长三角地区基于气候与地貌特征的地域性绿色建筑营建策略与方法。在宏观、中观层面，分别从气候、地貌两个方面对该地区地域性绿色建筑营建的关键技术进行探讨，分析、计算得出可用于指导设计的数值参考；在微观层面，强调建筑内外界面营建的属性差异，注重界面对气候要素“防”“适”“用”的适时调整，并通过拓扑转换的方式形成生物气候界面的具体建构方法。

书中营建策略与方法的生成是基于建筑气候分析结果、地方性既有建筑营建经验的积累、优秀的实践案例以及地方绿色建筑评价标准（设计导则）等相关内容，所汇总形成的营建模式菜单（图 7.2）能够辅助建筑师形成最初的设计策略，为长三角地区地域性绿色建筑的设计与建造提供直接的、可操作的参照模板。

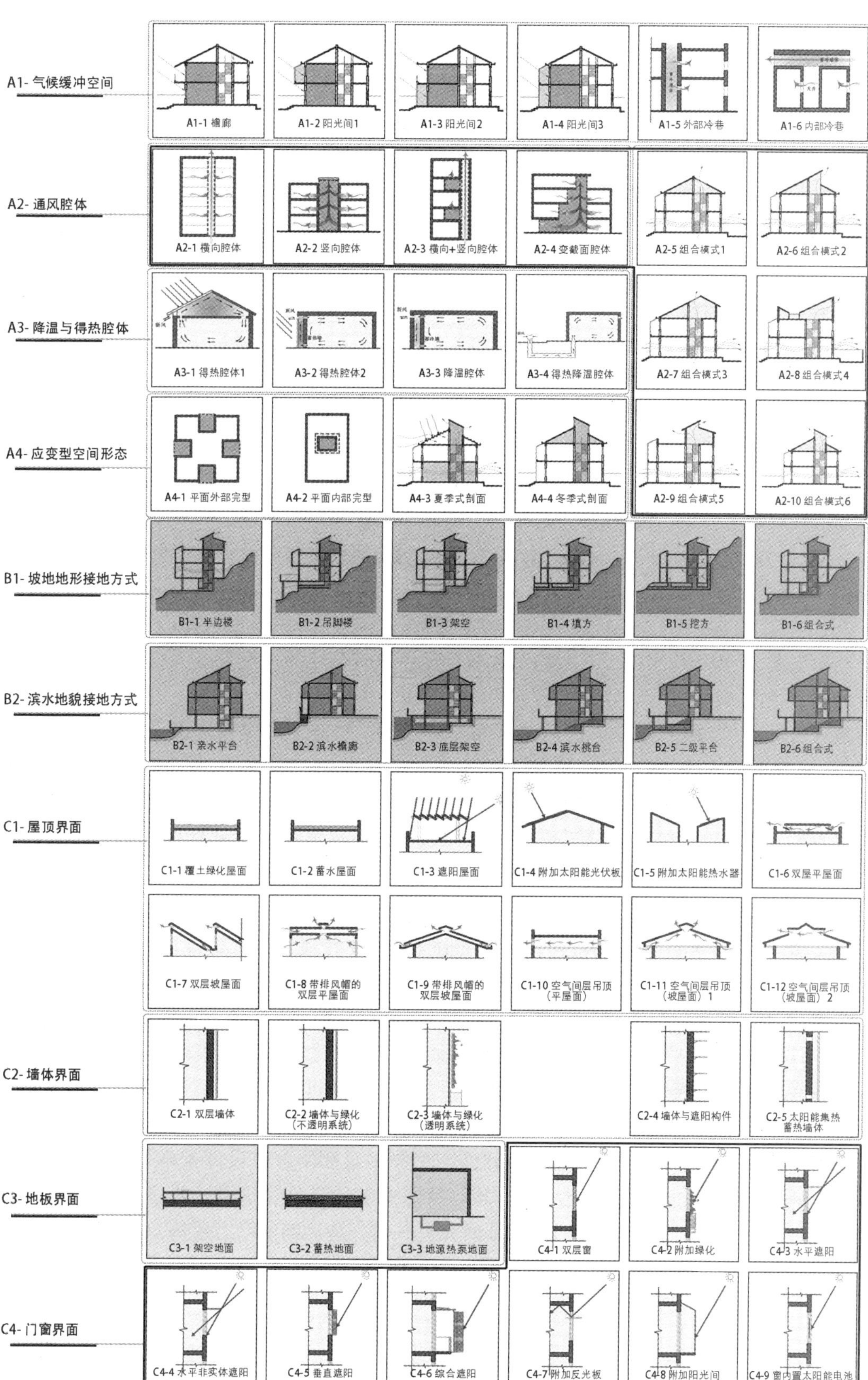

图 7.2　长三角地区基于气候与地貌特征的地域性绿色建筑营建模式“菜单”

（图片来源：笔者自绘）

7.2 问题与不足

限于笔者学识疏浅、能力有限，本书完成后仍留有不少遗憾之处与未尽的工作，以待今后的拓展研究：

① 本书主要侧重于定性研究，虽然书中涉及与绿色建筑相关的定量分析与计算，但总体上定量研究的深度有所欠缺，今后可借助模拟软件对具体的设计策略进行定量的预测与评价。

② 在绿色建筑营建策略的效率效益评价、地域基因的应用潜力评判等方面，限于笔者的专业背景，书中仅结合了相关内容进行了概括性阐述，尚未深入探讨，这些方面可在后续研究中进一步地拓展、深入。

③ 书中所选取的实证案例由于现实原因仅停留于规划设计阶段，对研究成果未能有真正的实践反馈与修正，有待在今后的学习与实践中继续探索与论证。

7.3 愿景与展望

对气候、地貌的应对态度与策略是地域性绿色建筑营建的出发点，也是形成建筑形态特征的根本缘由，地域性绿色建筑的营建始终离不开气候、地貌两大要素。一些国家也在绿色建筑评价标准、导则中突显了这两个要素的重要性，如新加坡绿色建筑评价标准（Green Mark）的第一章即为“基于气候的设计”（Climate-responsive Design），充分体现了其对地域气候的重视，并且这已潜移默化地成为整个国家绿色建筑营建的基本理念，是进行绿色建筑设计首要考虑的问题。本书对气候、地貌与地域性绿色建筑营建之间的作用机制进行诠释，以气候与地貌为视角对长三角地区地域性绿色建筑营建的关键技术进行探讨，以期对该地区的地域性绿色建筑的设计与建造有所裨益。虽然受视域、时间与精力所限，本书尚有诸多不足之处，但其基本目的在于对当下以全项指标和技术控制为导向的绿色建筑本质误读进行纠偏，强调绿色建筑因地制宜的重要性，正确把握地域性绿色建筑适宜的营建策略。

结合书中的不足与未尽的工作，今后的研究可以从以下三个方面进行拓展和深入：① 本书以气候、地貌为视角研究长三角地区地域性绿色建筑的营建策略，以期为该地区地域性绿色建筑的实践起到一定的方法指导，但未涉及如何进一步引导、控制地域性绿色建筑的建设行为。因此，地域性绿色建筑导控机制的研究可能是未来的扩展方向之一。② 针对定量数据不足的问题，后续可运用模拟软件与实测工具相结合对设计策略等进行更科学的预测与评价。③ 今后的研究还应扩大实践，参与更多的绿色建筑设计与建造，且结合考虑地域性绿色建筑营建的复杂性，通过实证研究进一步完善策略的动态建构。

后记

2017 年我有幸作为浙江大学团队里的一员参与到王建国院士牵头的国家“十三五”科技重点研发项目，相较于许多辛苦寻题的同学，我幸运地获得了自上而下的“命题作文”，于是有了之后对“文脉＋绿建”课题的持续学习与思考。同年，我申请到了国家留学基金，带着这个课题试图去新加坡寻找“解答”。2018 年回国，深入的阅读、多次的研讨推进了长三角地区的研究与实践。2020 年初是最艰难的一段时间，国家发生疫情，我初为人母，刚刚出生的娃、还未完成的博士论文，令我焦头烂额、几度崩溃。好在有家人的支持，论文得以完成。惊喜的是，返回的评审意见还算肯定，并提出了许多宝贵的意见。由于疫情的原因，论文答辩在线上进行，因此留下了珍贵的“云端上的合影”。本书是在博士论文的基础上修改、完善而成的。我清楚，与很多年纪相仿的优秀同行相比，我的研究还很不成熟，问题与不足甚多，但这是我近些年阅读、学习、调研而形成的思考与积累，希望本书的出版可以得到读者更多指点。

在本书出版之际，首先要感谢我的导师王竹教授，回顾七年来学习成长的每一步，都得到了老师莫大的支持与帮助，感恩之情铭记于心。王老师为我打开了地区建筑学的兴趣之门，本书的研究成果是在老师的不断启发与引导下点滴积累而成的，感谢老师多年的辛勤栽培。先生的人品、思想、学识，都是我永远的榜样。

感谢在求是园每一位帮助、指导、鼓励过我的师长，贺勇老师、徐雷老师、浦欣成老师、裘知老师等，授课、讨论过程中的点滴启发让我对建筑学研究有了更深刻的理解；感谢关瑞明教授的推荐，使我能够到浙江大学优秀的团队里学习；感谢我在新加坡国立大学的导师刘少瑜教授的指导；感谢东南大学王建国院士、清华大学王路教授、天津大学张玉坤教授、华中科技大学李保峰教授、同济大学李麟学教授对研究成果的认可与肯定，他们为本书提出了许多建设性的意见；感谢东南大学出版社宋华莉编辑，她的支持与关照使得本书得以顺利出版；感谢我挚爱的家人，他们永远是我最坚实的后盾，给予了我前进的动力。

对于研究，对于教学，对于设计，我仍处于蹒跚学步的阶段，希望这本书能够成为未来工作的一个“起点”。

郑媛

2022 年 1 月 29 日

参考文献

著作：

[1] Busenkell M，Schmal P C. WOHA：Breathing architecture[M]. Munich：Prestel，2011.

[2] Chiang K，Tan A. Vertical greenery for the tropics[M]. Singapore：Centre for Urban Greenery and Ecology，2009.

[3] Givoni B. Man，climate and architecture[M]. London：Applied Science，1976.

[4] Health K W. Vernacular architecture and regional design：Cultural process and environmental response[M]. Oxford：Architectural Press，2009.

[5] Ken Y，Shireen J，Humaedah R，et al. Constructed ecosystems：Ideas and subsystems in the work of Ken Yeang[M]. San Francisco：Applied Research and Design Publishing，2016.

[6] Olgyay V. Design with climate：Bioclimatic approach to architectural regionalism [M]. Princeton：Princeton University Press，1963.

[7] Sophia B，Stefan B. Solar Power [M]. New York：A Publication for the READ Group，1996.

[8] Thomas R，Garnham T. The environments of architecture：Environmental design in context[M]. London：Taylor & Francis Group，2007.

[9] Waston D. The energy design handbook[M]. Washington D C：The American Institute of Architects Press，1993：42.

[10] WOHA. Garden city and mega city：Rethinking cities for the age of global warming [M]. Pesaro：Pesaro Publishing，2016.

[11] 布朗，德凯. 太阳辐射·风·自然光：建筑设计策略[M]. 常志刚，刘毅军，朱宏涛，译. 北京：中国建筑工业出版社，2008.

[12] 陈飞. 建筑风环境：夏热冬冷气候区风环境研究与建筑节能设计[M]. 北京：中国建筑工业出版社，2009.

[13] 陈慧琳. 人文地理学[M]. 2 版. 北京：科学出版社，2007.

[14] 代合治. 人文地理学原理[M]. 青岛：中国海洋大学出版社，2011.

[15] 戴复东，王恺，曹曙，等. 个性与文脉的探求：上海文化艺术中心设计[J]. 时代建筑，1986(2)：6－9.

[16] 单军. 建筑与城市的地区性：一种人居环境理念的地区建筑学研究[M]. 北京：中国建筑工业出版社，2010.

[17] 段进，季松，王海宁. 城镇空间解析：太湖流域古镇空间结构与形态[M]. 北京：

中国建筑工业出版社，2002.

[18] 付祥钊. 夏热冬冷地区建筑节能技术[M]. 北京：中国建筑工业出版社，2002.

[19] 戈兰尼. 掩土建筑：历史、建筑与城镇设计[M]. 夏云，译. 北京：中国建筑工业出版社，1987.

[20] 格鲁特. 建筑学研究方法[M]. 王晓梅，译. 北京：机械工业出版社，2005.

[21] 吉沃尼. 建筑设计和城市设计中的气候因素[M]. 汪芳，阚俊杰，张书海，等译. 北京：中国建筑工业出版社，2011.

[22] 吉沃尼. 人・气候・建筑[M]. 陈士骍，译. 北京：中国建筑工业出版社，1982.

[23] 江苏省气象局《江苏气候》编写组. 江苏气候[M]. 北京：气象出版社，1991.

[24] 蒋德隆. 长江中下游气候[M]. 北京：气象出版社，1991.

[25] 克里尚. 建筑节能设计手册：气候与建筑[M]. 刘加平，张继良，谭良斌，译. 北京：中国建筑工业出版社，2005.

[26] 李保峰，李钢. 建筑表皮：夏热冬冷地区建筑表皮设计研究[M]. 北京：中国建筑工业出版社，2010.

[27] 梁思成. 梁思成全集第五卷[M]. 北京：中国建筑工业出版社，2001.

[28] 林宪德. 亚洲观点的绿色建筑[M]. 香港：贝思出版社有限公司，2011.

[29] 刘念雄，秦佑国. 建筑热环境[M]. 2 版. 北京：清华大学出版社，2016.

[30] 卢鸿德，陈谟开，张惠芳，等. 中国近现代史及国情教育辞典[M]. 沈阳：辽宁人民出版社，1993.

[31] 卢济威，王海松. 山地建筑设计[M]. 北京：中国建筑工业出版社，2001.

[32] 吕爱民. 应变建筑：大陆性气候的生态策略[M]. 上海：同济大学出版社，2003.

[33] 马克斯，莫里斯. 建筑物・气候・能量[M]. 陈士驎，译. 北京：中国建筑工业出版社，1990.

[34] 欧特克软件(中国)有限公司. Autodesk Ecotect Analysis 绿色建筑分析应用[M]. 北京：电子工业出版社，2011.

[35] 彭一刚. 传统村镇聚落景观分析[M]. 北京：中国建筑工业出版社，1992.

[36] 清华大学建筑节能研究中心. 中国建筑节能年度发展研究报告 2020[M]. 北京：中国建筑工业出版社，2020.

[37] 任美锷. 中国自然地理纲要[M]. 北京：商务印书馆，1985.

[38] 阮仪三，李浈，林林. 江南古镇历史建筑与历史环境的保护[M]. 上海：上海人民美术出版社，2010.

[39] 宋晔皓. 结合自然整体设计：注重生态的建筑设计研究[M]. 北京：中国建筑工业出版社，2000.

[40] 王恩涌. 人文地理学[M]. 北京：高等教育出版社，2000.

[41] 王其亨. 风水理论研究[M]. 2 版. 天津：天津大学出版社，2005.

[42] 王锡魁，王德. 现代地貌学[M]. 长春：吉林大学出版社，2009.

[43] 维特鲁威. 建筑十书[M]. 高履泰，译. 北京：中国建筑工业出版社，1986.

[44] 魏秦. 地区人居环境营建体系的理论方法与实践[M]. 北京:中国建筑工业出版社，2013.

[45] 文丘里. 建筑的复杂性与矛盾性[M]. 周卜颐，译. 北京：中国建筑工业出版社，1991.

[46] 吴良镛. 吴良镛城市研究论文集：迎接新世纪的来临[M]. 北京：中国建筑工业出版社，1996.

[47] 徐民苏，詹永伟，梁支厦，等. 苏州民居[M]. 北京：中国建筑工业出版社，1991.

[48] 严济远，徐家良. 上海气候[M]. 北京：气象出版社，1996.

[49] 严钦尚，曾昭璇. 地貌学[M]. 北京：高等教育出版社，1985.

[50] 杨景春，李有利. 地貌学原理[M]. 北京：北京大学出版社，2001.

[51] 杨柳. 建筑气候学[M]. 北京：中国建筑工业出版社，2010.

[52] 叶柏风. 牖以为室:窗式[M]. 上海:上海科技教育出版社，2007.

[53] 詹克斯. 后现代建筑语言[M]. 李大厦，译. 北京:中国建筑工业出版社，1986.

[54] 张培坤. 浙江气候及其应用[M]. 北京：气象出版社，1999.

[55] 中国建筑技术发展中心历史研究所. 浙江民居[M]. 北京：中国建筑工业出版社，1984.

[56] 周若祁. 绿色建筑体系与黄土高原基本聚居模式[M]. 北京：中国建筑工业出版社，2007.

[57] 宗轩. 图说山地建筑设计[M]. 上海：同济大学出版社，2013.

期刊：

[1] Manzano-Agugliaro F, Montoya F G, Sabio-Ortega A, et al. Review of bioclimatic architecture strategies for achieving thermal comfort [J]. Renewable and Sustainable Energy Reviews, 2015, 49: 736 - 755.

[2] Priyadarshi A, Haur L J, Murray P, et al. A large area (70 cm²) monolithic perovskite solar module with a high efficiency and stability[J]. Energy & Environmental Science, 2016, 9(12):3687 - 3692.

[3] Wang S Y, Liu Y, Cao Q M, et al. Applicability of passive design strategies in China promoted under global warming in past half century[J]. Building and Environment, 2021, 195:107777.

[4] 鲍莉. 适应气候的江南传统建筑营造策略初探:以苏州同里古镇为例[J]. 建筑师，2008(2):5 - 12.

[5] 曹珂，李和平，李斌，等. 适应性视角下山地城市地形改造与场地设计方法研究[J]. 重庆工商大学学报(自然科学版)，2019，36(4):101 - 109.

[6] 曹毅然，陆善后，范宏武，等. 建筑物体形系数与节能关系的探讨[J]. 住宅科技，2005，25(4):26 - 28.

[7] 陈培东，陈宇，宋德萱. 融于自然的江南传统民居开口策略与气候适应性研究[J].

住宅科技,2010,30(9):13-16.

[8] 陈晓扬,郑彬,傅秀章.民居中冷巷降温的实测分析[J].建筑学报,2013(2):82-85.

[9] 陈晓扬,仲德崑.被动节能自然通风策略[J].建筑学报,2011(9):34-37.

[10] 段进.广义文脉与规划设计教育[J].规划师,2005,21(7):14-17.

[11] 弗兰普顿,饶小军.查尔斯·柯里亚作品评述[J].世界建筑导报,1995,10(1):5-13.

[12] 高博,杨依明,王有为,等.陕北锢窑民居绿色营建智慧解析[J].工业建筑,2020,50(7):15-27.

[13] 韩爱兴.夏热冬冷地区居住环境质量有望得到改善和提高[J].新型建筑材料,2002,29(3):25-27.

[14] 黄镇梁.江西民居中的开合式天井述评[J].建筑学报,1999(7):57-59.

[15] 蒋博雅.亚热带红树林湿地地区一种适应水域的绿色预制化木结构建筑[J].城市建筑,2019,16(25):39-42.

[16] 金虹,邵腾.严寒地区乡村民居节能优化设计研究[J].建筑学报,2015(S1):218-220.

[17] 柯里亚,王辉.转变与转化[J].世界建筑,1990(6):22-26.

[18] 孔宇航,辛善超,张楠.转译与重构:传统营建智慧在建筑设计中的应用[J].建筑学报,2020(2):23-29.

[19] 冷红,袁青.寒区城镇人居环境建设关键技术策略[J].低温建筑技术,2007,29(5):23-24.

[20] 李道增,王朝晖.迈向可持续建筑[J].建筑学报,2000(12):4-8.

[21] 李红莲,王安,胡尧,等.典型气象年和非典型气象年在建筑节能设计中的应用研究[J].建筑节能(中英文),2021,49(11):80-86.

[22] 林楠.在神秘的面纱背后:埃及建筑师哈桑·法赛评析[J].世界建筑,1992(6):67-72.

[23] 刘仙萍,丁力行.建筑体形系数对节能效果的影响分析[J].湖南科技大学学报(自然科学版),2006,21(2):25-28.

[24] 刘莹,王竹.绿色住居"地域基因"理论研究概论[J].新建筑,2003(2):21-23.

[25] 龙淳,冉茂宇.生物气候图与气候适应性设计方法[J].工程建设与设计,2006(10):7-12.

[26] 卢鹏,周若祁,刘燕辉.以"原型"从事"转译":解析建筑节能技术影响建筑形态生成的机制[J].建筑学报,2007(3):72-74.

[27] 吕丹.高层建筑的生物气候学:杨经文设计理论研究[J].新建筑,1999(4):72-75.

[28] 罗佩.传统·气候·建筑:来自亚洲两位建筑师作品的启示[J].新建筑,1998(4):76-77.

[29] 梅洪元,王飞,马维娜.寒地建筑群体形态自组织适寒设计研究[J].建筑学报,2015(5):109-113.

[30] 梅洪元,张向宁,林国海.东北寒地建筑设计的适应性技术策略[J].建筑学报,2011(9):10-12.

[31] 闵天怡,张彤.回应气候的建筑"开启"范式研究:以太湖流域乡土建筑营造体系为

例[J]. 新建筑,2021(5):4-10.

[32] 闵天怡,张彤. 苏州地区既有建筑“开启”要素的气候适应性浅析[J]. 西部人居环境学刊,2015,30(2):25-35.

[33] 闵天怡. 生物气候地方主义建筑设计理论与方法研究[J]. 动感(生态城市与绿色建筑),2017(2):97-104.

[34] 闵天怡. 生物气候建筑叙事[J]. 西部人居环境学刊,2017,32(6):51-57.

[35] 戚影. 生态建筑与可持续建筑发展[J]. 建筑学报,1998(6):19-21.

[36] 钱振澜,王竹,裘知,等. 城乡“安全健康单元”营建体系与应对策略:基于对疫情与灾害“防-适-用”响应机制的思考[J]. 城市规划,2020,44(3):25-30.

[37] 宋凌,林波荣,朱颖心. 安徽传统民居夏季室内热环境模拟[J]. 清华大学学报(自然科学版),2003,43(6):826-828+843.

[38] 宋晔皓,褚英男,何逸. 碳中和导向的装配式建筑整体设计关键要素研究[J]. 世界建筑,2021(7):8-13+128.

[39] 宋晔皓,栗德祥. 整体生态建筑观、生态系统结构框架和生物气候缓冲层[J]. 建筑学报,1999(3):4-9+65.

[40] 宋晔皓. 欧美生态建筑理论发展概述[J]. 世界建筑,1998(1):56-60.

[41] 孙澄,韩昀松. 基于计算性思维的建筑绿色性能智能优化设计探索[J]. 建筑学报,2020(10):88-94.

[42] 孙应魁,翟斌庆. 喀什老城区传统民居聚落景观基因图谱研究[J]. 世界建筑,2021(9):27-31+137.

[43] 唐孝祥. 中国传统建筑环境观美学探微[J]. 贵州大学学报(艺术版),2004,18(1):35-37.

[44] 王辉. 印度建筑师查尔斯·柯里亚[J]. 世界建筑,1990(6):68-72.

[45] 王其亨. 风水:中国古代建筑的环境观[J]. 美术大观,2015(11):97-100.

[46] 王竹,范理杨,陈宗炎. 新乡村“生态人居”模式研究:以中国江南地区乡村为例[J]. 建筑学报,2011(4):22-26.

[47] 王竹,王玲. 我国建筑创作的“河床”应该拓宽掘深:谈建筑的文化性[J]. 建筑学报,1989(4):38-40.

[48] 王竹,魏秦,贺勇,等. 黄土高原绿色窑居住区研究的科学基础与方法论[J]. 建筑学报,2002(4):45-47+70.

[49] 王竹,魏秦,贺勇. 地区建筑营建体系的“基因说”诠释:黄土高原绿色窑居住区体系的建构与实践[J]. 建筑师,2008(1):29-35.

[50] 王竹,郑媛,陈晨,等. 简屋式村落的微活化有机更新:以浙江德清张陆湾村为例[J]. 建筑学报,2016(8):79-83.

[51] 王竹. 从原生走向可持续发展:地区建筑学解析与建构[J]. 新建筑,2004(1):46.

[52] 吴传钧. 论地理学的研究核心:人地关系地域系统[J]. 经济地理,1991,11(3):1-6.

[53] 吴浩然,张彤,孙柏,等. 建筑围护性能机理与交互式表皮设计关键技术[J]. 建筑

师,2019(6):25-34.

[54] 吴良镛. 北京宪章[J]. 时代建筑,1999(3):88-91.

[55] 肖葳,张彤. 建筑体形性能机理与适应性体形设计关键技术[J]. 建筑师,2019(6):16-24.

[56] 谢晓晔,尤伟,丁沃沃. 基于传统绿色营建要义的外围护构造方式评估[J]. 建筑学报,2019(5):78-83.

[57] 杨建觉. 对 Context 作出反应:一种设计哲学[J]. 建筑学报,1990(4):35-40.

[58] 杨经文,单军. 绿色摩天楼的设计与规划[J]. 世界建筑,1999(2):21-29.

[59] 杨柳,郝天,刘衍,等. 传统民居的干热气候适应原型研究[J]. 建筑节能(中英文),2021,49(11):105-115.

[60] 杨维菊,高青,徐斌,等. 江南水乡传统临水民居低能耗技术的传承与改造[J]. 建筑学报,2015(2):66-69.

[61] 杨维菊,高青. 江南水乡村镇住宅低能耗技术应用研究[J]. 南方建筑,2017(2):56-61.

[62] 翟辉. 乡村地文的解码转译[J]. 新建筑,2016(4):4-6.

[63] 张丹,毕迎春,田大方. 传统建筑中蕴含的节能技术[J]. 华中建筑,2008,26(12):153-155.

[64] 张娟,朱庆玲,万文杰. 基于装配式模块体系的居住建筑可持续设计研究[J]. 安徽建筑,2019,26(10):178-180+183.

[65] 张亮山,冉茂宇,袁炯炯. 闽南大厝的窗与屋顶的气候适应性设计分析[J]. 华中建筑,2016,34(12):139-143.

[66] 张强. 中国乡土生态建筑环境观的当代价值[J]. 山西建筑,2007,33(30):77-78.

[67] 张钦楠. 为"文脉热"一辩[J]. 建筑学报,1989(6):28-29.

[68] 张天洁,李泽. 新加坡高层公共住宅的社区营造[J]. 建筑学报,2015(6):52-57.

[69] 张彤. 环境调控的建筑学自治与空间调节设计策略[J]. 建筑师,2019(6):4-5.

[70] 张彤. 空间调节 中国普天信息产业上海工业园智能生态科研楼的被动式节能建筑设计[J]. 动感(生态城市与绿色建筑),2010(1):82-93.

[71] 张彤. 整体地域建筑理论框架概述[J]. 华中建筑,1999,17(3):20-26.

[72] 张易. 转译:一种被忽视了的翻译现象[J]. 重庆工学院学报,2003,17(6):109-111.

[73] 赵继龙,张玉坤,唐一峰. 生物气候建筑设计方法探析[J]. 山东建筑大学学报,2010,25(1):74-78.

[74] 赵紫伶,唐飏. 埃及建筑师哈桑·法赛之本土实践[J]. 南华大学学报(自然科学版),2013,27(1):87-90.

[75] 郑光复. 文脉与现代化[J]. 建筑学报,1988(9):29-30.

[76] 郑景云,尹云鹤,李炳元. 中国气候区划新方案[J]. 地理学报,2010,65(1):3-12.

[77] 郑媛,刘少瑜,王竹,等. 新加坡公共住宅的地域性设计策略研究[J]. 新建筑,2020(1):83-87.

[78] 郑媛,王竹,钱振澜,等. 基于地区气候的绿色建筑"原型-转译"营建策略:以新加

坡绿色建筑为例[J]. 南方建筑,2020(1):28-34.

[79] 周卜颐. 中国建筑界出现了“文脉”热:对 Contextualism 一词译为“文脉主义”提出质疑兼论最近建筑的新动向[J]. 建筑学报,1989(2):33-38.

[80] 周红梅. 2019 年长三角地区港口经济运行情况及形势分析[J]. 中国港口,2020(3):25-28.

学位论文:

[1] 陈晨. 浙江德清张陆湾村的有机更新策略与设计实践[D]. 杭州:浙江大学,2015.

[2] 陈飞. 建筑与气候:夏热冬冷地区建筑风环境研究[D]. 上海:同济大学,2007.

[3] 程琼. 浙江省山地丘陵居住空间形态研究[D]. 杭州:浙江大学,2010.

[4] 范理扬. 基于长三角地区的低碳乡村空间设计策略与评价方法研究[D]. 杭州:浙江大学,2017.

[5] 郝石盟. 民居气候适应性研究:以渝东地区民居为例[D]. 北京:清华大学,2016.

[6] 贺勇. 适宜性人居环境研究:“基本人居生态单元”的概念与方法[D]. 杭州:浙江大学,2004.

[7] 胡志超. 基于江南民居形态格局的现代建筑场地设计策略研究[D]. 南京:东南大学,2017.

[8] 李保峰. 适应夏热冬冷地区气候的建筑表皮之可变化设计策略研究[D]. 北京:清华大学,2004.

[9] 李兵. 低碳建筑技术体系与碳排放测算方法研究[D]. 武汉:华中科技大学,2012.

[10] 林萍英. 适应气候变化的建筑腔体生态设计策略研究[D]. 杭州:浙江大学,2010.

[11] 吕爱民. 应变建筑观的建构[D]. 南京:东南大学,2001.

[12] 茅艳. 人体热舒适气候适应性研究[D]. 西安:西安建筑科技大学,2007.

[13] 沈惊宏. 改革开放以来泛长江三角洲空间结构演变研究[D]. 南京:南京师范大学,2013.

[14] 王建华. 基于气候条件的江南传统民居应变研究[D]. 杭州:浙江大学,2008.

[15] 王静. 低碳导向下的浙北地区乡村住宅空间形态研究与实践[D]. 杭州:浙江大学,2015.

[16] 王鹏. 建筑适应气候:兼论乡土建筑及其气候策略[D]. 北京:清华大学,2001.

[17] 王韬. 村民主体认知视角下乡村聚落营建的策略与方法研究[D]. 杭州:浙江大学,2014.

[18] 王蔚. 南方丘陵地区建筑适宜技术策略研究[D]. 长沙:湖南大学,2009.

[19] 魏秦. 黄土高原人居环境营建体系的理论与实践研究[D]. 杭州:浙江大学,2008.

[20] 吴亚琦. 江南水乡传统民居中缓冲空间的低能耗设计研究[D]. 南京:东南大学,2015.

[21] 夏伟. 基于被动式设计策略的气候分区研究[D]. 北京:清华大学,2009.

[22] 肖葳. 适应性体形绿色建筑设计空间调节的体形策略研究[D]. 南京:东南大

学,2018.

[23] 谢琳娜. 被动式太阳能建筑设计气候分区研究[D]. 西安:西安建筑科技大学,2006.

[24] 徐淑宁. 绿色住居界面机理与适宜性途径研究[D]. 杭州:浙江大学,2003.

[25] 杨柳. 建筑气候分析与设计策略研究[D]. 西安:西安建筑科技大学,2003.

[26] 张焕. 舟山群岛人居单元营建理论与方法研究[D]. 杭州:浙江大学,2013.

[27] 赵群. 传统民居生态建筑经验及其模式语言研究[D]. 西安:西安建筑科技大学,2005.

[28] 朱炜. 基于地理学视角的浙北乡村聚落空间研究[D]. 杭州:浙江大学,2009.

技术标准:

[1] 国家技术监督局,中华人民共和国建设部. 建筑气候区划标准:GB 50178—93[S]. 北京:中国计划出版社,1994.

[2] 中华人民共和国住房和城乡建设部. 民用建筑热工设计规范:GB 50176—2016[S]. 北京:中国建筑工业出版社,2016.

[3] 中华人民共和国住房和城乡建设部. 绿色建筑评价标准:GB/T 50378—2019[S]. 北京:中国建筑工业出版社,2019.

[4] 中华人民共和国住房和城乡建设部. 夏热冬冷地区居住建筑节能设计标准:JGJ 34—2010[S]. 北京:中国建筑工业出版社,2010.

电子资源:

[1] EnergyPlus. Weather data[EB/OL]. [2022 - 03 - 01]. https://energyplus. net/weather.

[2] 国家基础地理信息中心. 国家地理信息服务平台专题图层[EB/OL]. [2022 - 03 - 01]. https://zhfw. tianditu. gov. cn/.

[3] 国家发展和改革委员会. 关于印发长江三角洲地区区域规划的通知:发改地区〔2010〕1243 号[A/OL]. (2010 - 06 - 22)[2014 - 05 - 27]. https://www. gov. cn/zwgk/2010 - 06/22/content - 1633868. htm.

附录　长三角地区代表性城市的建筑气候分析图表

(1) 上海

上海的建筑气候分析结果如附图 1、附表 1、附图 2 所示。

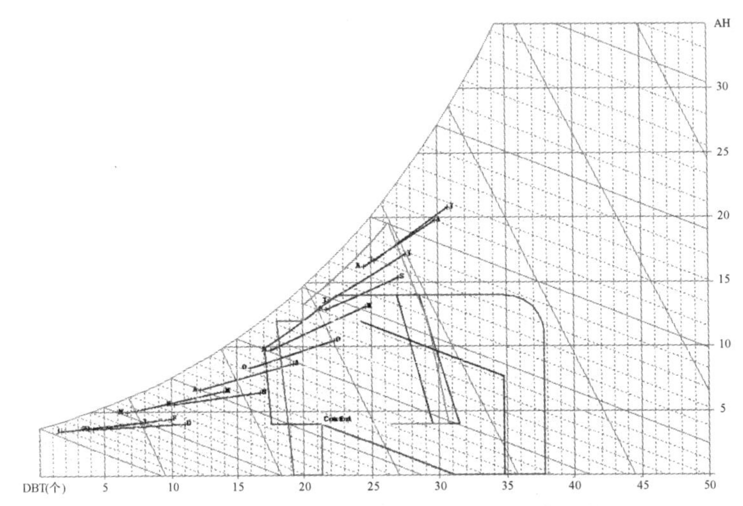

附图 1　上海地区建筑生物气候图及被动式气候控制区

(图片来源:Weather Tool 软件,笔者自绘)

附表 1　上海地区被动式气候调节策略各月有效时间比

月份		1 月	2 月	3 月	4 月	5 月	6 月	7 月	8 月	9 月	10 月	11 月	12 月	全年	天数
舒适区域						29%					29%			4.9%	18
被动式调节策略	被动式太阳能采暖				10%	29%					35%			6.3%	23
	自然通风					33%	93%	33%	47%	100%				25.5%	93
	建筑蓄热性				26%	71%	13%			43%	53%			17.3%	63
	建筑蓄热性+夜间通风				26%	71%	13%			43%	53%			17.3%	63
	直接蒸发冷却降温													0%	0
	间接蒸发冷却降温					33%	13%			43%				7.4%	27
	总计(合并重叠区域)				26%	71%	93%	33%	47%	100%	53%			35.3%	129

(表格来源:笔者自绘)

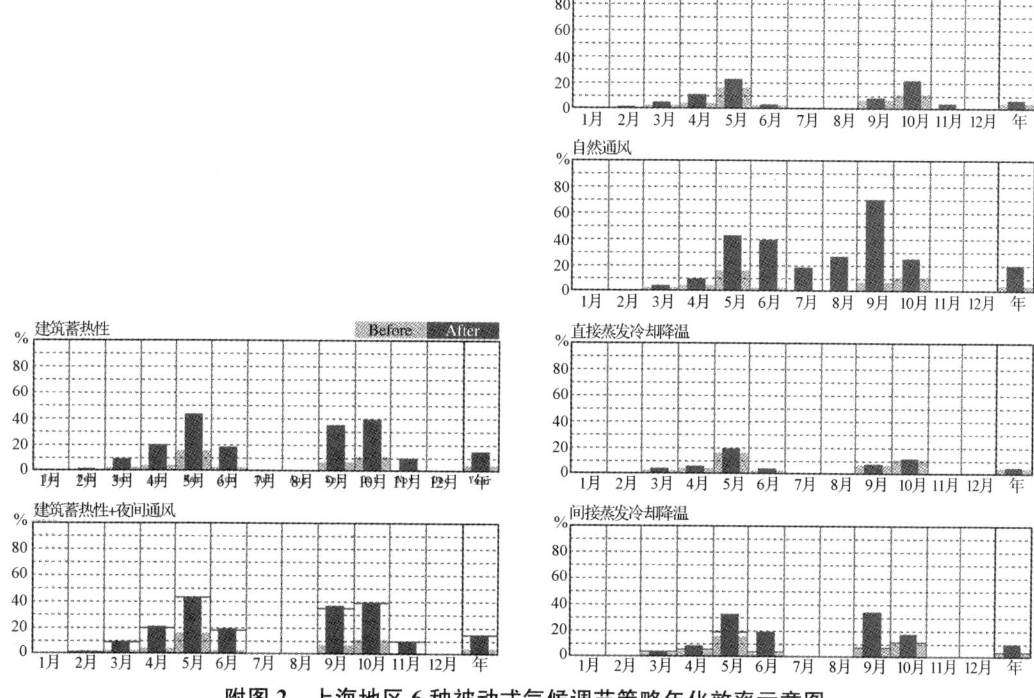

附图 2　上海地区 6 种被动式气候调节策略年化效率示意图

注:浅色柱表示没有采用气候调节策略的热舒适时间比,深色柱表示采用该策略后的热舒适百分比。

(图片来源:Weather Tool 软件,笔者自绘)

上海地区的气候分析结果表明:① 该地区全年无须任何气候调节措施的舒适时间比为 4.9%,共 18 天,主要集中在 5 月和 10 月;② 采用自然通风策略,可增补舒适天数 93 天,占全年的 25.5%;③ 通过建筑蓄热性,可增补舒适天数 63 天,占全年的 17.3%;④ 利用间接蒸发冷却降温策略,可增补舒适天数 27 天,占全年的 7.4%;⑤ 被动式太阳能采暖,可增补舒适天数 23 天,占全年的 6.3%。总体上,通过被动式调节策略全年共计可增补 129 天舒适天数,为全年时间比的 35.3%。

(2) 杭州

杭州的建筑气候分析结果如附表 2、附图 3、附图 4 所示。

附表 2　杭州地区被动式气候调节策略各月有效时间比

月份		1 月	2 月	3 月	4 月	5 月	6 月	7 月	8 月	9 月	10 月	11 月	12 月	全年	天数
舒适区域					4%	55%					35%			7.7%	28
被动式调节策略	被动式太阳能采暖				17%	20%					20%			4.9%	18
	自然通风					10%	84%	35%	32%	100%				21.9%	80
	建筑蓄热性				42%	45%				83%	45%			17.8%	65
	建筑蓄热性+夜间通风				42%	45%				83%	45%			17.8%	65
	直接蒸发冷却降温													0%	0
	间接蒸发冷却降温					10%				83%				7.7%	28
	总计(合并重叠区域)				42%	45%	84%	35%	32%	100%	45%			31.8%	116

(表格来源:笔者自绘)

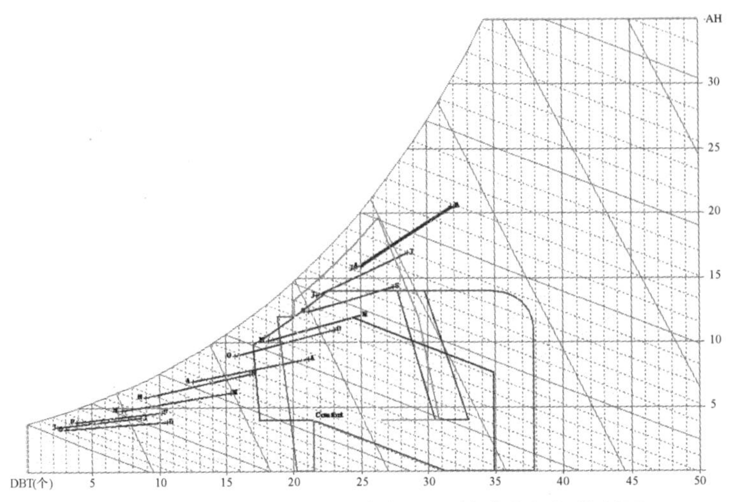

附图 3　杭州地区建筑生物气候图及被动式气候控制区

(图片来源:Weather Tool 软件,笔者自绘)

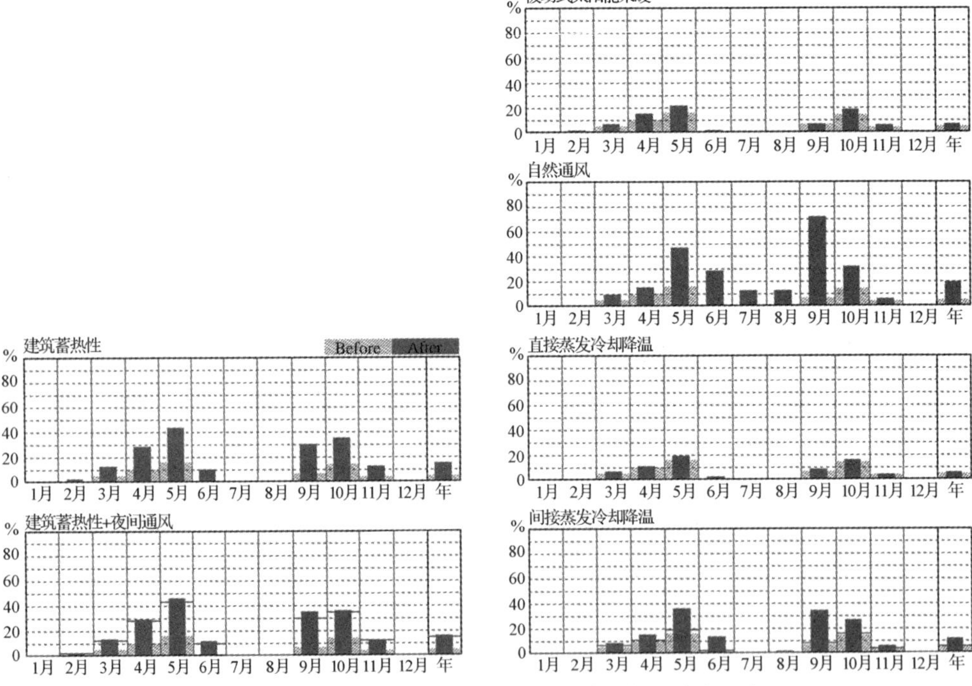

附图 4　杭州地区 6 种被动式气候调节策略年化效率示意图

(图片来源:Weather Tool 软件,笔者自绘)

杭州地区的气候分析结果表明:① 该地区全年无须任何气候调节措施的舒适时间比为 7.7%,共 28 天,主要集中在 4 月、5 月和 10 月;② 采用自然通风策略,可增补舒适天数 80 天,占全年的 21.9%;③ 通过建筑蓄热性,可增补舒适天数 65 天,占全年的 17.8%;④ 利用间接蒸发冷却降温策略,可增补舒适天数 28 天,占全年的 7.7%;⑤ 被动式太阳能采暖,可增补舒适天数 18 天，占全年的 4.9%。总体上，通过被动式调节策略全年共计可增补 116 天舒适天数，为全年时间比的 31.8%。

(3) 南京

南京的建筑气候分析结果如附图 5、附图 6、附表 3 所示。

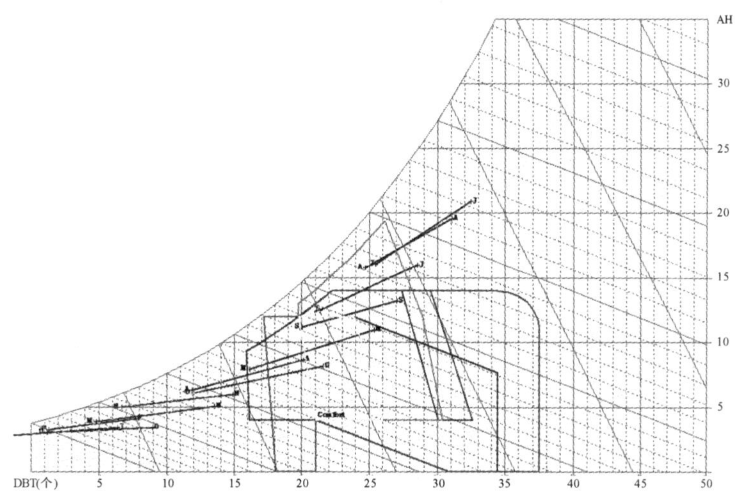

附图 5　南京地区建筑生物气候图及被动式气候控制区

(图片来源：Weather Tool 软件，笔者自绘)

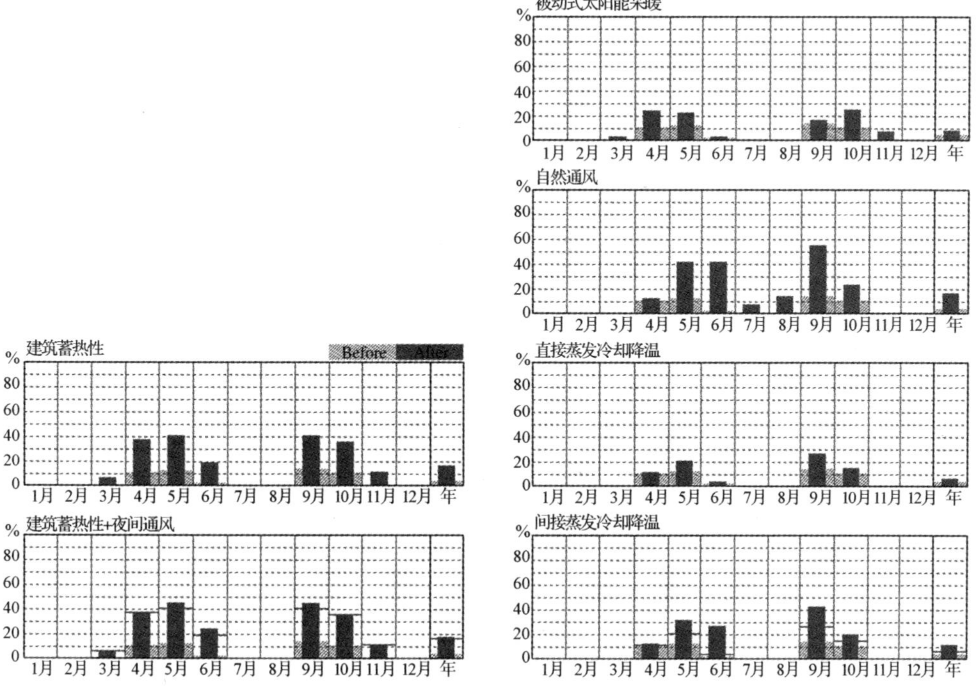

附图 6　南京地区 6 种被动式气候调节策略年化效率示意图

(图片来源：Weather Tool 软件，笔者自绘)

附表 3　南京地区被动式气候调节策略各月有效时间比

月份		1月	2月	3月	4月	5月	6月	7月	8月	9月	10月	11月	12月	全年	天数
舒适区域						42%				37%	12%			7.7%	28
被动式调节策略	被动式太阳能采暖				32%	31%					31%			7.7%	28
	自然通风					12%	85%	21%	35%	63%				18.1%	66
	建筑蓄热性				50%	58%	40%			63%	46%			21.4%	78
	建筑蓄热性＋夜间通风				50%	58%	40%			63%	46%			21.4%	78
	直接蒸发冷却降温					12%								1.1%	4
	间接蒸发冷却降温					12%	40%			63%				9.6%	35
	总计(合并重叠区域)				50%	58%	40%			63%	46%			21.4%	78

(表格来源:笔者自绘)

南京地区的气候分析结果表明:① 该地区全年无须任何气候调节措施的舒适时间比为 7.7%,共 28 天,主要集中在 5 月、9 月和 10 月;② 采用建筑蓄热性,可增补舒适天数 78 天,占全年的 21.4%;③ 通过自然通风,可增补舒适天数 66 天,占全年的 18.1%;④ 利用间接蒸发冷却降温策略,可增补舒适天数 35 天,占全年的 9.6%;⑤ 被动式太阳能采暖,可增补舒适天数 28 天,占全年的 7.7%;⑥ 直接蒸发冷却降温,可增补舒适天数 4 天,占全年的 1%。总体上,通过被动式调节策略全年共计可增补 78 天舒适天数,为全年时间比的 21.4%。

(4) 苏州

苏州的建筑气候分析结果如附图 7、附图 8、附表 4 所示。

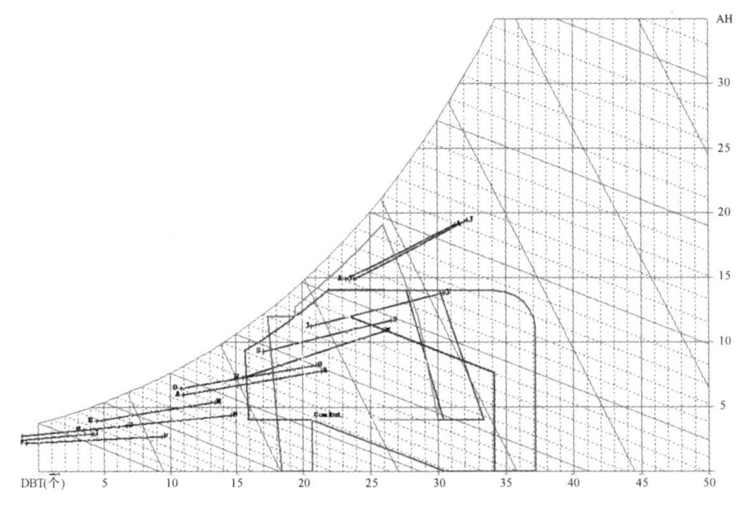

附图 7　苏州地区建筑生物气候图及被动式气候控制区

(图片来源:Weather Tool 软件,笔者自绘)

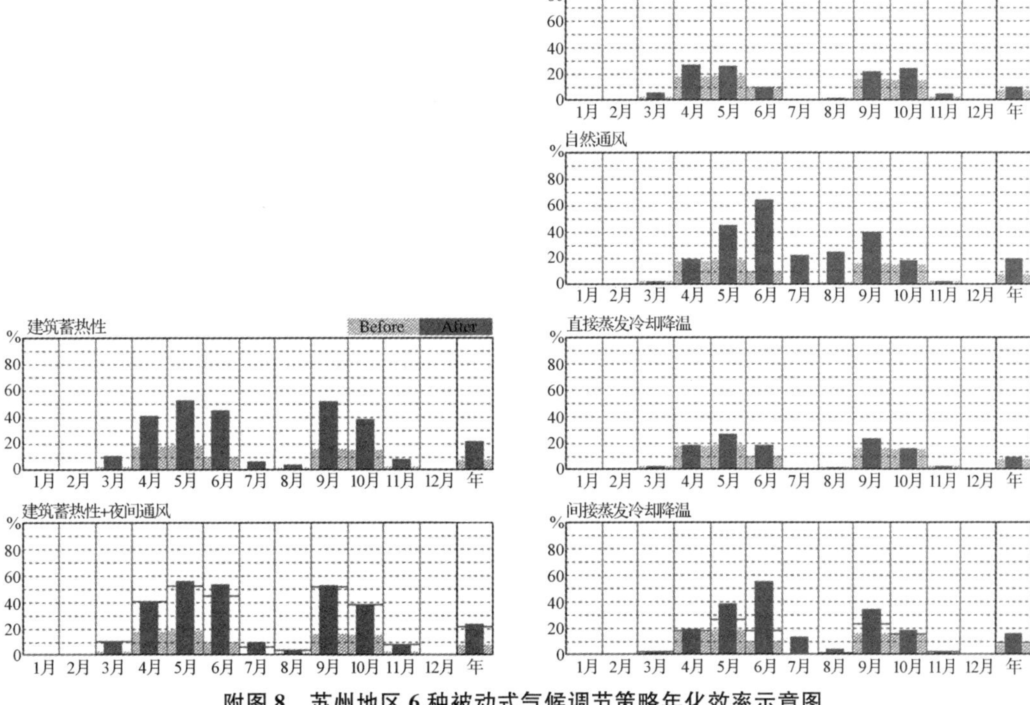

附图 8　苏州地区 6 种被动式气候调节策略年化效率示意图

（图片来源：Weather Tool 软件，笔者自绘）

附表 4　苏州地区被动式气候调节策略各月有效时间比

月份		1 月	2 月	3 月	4 月	5 月	6 月	7 月	8 月	9 月	10 月	11 月	12 月	全年	天数
舒适区域					14%	41%	26%			44%	7%			11.0%	40
被动式调节策略	被动式太阳能采暖				21%	21%				24%	25%			7.4%	27
	自然通风					17%	45%	39%	45%	28%				14.5%	53
	建筑蓄热性				39%	59%	44%			56%	43%			20.0%	73
	建筑蓄热性＋夜间通风				39%	59%	67%			56%	43%			21.9%	80
	直接蒸发冷却降温					17%				12%				2.5%	9
	间接蒸发冷却降温					17%	74%			28%				9.9%	36
	总计(合并重叠区域)				39%	59%	67%	39	45	56%	43%			23.3%	85

（表格来源：笔者自绘）

苏州地区的气候分析结果表明：① 该地区全年无须任何气候调节措施的舒适时间比为 11.0%，共 40 天，主要集中在 4 月、5 月、6 月、9 月和 10 月；② 采用建筑蓄热性＋夜间通风策略，可增补舒适天数 80 天，占全年的 21.9%；③ 仅通过建筑蓄热性，可增补舒适天数 73 天，占全年的 20.0%；④ 利用自然通风策略，可增补舒适天数 53 天，占全年的 14.5%；⑤ 间接蒸发冷却降温，可增补舒适天数 36 天，占全年的 9.9%；⑥ 被动式太阳能采暖，可增补舒适天数

27 天，占全年的 7.4%；⑦ 直接蒸发冷却降温，可增补舒适天数 9 天，占全年的 2.5%。总体上，通过被动式调节策略全年共计可增补 85 天舒适天数，为全年时间比的 23.3%。

(5) 合肥

合肥的建筑气候分析结果如附图 9、附图 10、附表 5 所示。

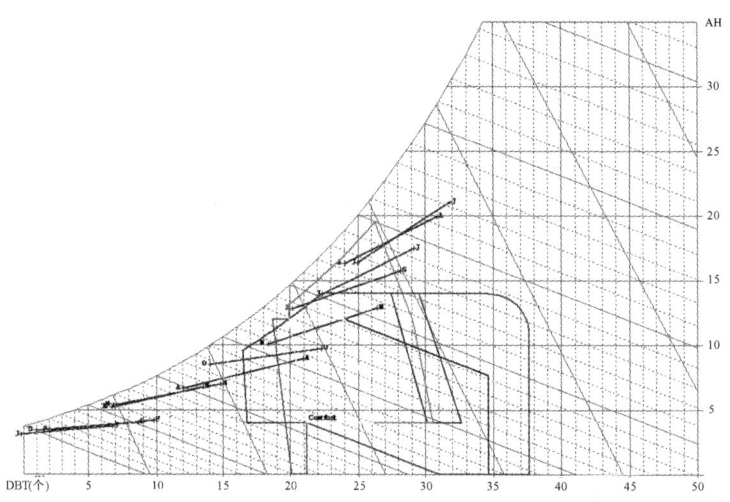

附图 9　合肥地区建筑生物气候图及被动式气候控制区

(图片来源：Weather Tool 软件，笔者自绘)

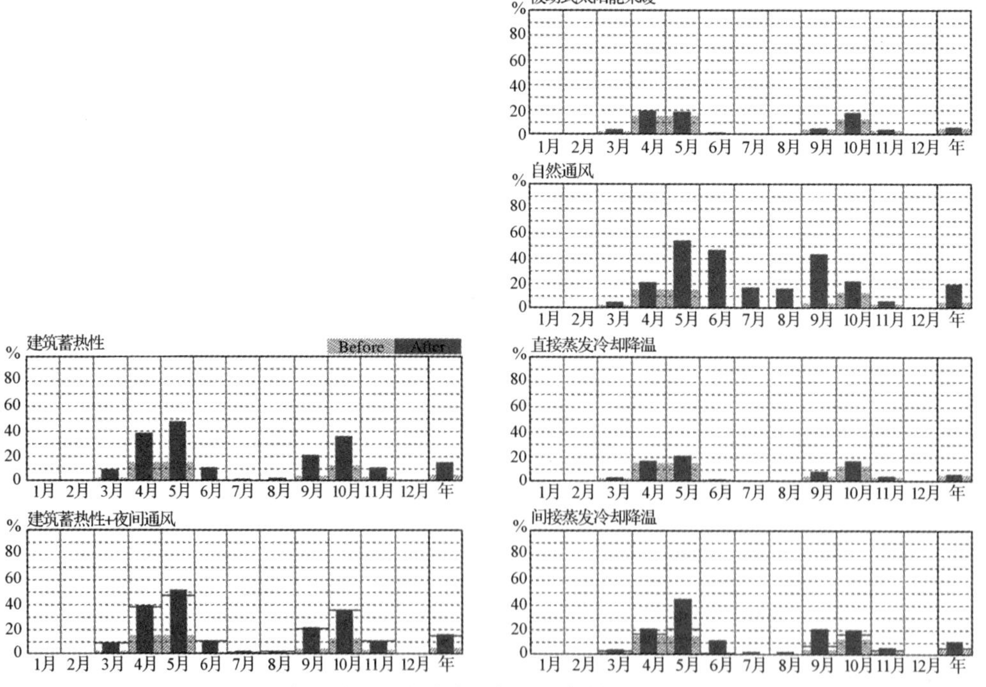

附图 10　合肥地区 6 种被动式气候调节策略年化效率示意图

(图片来源：Weather Tool 软件，笔者自绘)

附表 5　合肥地区被动式气候调节策略各月有效时间比

月份		1月	2月	3月	4月	5月	6月	7月	8月	9月	10月	11月	12月	全年	天数
舒适区域					8%	45%					25%			6.6%	24
被动式调节策略	被动式太阳能采暖				16%	18%					17%			4.4%	16
	自然通风					32%	74%	28%	42%	95%				22.5%	82
	建筑蓄热性				44%	55%				23%	46%			14.0%	51
	建筑蓄热性+夜间通风				44%	55%				23%	46%			14.0%	51
	直接蒸发冷却降温													0%	0
	间接蒸发冷却降温					32%				23%				4.7%	17
	总计(合并重叠区域)				44%	55%	74%	28%	42%	95%	46%			32.1%	117

(表格来源:笔者自绘)

合肥地区的气候分析结果表明:① 该地区全年无须任何气候调节措施的舒适时间比为6.6%,共24天,主要集中在4月、5月和10月;② 采用自然通风策略,可增补舒适天数82天,占全年的22.5%;③ 通过建筑蓄热性,可增补舒适天数51天,占全年的14.0%;④ 利用间接蒸发冷却降温策略,可增补舒适天数17天,占全年的4.7%;⑤ 被动式太阳能采暖,可增补舒适天数16天,占全年的4.4%。总体上,通过被动式调节策略全年共计可增补117天舒适天数,为全年时间比的32.1%。

(6) 安庆

安庆的建筑气候分析结果如附图11、附图12、附表6所示。

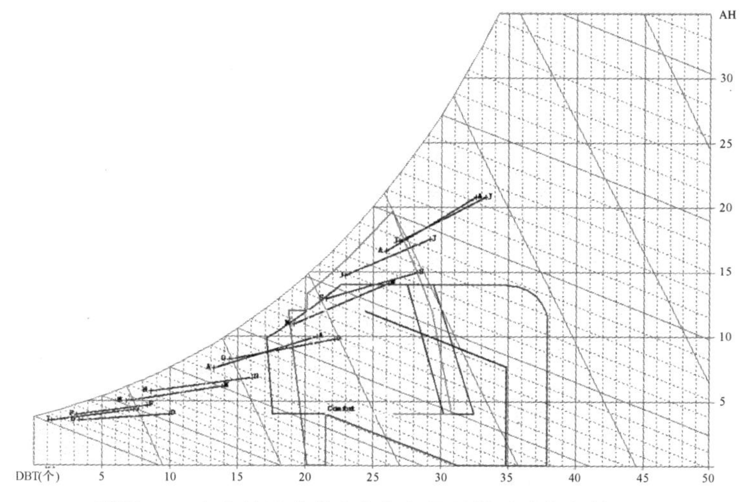

附图 11　安庆地区建筑生物气候图及被动式气候控制区

(图片来源:Weather Tool 软件,笔者自绘)

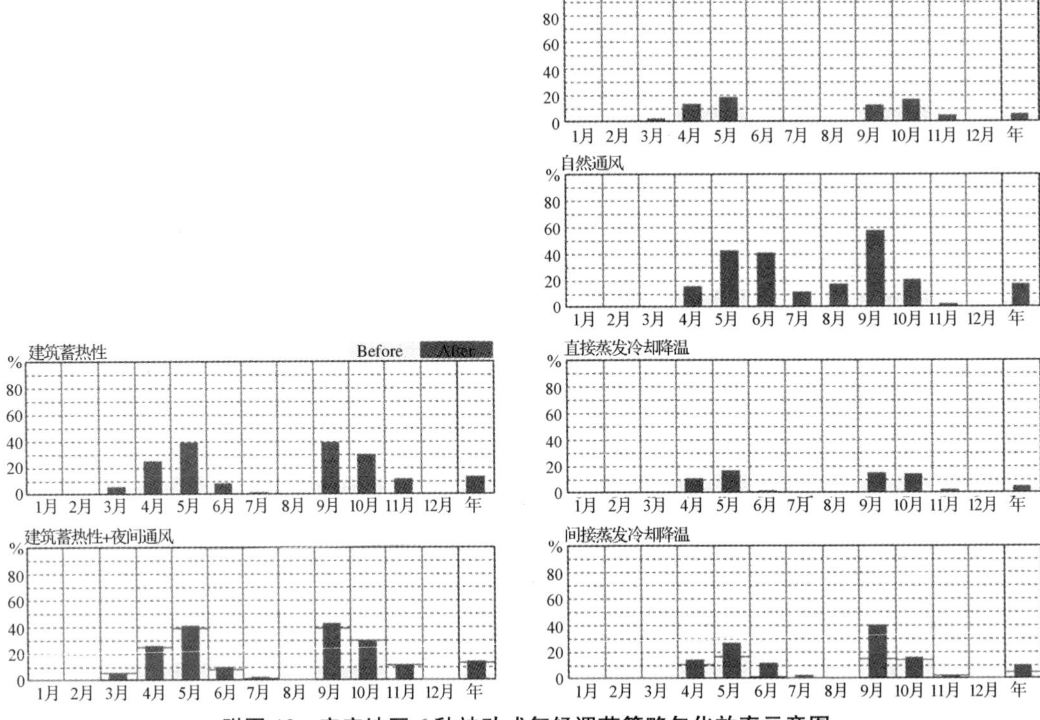

附图 12　安庆地区 6 种被动式气候调节策略年化效率示意图

（图片来源：Weather Tool 软件，笔者自绘）

附表 6　安庆地区被动式气候调节策略各月有效时间比

月份		1月	2月	3月	4月	5月	6月	7月	8月	9月	10月	11月	12月	全年	天数
舒适区域					5%	16%					19%			3.3%	12
被动式调节策略	被动式太阳能采暖				19%	16%					19%			4.4%	16
	自然通风					68%	75%	6%	21%	100%				22.5%	82
	建筑蓄热性				43%	16%				53%	43%			12.9%	47
	建筑蓄热性+夜间通风				43%	16%				53%	43%			12.9%	47
	直接蒸发冷却降温													0%	0
	间接蒸发冷却降温					68%				53%				10.1%	37
	总计(合并重叠区域)				43%	68%	75%	6%	21%	100%	43%			29.6%	108

（表格来源：笔者自绘）

安庆地区的气候分析结果表明：① 该地区全年无须任何气候调节措施的舒适时间比为 3.3%，共 12 天，主要集中在 4 月、5 月和 10 月；② 采用自然通风策略，可增补舒适天数 82 天，占全年的 22.5%；③ 通过建筑蓄热性，可增补舒适天数 47 天，占全年的 12.9%；④ 利用间接蒸发冷却降温策略，可增补舒适天数 37 天，占全年的 10.1%；⑤ 被动式太阳能采暖，可增补舒适天数 16 天，占全年的 4.4%。总体上，通过被动式调节策略全年共计可增补 108 天舒适天数，为全年时间比的 29.6%。